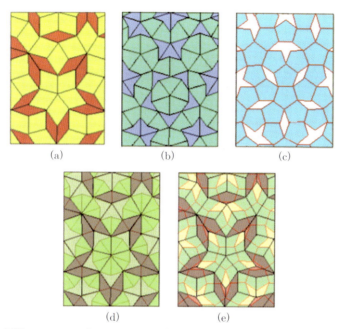

図版 I ペンローズ・タイリング．(a) 菱形のパターン，(b) 凧形＋矢形のパターン，(c) 5角形のパターン．(d) (a) と (b) の重ね合わせ．菱形パターンと凧形＋矢形パターンの同等性を示している．(e) (a) と (c) の重ね合わせ．菱形パターンと5角形パターンの同等性を示している．

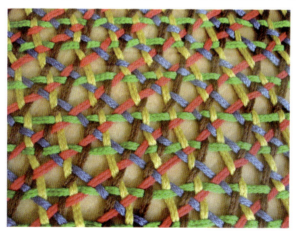

図版 II ペンローズの菱形パターンに基づく，5方向の糸による編み目パターン．ロバート・マッカイによる原案・制作によるコーヒー・テーブルの細部．

図版 III $Mg_{32}(Al, Zn)_{49}$ の単位胞内における 152 個の原子周りのボロノイ領域．

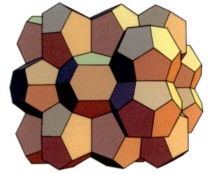

図版 IV 二通りに描いた，Zr_4Al_3 のボロノイ領域による空間分割．

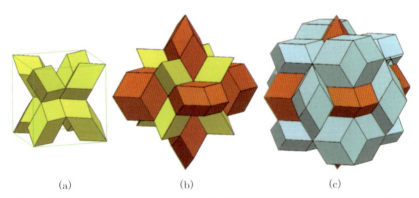

(a)   (b)   (c)

図版 V 扁長コワレフスキー・ユニットと第 2 種の菱形 12 面体の周期的配置．(a) 8 個の扁長ユニットを含む立方晶単位胞．(b) では 12 面体の中心を立方晶単位胞の面の中心に置き，さらに (c) で単位胞の辺の中点に置く．

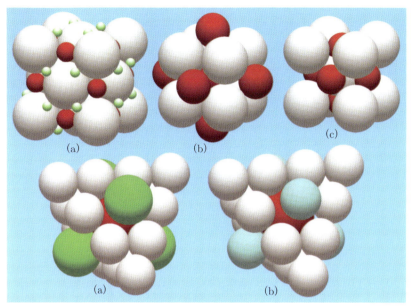

図版 VI 上段：(a) fcc 最密球配置の正 8 面体の隙間に赤い小さい球が入り，正 4 面体の隙間にさらに小さい緑の球が入る．(b) 単純立方格子の球配置の隙間に赤い小さい球が入る．(c) bcc 配置の隙間に赤い球が入る．下段：(a) ラーベス型球配置．最適半径比をもつ 3 種類の球から構成される．(b) 改良型 AB_5 ラーベス相．緑の大球の半分が青い小球で置き換えられる．

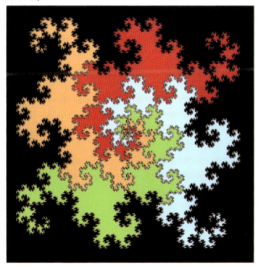

図版 VII 4 種類のドラゴン曲線によるタイリング．

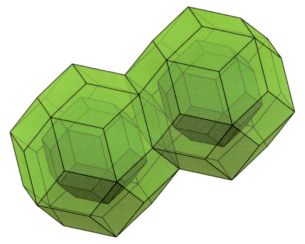

図版 VIII R 相における，二つの菱形 30 面体クラスター．3 回対称軸方向に貫入し合い，内側と外側の菱形 30 面体は頂点で接している．

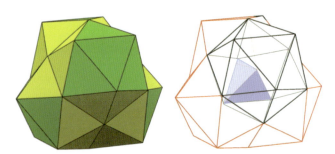

図版 IX 26 原子の γ 黄銅クラスター．4 個の相互貫入する 20 面体から構成される．

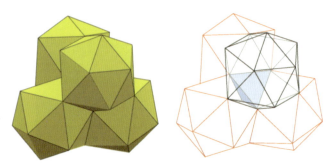

図版 X ピアス・クラスター．正 4 面体の各面に 20 面体が面で接する．

図版 XI　ウェルズの無限正多面体 {3, 7} の一部分の模型.

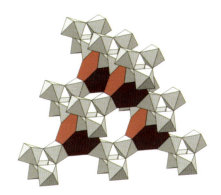

図版 XII　ノードにパイロクロア・ユニットと切頂 4 面体が交互に並ぶ D ネット.

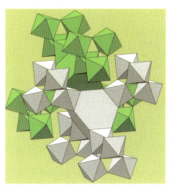

図版 XIII　織り込み合った二つの多面体 D ネット.

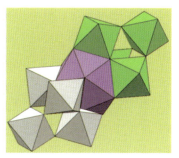

図版 XIV　2 個のパイロクロア・ユニットを連結する 20 面体.

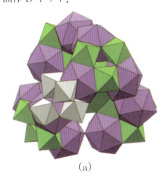

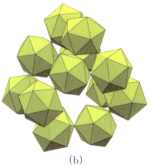

図版 XV　(a) パイロクロア・ユニットと正 20 面体で構成される $Mg_3Cr_2Al_{18}$ 構造. (b) 頂点を共有する L ユニットによるネットを形成する正 20 面体.

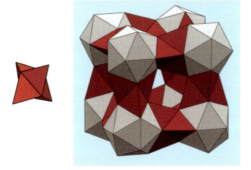

図版 XVI （左）「星形4面体」．中心の正4面体を囲む4個の正4面体で構成される．（右）20面体と星形4面体による多面体ネット．

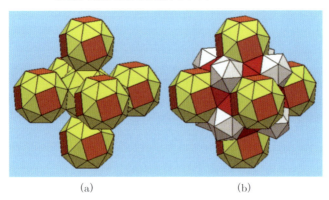

(a)　　　　　　　　　　(b)

図版 XVII （a）ねじれ立方8面体の配列．（b）4面体，20面体，ねじれ立方8面体による空間充填としての $NaZn_{13}$ の構造模型．

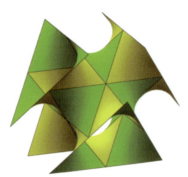

図版 XVIII D曲面の一部．18個のシュワルツの4角形から構成される．

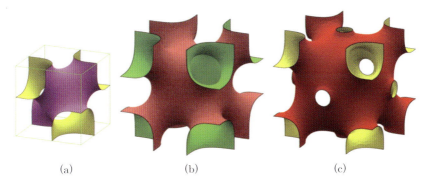

図版 XIX アラン・シェーンによって発見された鏡映操作で生成される 3 種類の TPMS. (a) FRD の単位胞の 1/8 部分. (b) IWP の単位胞. (c) OCTO (三つのどの場合も (a) に示すような仮想の境界の立方体面が鏡映面になる).

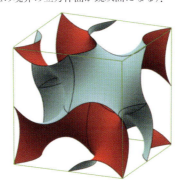

図版 XX シェーンによって発見されたジャイロイドの単位胞.

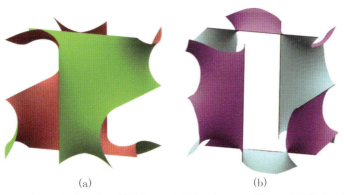

図版 XXI (a) 曲面 C($\pm$Y) の単位胞の 1/8 部分における 2 枚の 9 角形状パッチ. (b) $\pm$Y の「懸垂面」状生成パッチで構成される 2 枚の 9 角形.

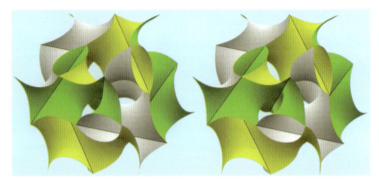

図版 XXII エルザーの「アルキメデス・スクリュー」の単位胞の立体視画像．

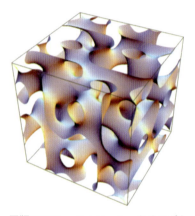

図版 XXIII フォン・シュネリングとネスパーの $C(Y^{**})$：$3(\sin X \cos Y + \sin Y \cos Z + \sin Z \cos X) + 2(\sin 3X \cos Y + \sin 3Y \cos Z + \sin 3Z \cos X - \sin X \cos 3Y - \sin Y \cos 3Z - \sin Z \cos 3X) = 0$．この節曲面はジャイロイドの G-H = I43d-I4$_1$32 と同じ対称性をもつ．これとトポロジーおよび対称性が同じ極小曲面の存在は確認されていない．

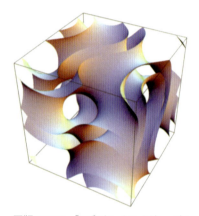

図版 XXIV 「2 重ジャイロイド」．ジャイロイドが属する平均曲率一定の曲面族と同じ対称性（I4$_1$32）とトポロジーをもつ節曲面．方程式は $0.8(\sin 2X \sin Y \cos Z + \sin 2Y \sin Z \cos X + \sin 2Z \sin X \cos Y) - 0.2(\cos 2X \cos 2Y + \cos 2Y \cos 2Z + \cos 2Z \cos 2X) + 0.33 = 0$．

ミクロの世界の
立体幾何学

New Geometries for New Materials
Eric A. Lord, Alan L. Mackay, S. Ranganathan

E. A. ロード，A. L. マッカイ，
S. ランガナサン 著
宮崎興二 [監訳]
日野雅之・関戸信彰 [訳]

丸善出版

NEW GEOMETRIES FOR
NEW MATERIALS

Eric A. Lord

Alan L. Mackay

S. Ranganathan

Copyright © E. A. Lord, A. L. Mackay and S. Ranganathan 2006

This translation of New Geometries for New Materials is published by arrangement with Cambridge University Press.

Japanese language edition published by Maruzen Publishing Co., Ltd., Copyright © 2019.

Japanese translation rights arranged with Cambridge University Press through Japan UNI Agency, Inc., Tokyo Japan.

翻訳にあたって

　本訳書の原題は『新しい材料のための新しい幾何学』となっています．それからもわかるように，原著の目的は，新しい時代にふさわしい新しい材料を作るための分子や原子の世界を幾何学的に見直すところにあります．ですが，満載された美しい図版には，新しい材料というより，むしろ珍しい多面体や曲面が姿を見せます．説明も，材料科学的というよりはむしろ幾何学的で，原著者は，読者として，科学者のみならず造形芸術家なども考えたといっています．それでタイトルを『ミクロの世界の立体幾何学』としました．

　とはいえ，わが国ではまだあまり接点のない極微の世界の科学と幾何学の双方の真髄について書かれた英文を正確に和訳するのは至難の業と思われ，出版直後，原著を目にして以来，訳書を出すことは夢のまた夢となっていました．

　ところがそれから十数年後，建築という造形芸術にたずさわる監訳者のもとに，幾何学図形に詳しい原子核物理学専門の日野雅之博士と金属学者の関戸信彰博士が現われて，思いがけずも人材が揃い，監訳者も芸術的な側面から加わることにして，長年の夢をかなえることになりました．

　では十数年も前の新しい知識が，10年一昔どころか今や1年一昔の世の中で，新しいとして通用するでしょうか．問題ありません．本書の中心的な話題になっている2011年ノーベル化学賞に輝いた準結晶のアイデアは500年も前にデューラーやケプラーがすでに気付いていたことであり，同じく1996年のフラーレンを決める切頂20面体は2200年も前のアルキメデスが見つけていたことなのです．本書に見る新しい幾何学図形を使った研究なら，100年後あるいは10年後，それどころか科学が猛スピードで進歩している今なら1年後ぐらいなら世界を驚かすことができるかも知れません．

　それほど先を見る本書ですから，初めて見るパズルのように頭を悩ます部分もありますが，そこは無視して美しい図を頼りに先に進まれると，ミクロの世界の思いがけない宝物が待っていますよ．

2019年10月　　　　　　　　　　　　　　　　　　監訳者　宮崎興二

日本語版への序文

エリック・A・ロード

　幾何学のユニークな特徴は，数学の「抽象的な」分野とは異なって，周囲の具体的な世界を目で見て知ることに基礎を置いている，という点にあります．しかも単に見るだけでなく見た目に美を訴えかけるという力をもっています．まさにそれが幾何学の魅力であり，人を引きつける要因で，かつては非常に大切にされました．それにもかかわらず，その後幾何学は，長い間，ないがしろにされ，正当な評価を受けない状態に置かれていました．それが最近，再び脚光を浴び始めています．そのきっかけになったのは，マンデルブロによるフラクタル幾何学の出現，シェヒトマンによる準結晶の発見，そして生体系における形態形成の理解のための幾何学の重要性に対する認識の高まりなどです．

　このような新しい展開は，コンピュータ・グラフィクスの技術的な進歩によって促されたともいえます．こうした時代に，スリニヴァサ・ランガナサン博士ならびにアラン・マッカイ博士に助けられながら本書をまとめることができたのは，私にとってこの上ない喜びです．また宮崎興二氏のご尽力によって，本書における心を躍らせるような考え方に親しんでいただける方がたがさらに増えることは私の喜びをますます大きなものにしてくれます．

　日本には自然界や人間界のかたちとその構造を見つめる審美眼において輝かしい伝統が根付いております．われわれが本書において仕上げた仕事を，その伝統の下の結晶研究者だけではなく，芸術家，彫刻家，建築家など，かたちと構造そしてその奥に潜む数学的な土台に対する美意識を持ち合わせる日本の多くの方がたに味わっていただきたいと願ってやみません．

アラン・L・マッカイ

　申し訳ないことですが，私はすでに90歳をはるかに超え，目や耳も不自由になって，長い文を書くことはできません．それで記憶に頼って，ずっと

昔の日本での思い出話を少しばかり披露してまえがき代わりとさせていただきます。

　私が日本を初めて訪れたのは 40 歳台中ごろの 1969 年 1 月から 3 月までのことでした。第二次大戦後，ケンブリッジ大学にお招きした最初の日本人だった鉱物学者の定永両一博士が東京大学に招待してくれたのです。ちょうどいわゆる東大紛争が吹き荒れていたときで安田講堂攻防戦や入試中止騒動など不思議な光景を目のあたりにしてびっくりしました。半世紀も前のことなのによく覚えています。

　宿舎は農学部前の長栄旅館というところで，紛争中だったこともあって学内に入ることもできず，宿舎を出ては赤門前の本屋や骨とう品屋などを巡り歩いて時間をつぶす毎日が続いたものです。そのときある古本屋で明治前の美しい和算書を買いました。今は子供に渡してしまって手元にありませんが，きれいな幾何学模様が，学術書というよりもむしろパズルの本のように魅力的に並んでいました。つまりちょうど本書のような見栄えだったと記憶しています。いわば本書は現代の和算書のようなものです。

　その後 1990 年ごろ，京都大学金属学教室にも何度か招待され，そこで準結晶の研究を進めていた石原慶一博士を通じて知り合ったのが，準結晶と高次元空間との関係をデザインの面から調べていた宮崎興二氏でした。その縁で，宮崎，石原両氏が編集していた HyperSpace という雑誌に，本書にも出てくる極小曲面についてのデザイナー向きの原稿を，ときどき高橋渉という日本名を使いながらいくつか出しました。ついでながら私は中国名も持っていて馬凱（マッカイ）といいます。馬と凱旋（勝利）を合わせた縁起のいい名前で気に入っています。

S・ランガナサン

　私は本書の共著者になったことを非常に誇りに思っています。そうなるにあたっては，いろいろなきっかけがありました。

　じつは私は，インド理科大学金属工学科で学んだあと，H.S.M. コクセター博士の『幾何学入門』に魅せられたこともあって，1962 年から 1965 年までの間，世界中の金属学者が集まるイギリスのケンブリッジ大学金属学部の博士課程に在籍しました。コクセター博士の出身校でもあり，博士と文通したりして，金属学もさることながら，イギリスの幾何学的な文化にも関心を

持ったものです．これが本書にかかわるようになった最初のきっかけです．

　ちょうどそのころ，ロンドン大学バークベック校のJ.D. バナールの花形学生であったアラン・マッカイ博士が結晶学一般について数多くの論文を発表されていて，何度も声をかけさせていただきました．中でも，博士の書かれた「5角形の雪の結晶について」という論文はケプラーの「6角形の雪の結晶について」をまねていて私の心をくすぐりました．これも大きなきっかけの一つです．

　さらに幸運なことに，ロンドン大学キングス校にいた数学者のエリック・ロード博士と共同研究する機会も得ました．博士は独特の才能を使って，私の金属学や準結晶あるいは生物に見られる螺旋構造などに関するいくつかのアイデアを目に見えるように幾何学的に表現し直してくれました．かたちと幾何学は平行線をたどるのではなく交わるのです．ロード博士はマッカイ博士とも一緒に仕事をしていて，本書に出てくる周期的な極小曲面についていくつかの共著論文を出されています．こうして本書を出す素地が揃ったことになります．

　その後1990年ごろ数度にわたってマッカイ博士と入れ代わるように京都大学金属学教室に招かれましたが，そのつど，多面体を建築デザインの面から研究している宮崎興二氏に会うことができました．そのとき，氏から頂いた『かたちと空間』の英語版は準結晶と高次元空間との関係にも触れられていて，私にとっては貴重な宝となっています．

　なにはともあれ，本書初版とロシア語版は，日本でいえばすでに過ぎ去った平成の時代に出されましたが，日本語版が，調和と美を表すという令和の夜明けの年に出されるのは，まことにすばらしいことで誇りに思います．

本書について

エリック・A・ロード，アラン・L・マッカイ，S・ランガナサン

　近年の材料科学の発展は目覚ましく，原子規模での微視的構造を解明し操作することによって，特徴ある斬新な材料・素材が生み出されている．

　そのような規模の物質のかたちや性質を調べる場合，どうしても数学的な考え方が必要となる．本書では，そうした材料科学の世界において今まさに発展し蓄積されつつある幾何学的な概念と用語を使って，3次元（3D）空間での原子の配置の様子などを目で確かめられるように説明してみたい．そのため数多くの図版を使って，幾何学的な概念が直感的に理解できるように工夫してある．その場合，必要となる数学的な厳密さについては，この分野への入門書になっている本書では，最小限に抑えた．一方，結晶学，固体科学，材料科学に携わる諸氏の要求には，巻末に収録した多くの参考文献が十分応えてくれると思われる．

- ●エリック・A・ロードはインド理科大学金属工学研究科客員研究員．
- ●アラン・L・マッカイはロンドン大学結晶学研究科名誉教授．現職を退いた 1991 年以後も数多くの共同研究を継続中．英国王立協会会員．
- ●S・ランガナサンはインド理科大学金属工学研究科名誉教授．科学雑誌で 250 編に上る論文を発表．

は じ め に

この数十年，前例を見ないような新発見が，材料科学の分野，いいかえれば固体物理，結晶学，金属工学，ナノテクノロジー，微生物学など広範囲の分野で続いている．こうした発見は，かつてない有益な性質をもつ新素材を生み出すと同時に，自然はどのようにできているか，つまり原子はどのように結合して世界を作っているか，についての深い理解をもたらしてきた．3次元（3D）空間における小さなユニットの組み合わせが作り出す構造やパターンを調べることは，物質の最も根本的なレベルに流れる一般的な原則を明らかにするのである．本書では，こうしたことについて，形状と形態ならびに 3D 幾何学の観点から見ていく．

3D 空間には，規模の大小によらず共通した形状や模様が存在しうる．たとえば，「バックミンスターフラーレン」つまり「バッキー・ボール」と呼ばれる C_{60} 分子では，60 個の原子が正 20 面体の対称性をもって球状に配置され，その外見は，バックミンスター・フラーのジオデシックドーム建築のデザイン原理になっている切頂 20 面体を思わせる．異なるのは規模の大小のみである．その意味で，たとえ本書で扱う資料の多くがおもに材料科学の文献から採られ，本書が想定している主要な読者が材料科学の専門家であるにしても，本書の内容は，それ以外の幅広い読者の興味にも対応できるものと考える．

そのような前提のもとに自然界に存在する複雑な構造と仕組みを理解するには，そのための新しい幾何学が必要になる．たとえば，準結晶の研究では 6D 空間の幾何学を持ち出すことがあるし，その他にも，ネットワーク構造における非ユークリッド幾何学の有用性を示したステファン・ハイドの研究や，材料物質の研究に曲面の幾何学を導入したテロネスのグループの研究などがある．このように，新しい材料科学では数学指向が強まるが，同じように，数学者もまた材料科学上の新発見によって研究分野が広がるのであり，両者の活発な相互交流が進んでいる．

このように大きく成長しつつある分野を相手にする以上，扱う内容は精選

せざるを得ない．それで本書では，3D 形状とその構造に関して直観的に理解できる範囲のものに焦点を当てることにする．構造の研究をより魅力的にするには，直観に基づく想像力が必要になるためである．したがって数学的な詳細については最小限にとどめたが，やむを得ず数式や数値計算に触れざるを得ない場面では，すこしの辛抱をお願いすることになる．数学的な側面も含めた深い理解を求める読者諸氏には，巻末にあげた多量の参考文献が役に立つと確信している．

各章の内容を互いに関連させ，主題の統一を重視していることも本書の特徴である．したがって，読者は同じ構造がさまざまな観点から各所において説明されていることに気づくはずである．

本書は，インド政府国防省防衛研究開発機構の援助によってプロジェクト番号 DRDO/MMT/SRG/526 の一環として企画されたものであり，ランガナサンは，その支持と奨励に深く感謝の意を表する．またホミ・バブハ研究奨励基金の支援にも感謝する．また本書の第 9 章以外のほとんどすべての図はケン・ブラッケ氏による素晴らしいソフトウェア Surface Evolver を用いて作成された．インターネットを通じて Surface Evolver をダウンロードし，無償利用できたことは氏に負うところが大である．

エリック・A・ロード

アラン・L・マッカイ

S・ランガナサン

目　　次

1　概　観 　　　　　　　　　　　　　　　　　　　　　　1

1.1　原　子 ……………………………………………………… 1

1.2　幾何学 ……………………………………………………… 4

1.3　結晶学 ……………………………………………………… 5

1.4　結晶学の拡張 ……………………………………………… 6

1.5　形態と構造 ………………………………………………… 8

2　2次元タイリング 　　　　　　　　　　　　　　　　　11

2.1　ケプラーのタイリング …………………………………… 12

2.2　基本領域 …………………………………………………… 14

2.3　2次元タイリングのトポロジー ………………………… 16

2.4　彩色対称性 ………………………………………………… 17

2.5　トルシェ・タイリング …………………………………… 18

2.6　2次元非周期的タイリング ……………………………… 20

2.7　グンメルトの10角形 …………………………………… 24

2.8　黄金比とフィボナッチ数列 ……………………………… 25

2.9　ランダム・タイリング …………………………………… 27

2.10　球面タイリング ………………………………………… 27

2.11　2次元タイリングのトポロジー ……………………… 32

2.12　タイリングと曲率 ……………………………………… 33

2.13　フラーレン ……………………………………………… 34

3　3次元タイリング 　　　　　　　　　　　　　　　　　38

3.1　格子と空間群 ……………………………………………… 38

3.2　正多面体と半正多面体による空間充填 ………………… 42

3.3	ボロノイ領域	48
3.4	フェドロフの平行多面体	49
3.5	格子複合体	50
3.6	複合4面体構造	53
3.7	正多胞体 {3, 3, 5}	55
3.8	空間充填と5角12面体	55
3.9	非対称ユニット	58
3.10	モジュール構造	59
3.11	3次元非周期的タイリング	64

4 円と球の配置   68

4.1	円の配置	68
4.2	立方最密充填	71
4.3	球配置とネット	71
4.4	低密度球配置	71
4.5	ブールデイク‐コクセター螺旋	73
4.6	球のランダム充填	75
4.7	高次元球配置	78
4.8	球面円配置	78
4.9	大きさの異なる球の配置	83
4.10	柱体配置	86

5 階層構造   87

5.1	リンデンマイヤー・システム	87
5.2	フラクタル曲線	89
5.3	膨張ルール	93
5.4	6回対称非周期タイリング	94
5.5	3次元ペンローズ・タイリングの膨張	95
5.6	クラマーの階層タイリング	97

6　クラスター　　99

6.1　正 20 面体クラスター ……………………………… 99
6.2　バーグマン・クラスター …………………………… 103
6.3　マッカイ 20 面体 …………………………………… 106
6.4　ガンマ黄銅クラスター ……………………………… 108
6.5　フリオーフ多面体のクラスター …………………… 110
6.6　4 面体と 8 面体によるクラスター ………………… 113
6.7　20 面体と 8 面体によるクラスター ………………… 114
6.8　30 面体クラスター ………………………………… 117
6.9　クリスタロイド ……………………………………… 119

7　螺旋構造　　123

7.1　螺旋軸 ………………………………………………… 123
7.2　多面体螺旋 …………………………………………… 125
7.3　多面体による環状立体 ……………………………… 126
7.4　周期的 4 面体螺旋 …………………………………… 127
7.5　周期的 20 面体螺旋 ………………………………… 129
7.6　螺旋状 3 角面体 ……………………………………… 131
7.7　螺旋構造と $\{3, 3, 5\}$ ……………………………… 132
7.8　ナノチューブ ………………………………………… 133
7.9　植物に見る黄金数 …………………………………… 136
7.10　球面上の点の渦巻き分布 ………………………… 143

8　3 次元ネット　　147

8.1　無限多面体 …………………………………………… 147
8.2　一様ネット …………………………………………… 149
8.3　環と配位系列 ………………………………………… 151
8.4　頂点連結 4 面体 ……………………………………… 153
8.5　4 連結ネット ………………………………………… 156
8.6　クランク連鎖，ジグザグ連鎖，ノコギリ連鎖 …… 158

8.7	回位ネットワーク	…………………………	162
8.8	タイリングのトポロジカルな分類	…………	164
8.9	織り込みネット	…………………………………	168
8.10	切頂操作	…………………………………………	170
8.11	多面体ネットとラビリンス・グラフ	………	172
8.12	パイロクロア・ユニットによる多面体ネット	………	174
8.13	ネットの拡大	……………………………………	178

9 3重周期曲面 181

9.1	極小曲面	…………………………………………	181
9.2	シュワルツとネオヴィウス	…………………	184
9.3	シェーンの曲面	…………………………………	187
9.4	生成曲面パッチ	…………………………………	188
9.5	基本曲面パッチ	…………………………………	191
9.6	直方晶，菱面体晶，正方晶の変形体	…………	192
9.7	極小曲面と双曲面	………………………………	195
9.8	自己交差をもつ3重周期極小曲面	……………	197
9.9	3重周期曲面のタイリング	…………………	201
9.10	鞍形多面体	………………………………………	203
9.11	いろいろな3重周期曲面	……………………	206
9.12	節曲面と等位曲面	………………………………	208

10   金属の世界に見る新しい原子配列 210

10.1	歴　史	……………………………………………	210
10.2	純金属	……………………………………………	211
10.3	合　金	……………………………………………	214
10.4	固溶体	……………………………………………	214
10.5	金属間化合物	……………………………………	215
10.6	準結晶	……………………………………………	218
10.7	複雑構造金属間化合物	…………………………	224
10.8	金属ガラス	………………………………………	227

10.9　ナノ結晶 ……………………………………… 230

10.10　螺旋構造体 …………………………………… 231

10.11　クラスレート ………………………………… 232

10.12　結　論 ………………………………………… 232

付録　新しい幾何学とコンピュータ処理　　233

参 考 文 献　　237

参考文献邦訳書　　256

訳者あとがき　　259

事 項 索 引　　261

人 名 索 引　　270

1

概　　観

1.1　原　子

　物質のいろいろな性質，生物と無生物の違い，それらの動きや変化，と
いった無限ともいえるほどの自然界のさまざまな現象は，限られた種類の単
純な基本単位である「原子」が複雑に結合し合った結果の表れである．こう
した原子の考え方は，今では誰でも知っていることであるが，実はすでに紀
元前 4 世紀にデモクリトスとエピクロスによって仮説として考えられてい
た．デモクリトスの原子仮説は，ルクレティウス（およそ紀元前 60 年）に
よる『デ・レルム・ナチュラ』（*De Rerum Natura*, Lucretius 1994, 邦訳
13）に出ている．ルクレティウスは，ラテン語の叙事詩のかたちで，多く
の日常の現象が「すべては空虚な空間にある原子から成り立つ」と仮定すれ
ば説明できると主張した．当時のギリシャの哲学者は実験にほとんど関心を
もたず，ものごとに関する議論は身近なものについての注意深い観察に基づ
いてされるだけだったにもかかわらず，このような主張がされる直観的洞察
力と現代的物理への鋭い予感には目を見張るものがある．とはいえ，アン
ティキティラ島の機械として知られるルクレティウスの時代の天体の位置を
予測するための天球儀[*1]は，おそらく経度の決定に用いられていたもので
あるが，アルキメデス的な実験の伝統もまたあったことを示している．

　ルクレティウスは，さらにアナクサゴラスの思想に言及しながら，現代に
おける「フラクタル」の概念について次のように述べている．「アナクサゴ
ラスがホメオメリア（homoeomeria）という言葉によっていおうとしてい
るのは，骨は微小な骨から，金は微小な金から，火は微小な火からできてい
るということである．」

　賢明にもルクレティウスは，元素の種類について根拠のない推測はせず，
原子の種類は有限であるというにとどめた．当時の伝統的な考え方では，ル

＊1　訳注：20 世紀初めギリシャのアンティキティラ島の沈没船で見つかった紀元前 1-2
　　世紀ごろの精密な歯車式機械．史上最古のコンピュータともいわれる．

図 1.1 五つのプラトンの立体と四元素（下4段），ならびに宇宙のかたち（最上段）．ケプラーの『世界の調和』(Kepler 1619, 邦訳 10) より．

クレティウスとは異なり，元素は土，火，空気，水の4種類のみであって，それぞれ立方体，正4面体，正8面体，正20面体によって象徴されていると考えられていた（図1.1）（5番目の正多面体でプラトンが宇宙のかたちと考えた正12面体は，神秘的な「第5の元素」に対応するもので，精髄 (quintessential) という英単語の語源であるといわれている）．

ルクレティウスより4世紀も前のプラトンの考えでは，四つの正多面体は単に四元素を象徴しているだけではなく，原子の実際の形態を表していた．このこともあって，正多面体は「プラトンの立体」とも呼ばれる．こうした奇妙ともいえる考えの中にもわずかな真実が含まれているもので，現代では正多面体つまり5種類のプラトンの立体と半正多面体つまり13種類のアルキメデスの立体の中には固体や液体の微視的な構造に見られるものもあることが知られている．ただし，個々の原子自体の形状ではなく，「クラスター」

図 1.2 スコットランドで見つかった新石器時代の石球．それぞれに五つの正多面体を思わせる模様が彫刻されている．オックスフォードのアシュモレアン博物館所蔵．用途は不明．クリッチローのためにグラハム・チャリフォーが撮影（Critchlow 1979）．複写許可：グラハム・チャリフォーおよびキース・クリッチロウ．

と呼ばれる原子の集合体がもつ形状としてである．さらにプラトンは『ティマイオス』の中で，正多面体のうち四つの側面は 45-90-45° および 60-90-30° という学校教材の 2 つの三角定規の形状でできていると考えていた．

実はこうした五つのプラトンの立体はプラトンより 1000 年も前にすでに知られていた可能性がある．正多面体を思わせる模様が刻まれた新石器時代の石球が北スコットランドのいろいろな地点で 400 個以上見つかっていて，アバディーン大学とグラスゴー大学に多くが保存されている．オックスフォードのアシュモレアン博物館にはきわめて状態の良いものが保管されている（図 1.2）．

もっと意外なことには，「四元素」の考え方は近年までの科学思考を支配していた．ジョゼフ・プリーストリーが 1774 年に酸素を発見したが，その重要性に気付いたアントワーヌ・ラヴォアジエはプリーストリーの実験を追試して，四元素の中の空気は酸素を含むいくつかの気体の混合体であり，同じように水もまた混合体であると主張した．現代化学はこうした洞察から出発したといわれている．アントワーヌ・ボーメ（1728-1804）がパリ科学アカデミーで行った講演の内容を引用すると，「物質の基本要素である四元素の存在に関しては，多くの国において，2000 年間にもわたって物理学者に認められてきたにもかかわらず，今，複合的な物質とされることなど認めるわけにはいかない．四元素は物質の発見と理論の展開の根本に置かれてきたではないか．火，水，空気，土が元素として通用しないとなれば，さまざまな発見にたいする信頼性が崩壊してしまう．」

結局のところ，人間というものは，習性に支配されるものだということに

4

なる．問題に迫る方法が正しいと一旦認められれば，多くの場合それが伝統として根付く．研究上何か新しい世界を切り開く進展があるとき，それまでに確立された思考様式が新しい概念の出現を妨げようとする例は科学の歴史において少なくはないのである．

1.2 幾何学

数学者は 2000 年以上にわたって，ユークリッドによって体系化された，2 次元の広がりをもつユークリッド平面（Euclidean plane）つまり E_2 の上の幾何学を基礎とするユークリッド幾何が唯一の可能な幾何学であると考えてきた．ところが 19 世紀になってボーヤイとロバチェフスキーによって「非ユークリッド幾何学」の一つである双曲幾何が作られ長い伝統がくつがえされたのである．

双曲幾何は，3 次元ユークリッド空間 E_3 の中の 2 次元の広がりをもつ双曲面（Hyperbolic plane）つまり H_2 の上の幾何学であり，n 次元の双曲空間 H_n へ容易に一般化できる（下付きの添字は空間の次元を示す）．

それに対して（n＋1）次元のユークリッド空間 E_{n+1} における n 次元の広がりをもった n 次元の球面（Spherical surface）つまり S_n 上の球面幾何は，また別の非ユークリッド幾何学を作る．ヒッパルコス（紀元前 150 年）によって調べられはじめ，基本理論がメネラウスの著作『スフェラエカ』やプトレマイオスの『アルマゲスト』に記されている球面三角法は S_2 上の幾何に他ならない．それが 2000 年の時を経て，2 次元の非ユークリッド幾何学の一つであることに人々は気づいた．

以上の空間 E_n，S_n，H_n は，ガウスによって（それぞれ，0，正，負の）一定のガウス曲率をもつ空間であるとされた．そのうち H_2 で成り立つ双曲幾何と S_2 で成り立つ球面幾何の公式はよく似ているが，双曲幾何では単位球面の半径を 1 の代わりに虚数つまり $\sqrt{(-1)}$ とする．

曲面それ自身がもつ計量的な性質，たとえば 2 点間の距離，についてはガウスによって調べられていたが，リーマンはさらにその性質を，点と点の間で連続的に変化するように空間の幾何学を一般化し高次元へ拡張した．

こうした幾何学の中で，最も一般的な，そしてある意味では最も根源的なものが位相幾何学（トポロジー）である．この幾何学では，2 点間の距離や

平面の面積や空間の体積といった計量的な性質は一切考えず，点や線や面の連続性と，それらの数や位置といった組合せ数学的な性質にのみ注目する．

材料物質の構造はもちろん E_3 の中で考えられるのではあるが，近年，エキゾチックな，つまり通常には存在しない幾何学概念が材料科学に取り込まれて，材料構造の新しい刺激的な分析が試みられている．本書においては，これら新しい発展について折に触れて扱い，その結果材料科学において数学の役割がますます重要になっていることを示していく．

1.3 結晶学

結晶性固体が原子によってどのように構成されているかについて現在知られている数学的な知識の一つに，シェーンフリース，フェドロフ，ならびにバーローによる，「E_3 における 3 方向に広がる 3 重周期的パターンは，対称性によって 230 種類の型つまり空間群に分類される」というものがある．この，あらゆる結晶を対称性によって分類するという幾何学理論は，19 世紀における数学の大きな功績となっている．これは「理想的な結晶は，3 次元空間において，単一の単位構造が，無限に繰り返し並んでいる構造をもつ」という単純な仮定の上に構築された壮大な建築のようなものである．

対称性理論の実験的な検証は，X 線構造解析によって進められた．結晶に見る X 線回折現象は 1912 年にマックス・フォン・ラウエによって発見され，この業績によりラウエは発見の 2 年後にノーベル賞を受賞した．その解析法をさらに発展させたのはローレンス・ブラッグで，父のウィリアム・ヘンリー・ブラッグと共に，塩化ナトリウムの原子構造が，3 次元のチェスボードのようにナトリウムと塩素のイオンが交互に並んでできていることを見つけた．ローレンスが自分たち親子のノーベル賞受賞のニュースを知ったのは 1916 年に西部戦線の将校として従軍していたときだった．二人はさらにその技術を駆使して，1923 年には，鉱物であるダイオプサイド（透輝石）におけるカルシウム，ケイ素，酸素の各原子の配置画像を作っている．それ以来，あらゆる物質の原子配列が，生物および無生物の性質や振る舞いを理解する上での基礎となる．

X 線回折法の発展とともに，230 個の空間群は結晶構造を理解する上での鍵になった．この場合の固体全体の原子配置は，原子によって「装飾され

6

た」単位胞が平行移動を繰り返してできる周期構造になっている．ところが，このような洗練された見方は逆に結晶学者の自由を長年にわたって拘束してしまうという残念な結果を導いてしまった．ユークリッド的見方が幾何学に及ぼした効果に似ていて，一つの大きな枠組みが築かれてしまったのである．それは，現実の材料のもつ重要な性質が「欠陥」と呼ばれたり，理論的な枠組みに合致しない材料が「不規則」として退けられたりするところなどにも見ることができる．

1.4 結晶学の拡張

結晶学者が，物質の構造は周期性に関係しなくても高度な秩序をもちうるのだという事実に目覚めたのは準結晶の発見によってである．構造が秩序と系統性をもつには，それまでとは異なった方向性がありうるという事実に気付いたことになる．もちろん，原子や分子自体は単位胞について何も感知しないのであり，ましてや群論についてなど知る由もなく，単に周囲の環境に単純に反応しているだけに過ぎない．結晶の３重周期性も，さまざまな局所的な秩序原理から引き起こされる現象なのである（かつてライナス・ポーリングは単位胞の「対」が非周期的に並ぶ構造を周期的な結晶として説明しようとしたが，これなどは古い考え方に支配された一つの例である）．

大きなスケールの秩序（周期的なものに限らず，どんなものでも）が局所的な秩序原理からどのようにして生まれるかについての詳しいことを調べるのはむずかしい．

その中で，局所的に限定された状態から周期性が生じうることに関しては，ボリス・ニコライエヴィッチ・デローン[*2]らによる一つの定理がヒントを与えてくれる（Delone *et al.* 1934; 1976）．いま，E_n における半径 r の任意の球が多くて１個だけの点を含み，かつ半径 R の任意の球が少なくとも１個の点を含むような点の集合を，E_n における「デローン集合」(r, R) という（つまり各点は，あまり大きなすき間を開けないようにばらばらに置かれた半径 r の球の中心となっている）．ここで，ある長さ ρ について，集合の任意の点を中心とする半径 $\rho + 2R$ の球内部の点配置がすべて同じで

[*2] 訳注：Boris Nikolaevich Delone（デローン）または Delaunay（ドロネー）．

あると仮定し，なおかつこの配置の対称性が半径 ρ の球内部での点配置の対称性と同一であるとすると，点の集合は（n 重の）周期性をもつ．証明はセネシャルによる（Senechal 1986）．ρ は，E_2 の場合は $4R$，E_3 の場合は $6R$ とすることができる．

　理論結晶学上では，扱う範囲は，古典的な「完全」結晶の 3 重周期的構造にとどまらず，さらに一般的な構造体系にまで拡張可能であり，拡張すべきであるということが長い間いわれてきた（Bernal & Carlisle 1968; Mackay 1975）．しかしながら，20 世紀全体を通じて，実験結晶学は X 線回折に支配され，同時に理論結晶学もまた周期的な格子とその双対である逆格子で理解し記述できる構造を扱うことに制限されてきた．X 線回折は周期的な構造を検出し増幅表示するのに力を発揮するのである．さらにこの数十年，高分解能電子顕微鏡に代表される新しい実験・観測方法が利用できるようになり，そのことが「結晶学の拡張」に現実性を与えるようになった．結晶物質による X 線散乱を用いた結晶構造解析はあまりにも大きな成功を収めてきた実験技術であったため，その他の手法を圧倒する立場を保ってきたことになる．この技術では，対象分子の多くの複製でできる結晶を，秩序をもった配列として用いていて，それによる散乱はいわば 1 個の分子での散乱を増幅する効果をもつ．

　それに対して規則性の弱い構造における個々の原子を見るには電子顕微鏡の開発が必要だった．近年それがようやく十分な分解能をもつようになり，電子顕微鏡や原子間力顕微鏡などによって，有機物質，無機物質における原子の複雑な秩序が明らかになりつつある．それによると，実在する物質の組織にはいくつかの階層が存在し，それぞれの階層には独自の規則性が存在することがわかってきた．そのような階層は特に生物系において特徴的に見られる．

　さらに現在では物質の構造と物質に込められた情報が相互関連する仕組みを解明する機運が高まっている．その結果，たとえば 20 世紀で最も重要な発見である DNA の二重らせんでは，「非周期的結晶」を見せる構造が塩基対の配列として情報を暗号化していることが知られるようになった．その遺伝情報の暗号化に潜む一般原理は，すでにエルヴィン・シュレディンガーの著書『生命とは何か』（*What is Life?*, Schrödinger 1944, 邦訳 19）において予見されていた．加えて予想を超えるコンピュータ能力の発達は，極めて複雑な構造の配列を瞬時に処理し，コンピュータ・グラフィックスで表示す

8

ることを可能にしている.

1.5 形態と構造

イギリスとスコットランドにおける科学の伝統は, 大陸的な科学の伝統とは異なり, 模型作成, 可視化, 身の回りの仕組みからの類推などをその特徴としていて, 言葉, 数式, 論理などによって議論するのとは対比的であった. J. C. マックスウェル, ウィリアム・トムソン (ケルヴィン卿), W. H. ダーシー・トムソン, W. L. ブラッグそして J. D. バナールはこうしたイギリス的伝統の指導者たちである. それに対して, デカルト, ゲーデル, オイラー, ハイゼンベルク, クロード・ベルナールなどは大陸的学派の代表といえる. こうした見方については, ピエール・デュエム (1861-1916) も具体的に説明している.

そんな中の 1917 年, 第一次世界大戦の最中に, ダーシー・トムソン (1860-1948) はダンディー大学で大作『生物のかたち』(On Growth and Form, Thompson 1917, 邦訳 21) を完成させ, その中で数学と物理を応用しながら, 生物界で見られる多種多様なかたちの成り立ちを解き明かした. ただし, 当時すでに相当な量の知識が得られていたにもかかわらず, 原子レベルでの微視的な考察はしていない. 原子について言及しているのは一か所か二か所で, 第 2 版 (1942) においてさえほとんど触れられていない. つまり生体構造における巨視的な規模での形態を支配する数学原理に焦点を当てることに関心が向けられ, 微視的なものについては顕微鏡で見ることができる程度でとどめている.

やがてコンピュータ時代がやってくるが, その直前, 変化する形態を歌い上げる著作『自然の構造はデザイン戦略である』(Structure in Nature is a Strategy for Design, Pearce 1978) を出した建築家のピーター・ピアスは, 3 次元の多面体的な規則的構造を多方面から考察し, 立方体構造に支配される社会に変化をもたらすような大きな反響を呼んだ. ロバート・ウィリアムズも『自然構造の幾何学的基礎』(The Geometrical Foundations of Natural Structure, Williams 1979) を出して, ピアスと同様の手法を取りながら, 結晶構造における原子の複雑な幾何学的配列に見られる入り組んだ多面体的構造を紹介している.

H. S. M. コクセターが長い人生の中で, 数多くの書物や論文, 中でも『幾

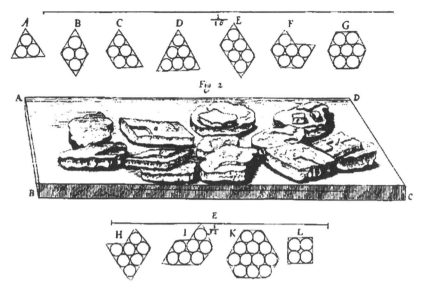

図 1.3 結晶構造．ロバート・フック『ミクログラフィア』より（Hooke 1665，邦訳 7）．

何学入門』（*An Introduction to Geometry*, Coxeter 1969，邦訳 1）によって，幾何学に対する一般の人びとの関心を復活させ，何世代にもわたる人びとの教育に貢献し続けた偉大さについても特記しておかねばならない．コクセターの教えを受けたグリュンバウムとシェファードは次のようにいっている．「数学者たちは，長い間，2 次元，3 次元の初等幾何の問題に携わることをある種の屈辱であると考えてきた．まさにその種の数学こそが高い実用的な価値をもつにもかかわらずである．」

だからこそ，本書では，以下の各章で，この数十年に起きた複雑な物質構造を理解する上での重要な進展を，その背景となる幾何学原理に着目して概観することを目的としている．

この考え方は，ある意味でヨハネス・ケプラー（1571-1630）によって始まったといえる．平面の「正」タイリングを初めて厳密に列挙したのはケプラーであった．ケプラーは正 5 角形のタイルも加えた平面のタイル貼り図形つまり平面のタイリングも調べ，ペンローズのタイリングや準結晶の発見より 300 年以上前に非周期的パターンの概念にも気付いていた．多面体の世界では 13 個のアルキメデスの半正多面体を再発見している．そのケプラーが深く調べた菱形 30 面体は今では正 20 面体準結晶の構造を解く鍵となるこ

図1.4 ケプラーによる正多面体の入れ子模型の部分図．内惑星の軌道を象徴している．ケプラーの『宇宙の神秘』(*Mysterium Cosmographicum*, Kepler 1596, 邦訳 8) より．

とが知られている．雪の結晶に見られる六方対称性が，小さなユニットの最密充填から得られることを示したのもケプラーであり，また球の最密充填が今でいう面心立方最密充填であることを正しく推測していたのもケプラーだった (Kepler 1611, 邦訳 9)．ロバート・フックが，あらゆる身近なものを初めて顕微鏡で観察し，物質構造の科学を現実化し始めたのはそれから間もなくのことである．図 1.3 はフックの『ミクログラフィア』(*Micrographia*, Hooke 1665) から採ったものである．

　本章の最後にケプラーによる正多面体の入れ子模型を示す (図 1.4)．これはケプラーが惑星軌道の相互関係を表現していると信じていたものである．しかし，非凡な精神的柔軟性をもっていたのであろうか，ケプラーはこの模型を放棄し，有名な惑星運動の基本法則の発見へと向かった．ケプラーの才能に敬意を示すあまり，並外れた直観力がケプラー自身にそのようなまわり道をさせたという見方もあるが，じつは，五つの正多面体が常に人の心を引きつける魅力をもつことが，ケプラーの模型に象徴的に表れたのである．しかもおもしろいことに，この模型は現代を予測していた．正多面体と半正多面体の入れ子配置が，自然の構造原理の解明に向った科学者の努力によって，現代において再び現れている．ただし今回は事情がかなり異なっていて，複雑な結晶性固体形成時にできる原子集団つまりクラスターの模型としてである．

2次元タイリング

　平面上に描かれた一つの「2重周期」パターンは，たがいに重ならずたがいに独立な2方向，つまり2本のベクトル，の平行移動の仕方によって決められる一つの対称群に属する．その場合2本のベクトルは一つの平行4辺形，つまり単位胞を作る．この単位胞にはベクトルの選び方によっていろいろなものが考えられるが，そのうち最小のものを，与えられたパターンの「基本単位胞（プリミティブ単位胞）」と呼ぶ．また，単位胞を並進させて得られる平行4辺形の集まりを「格子」という．基本単位胞による場合は「基本格子」となる．

　与えられたパターン全体は，基本単位胞で切り取られた部分を繰り返して並進させることによって得られるが，それを2方向の並進を含む変換の組み合わせで考えると，17種類の群になる（これについては，たとえばシャッツシュナイダー（Schattschneider 1978）が詳しい）．この群を「壁紙群」，得られるパターンを「壁紙パターン」と呼び，標準的な記法が決められている．つまり，pは基本（primitive）単位胞，cは長方形の単位胞（ただし中心（center）と2個の頂点でできる平行4辺形が基本単位胞となる）を表すとして，pとcのあとに群の生成要素を書く．そのうち2，3，4，6はそれぞれ角度$2\pi/2$，$2\pi/3$，$2\pi/4$，$2\pi/6$の回転，mは鏡映（mirror），gは映進（glide．ある直線についての鏡映と，その直線方向に格子の半分の長さの並進を組み合わせたもの）とする．

　こうした壁紙パターンのように，ある空間を敷き詰めるあるいは埋め尽くすパターンを「タイリング（tiling）」または「敷き詰め（tessellation）」ということがある．一つの空間をたがいに重ならないような領域つまり「タイル」に分割する図のことである．

　タイリングの頂点と辺は「ネット」を構成する．そのうち2次元（2D）または3次元（3D）における周期的ネットは結晶構造の基本となる．もっとも簡単な応用例でいうと，頂点と辺は原子とその結合に対応しているのであるが，より複雑な構造においてもその根本になるネットや枠組みを見つけ

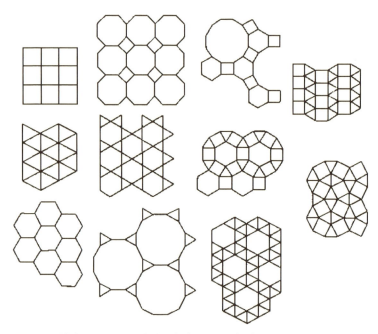

図 2.1 正多角形による 11 種類の平面タイリング．各頂点のまわりは同じ模様になっている．

ることによって理解が容易になる．この問題は第 8 章で再考する．オキーフとハイドは結晶構造に見る 2D ネットの問題を幅広く興味深く扱っている (O'Keeffe & Hyde 1980).

平面のタイリングとなる 2 重周期パターンは，あらゆる文明社会で何千年にもわたって，装飾用に使われてきている．とくに中世イスラム社会の職人によるアラベスクの創意工夫は注目と驚嘆に値する (Bourgoin 1879; El-Said & Parman 1976; Critchlow & Nasr 1979; Chorbachi 1989).

2.1 ケプラーのタイリング

タイリング問題に関する最初のよく知られた数学的に厳密な研究の例は，ケプラーの，正多角形が各頂点まわりに同じ状態で集まる平面タイリングの数え上げに違いない (Kepler 1619, 邦訳 10).

いま，すべての頂点が，n_3 個の正 3 角形，n_4 個の正方形，…，n_p 個の正

p 角形によって囲まれているものとすると，頂点まわりの角度の総和は 2π だから，

$$\sum_{p=3}^{\infty}(p-2)n_p / p = 2$$

となる．

この解には，次のような 11 通りの平面タイリングが含まれ，各頂点を一周する正 p 角形の p の順に従って並べると，

3^6 4^4 6^3 $3^4.6$ $3^3.4^2$ $3^2.4.3.4$ $3.4.6.4$ $3.6.3.6$ 3.12^2 $4.6.12$ 4.8^2

これらを図 2.1 に示す．そのうち $3^4.6$ には左巻きと右巻きの二つのねじれ方がある．また 3.6.3.6 は日本の伝統的な竹籠に見る模様に似ていることから「カゴメ」パターンと呼ばれる．日本の漢字で書くと籠目は「龍の目」(dragon's eye) ともなる[*1]．

この 11 通り以外に次のような 8 個の解が見つかるが，間隙ができてしまうためタイリングにはならない．

3.7.42 3.8.24 3.9.18 3.10.15 4.5.20 $5^2.10$ $3^2.4.12$ 3.4.3.12

このうち $5^2.10$ では，星形あるいは菱形や舟形の間隙ができる．ケプラーはこれに近いパターンを残している（図 2.2(a)）．このことから，ケプラーはロジャー・ペンローズが非周期的なタイリング（図 2.2(b)）を発見する

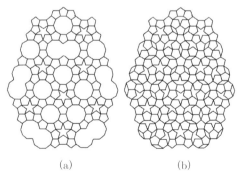

(a)　　　　　　(b)

図 2.2 (a) ケプラーが描いたタイリング．(b) 正5角形によるペンローズの非周期的タイリング．

---

*1　訳注：「籠の目」の誤りであろうか．

図 2.3 デューラーの正 5 角形によるタイリング．

よりも 350 年以上前に，非周期的なタイリングの可能性について直観的に理解していたと考えられる（Lück 2000）．デューラー（Dürer 1523, 邦訳 4）も正 5 角形と菱形によるおもしろい平面タイリングを残している（図 2.3）．部分の自己相似的な反復操作で作られていて，中心にある一つの小さな正 5 角形から始めて，各段階でできる大きな正 5 角形の周りに，小さな正 5 角形を継ぎ足していくものである．

2.2 基本領域

E_2（平面）における対称群は 17 種の壁紙群であり，S_2（球面）における対称群は点群としての，正 4 面体，正 8 面体（あるいは立方体），正 20 面体（あるいは正 12 面体）および角柱と反角柱がもつ対称群とその部分群である．

いまある空間 S を考えて，その空間における対称群を G とし，G がすべてのタイルに推移的に作用する（つまり，G に属する変換によってどのタイルも他のタイルに移ることができる）ものとし，G の恒等変換（何も変えない変換）のみがタイルを自分自身に移すようなタイリングを考えた場合，そのタイリングに属する一つのタイルを，G に関する S の「基本領域」あるいは「非対称ユニット」という．ここで大切なことは，対称性 G をもつどんなタイル配置も基本領域に含まれる部分によって定まるということである．基本領域は，非対称的なモチーフに飾られながら複製が繰り返されたときパターン全体を作る．

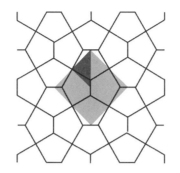

図 2.4　対称性 p4g をもつタイリング
における単位胞と非対称ユニット．

簡単な例を示そう．図 2.4 は $3.4.3^2.4$（図 2.1 右端下）のタイリングの双対としての 2 ノードのタイリングであり，対称性 p4g をもつ[*2]．濃いグレーで示された 45°の直角二等辺 3 角形部分がこの壁紙群の非対称ユニットつまり基本領域で，この領域の斜辺で鏡映するか，または直角が集まる頂点のまわりの 90°回転かによって隣の単位に移る（薄いグレーの正方形は単位胞を表す）．

　コクセターは，各壁紙群についてこうした生成の仕方を一覧表にまとめている（Coxeter 1989, 邦訳 1）．またコクセターとモーザーは壁紙群を抽象群として扱って代数的な関係式を導いている（Coxeter & Moser 1957）．

　また，S_2 あるいは H_2 の対称群に対しても適用できるような 17 種類の平面群の新しい表記法として，オービフォールド（軌道体）表記がある（Conway 1992; Conway & Huson 2002; Hyde & Ramsden 2000a）．一般に E_2 の対称群が生成元（回転，鏡映および映進）の組で表されるのに対し，オービフォールド表記では，数字と星印の組み合わせを用いる．つまり，鏡映軸上の点を中心とする角度 $2\pi/n$ の回転は星印の右側の数字 n で表し，鏡映軸上にない点を中心とする角度 $2\pi/n$ の回転は星印の左側の数字 n で表す．たとえば図 2.4 の群 p4g はオービフォールド表記では 4*2 となる．オービフォールドはトポロジカルなかたちに対応するもので，3D に拡張されることによって空間群のトポロジカルな性質に関してより深い理解が可能になった（Delgado-Friedrichs & Huson 1997; Johnson et al. 2002）．

[*2]　訳注：ノードつまり頂点まわりの多角形の集まり方が n 種類あるようなタイリングを n ノードのタイリングと呼ぶ．

2.3 2次元タイリングのトポロジー

E_2 における2重周期タイリングのうち，c 連結のネット，つまりすべての頂点から c 本の辺が出ているようなネットを考える（c は連結数と呼ばれる）．ただし単位胞あたり F_3 個の3角形，F_4 個の4角形，…，F_n 個の n 角形を含むとする．そのとき

$$\sum_{n=3}^{\infty}\{2c - n(c-2)\}F_n = 0$$

が成り立つ．式の意味は，たとえばケプラーのタイリングを用いて具体的に確認するとうまく把握できると思われる．この式はトポロジカルであって計量的な意味をもたないことを考えるとおもしろい内容をもつ．たとえば，タイルが「正」多角形でなくてもよいなら，図 2.5 のような 5 角形と 7 角形による平面タイリングも解の一つと考えられる（$c = 3$, $F_5 - F_7 = 0$）．

グラファイト層では，5 角環と 7 角環のかたちの欠陥が存在するが（欠陥がない場合は 6^3 の正 6 角形タイリングとなる），E_2 における 5 角形，6 角形，7 角形から成る 3 連結タイリングを考えると，上の方程式から $F_5 = F_7$ を満たさなければならない．また，蜂の巣パターン 6^3 に 5 角形や 7 角形が入り込むと，5 角形と 7 角形の配置関係に従って変わる大きさと向きをもつバーガース・ベクトル（図 2.6(a) 参照）をもった転位が生じる．その蜂の巣パターンにおいて 2 組の 5 角形と 7 角形の対による欠陥があるときは，2 組の転位の効果が互いに打ち消し合う現象が見られる．その最も単純な例がストーン・ウェールズ欠陥（Stone & Wales 1986）である（図 2.6）．

カーボン・ナノチューブは基本的にはグラファイトの単層を巻いて円筒状

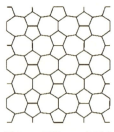

図 2.5 同数の 5 角形と 7 角形が含まれる平面タイリングの一例．

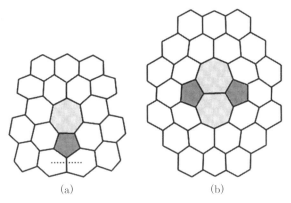

図 2.6 (a) 6 角形タイリング・パターンに入った 1 枚ずつの 5 角形と 7 角形．そのため生じる転位に伴うバーガース・ベクトルを下部の点線で示す．(b) 6 角形タイリング・パターンにおけるストーン・ウェールズ欠陥．6 角形パターンにおける 1 本の辺だけを単純に 90°回転すればこの状態になることに注目したい．

に変形したもので，5 角形，7 角形そしてときには 8 角形の「欠陥」の配置の様子によって，湾曲やねじれが引き起こされる．テロネスらは 7 角環や 5 角環が優勢であるエキゾチック・カーボン・ナノチューブを「ヘッケライト」と呼んだ（Terrones & Terrones 2003）．この名称は，ドイツの動物学者エルンスト・ヘッケルによって出版された放散虫の美しい図面から着想されたものである．

2.4 彩色対称性

すべてのタイルが合同であるようなタイリングを「単一図形」タイリングという．図 2.7 に黒と白のタイルによる単一図形タイリングの例を示す．このタイリングの対称群は p4 であり，その部分群のうち p2 は黒と白を入れ替えない．

それに対して E_2 における 2 重周期の 2 色交代パターンには 46 通りあることが，ウッズ（H. J. Woods 1936）およびクロウ（Crowe 1986）によって初めて示された．シャッツシュナイダーはその構成方法についておもしろくわかりやすい説明をしている（Schattschneider 1986）．それによると，

図 2.7 p4/p2 型の交代パターン.

46 通りのパターンは壁紙群の G-H「対」というものによって分類される. H は 2 色の対称群 G の部分群である（その興味深い 3 次元版は 3D における 3 重周期「平衡」曲面の分類の中に現れる）.

これを拡張して，対称群 G は色の入れ替えを許すが，n 色の部分群は入れ替えを許さないような，E_2 における n 色パターン（$n = 2, 3, 4$ または 6）を考えることができる．2D さらに 3D への興味深い拡張については，『カラー・シンメトリー』(*Coloured Symmetry*, Schubnikov & Belov 1964) で詳しく考察されている．それに必要な群論がコクセターによって簡潔明瞭に解説されている (Coxeter 1987). その考え方をさらに拡張して準周期的パターンへと発展させることも可能である (Lifschitz 1996; 1998; Scheffer & Lück 1999).

2.5 トルシェ・タイリング

タイリングの構造を記号列としてコード化して，そこから元の構造を再構成するという考え方は重要であり応用範囲も広い．この記号列は構造のもつ「遺伝子」と考えることもできる．セバスチャン・トルシェの取り組みは，このような方法で構造を考察したきわめて初期の例である.

トルシェのタイリングは，単純な規則を単純な構成単位に適用することによって，多くの種類の驚くほど複雑なパターンを作り出すことができる (Truchet 1704).

このタイリングは対角線で 2 分割された黒と白の模様をもつ正方形を並べるだけでできるが，各正方形の置き方には分割模様の位置の違いによって

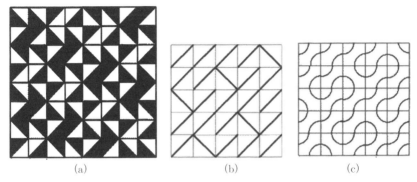

図 2.8 (a) セバスチャン・トルシェの方法で作られたタイリング．(b) 黒と白の区別を取り去ったトルシェ・パターン．(c) シリル・スミスによるトルシェ・パターンの変形．

4 種類あり，それを組合わせることになる．図 2.8(a) にその一例を示す．この例の場合の上 4 段 8 列の単位胞を作っている 4 通りの正方形を A，B，C，D とすると，この単位胞は，

```
AABDCCDB
DBAABDCC
CCDBAABD
BDCCDBAA
```

で表される．(図では 4 段 8 列の長方形状の 2 つの単位胞が上下に並んでいる．ついでながら，この例は「交代」パターンになっていることに注目したい)．トルシェはそのほかにも多くの美しいパターンを作っていて，それをまとめた著書はシリル・スタンリー・スミスによって翻訳された (Smith 1987)．今ではインターネットでもさまざまなトルシェ・パターンを見ることができる．その多くは周期的パターンであるが，必ずしもそれに限る必要はなく，ランダム・パターンや準周期的パターンも ABCD 記法で容易に表すことができる．

図 2.8(b) にトルシェ・パターンの色分けを取り去って，正方形を対角線模様のみで単純化したものを示す．この場合，正方形の向きは二通りのみが可能で，それを L と R とする．図には 5 × 5 の単位胞が示されているが，1 行目の RRRRL を 2 文字左に循環的にずらすと 2 行目の RRLRR が得られ，

20

同様に次の行が順に得られる.

スミスはタイルの対角線模様を, 図 2.8(c) のように円弧の組で置き換えて変形した. この場合も二つの向きがあり, 図 2.8(b) の周期コードに従って作られたパターンが図 2.8(c) となっている.

2.6　2次元非周期的タイリング

ペンローズは 2 種類のタイルだけを用いた画期的な非周期的タイリングを発見したが, それを最初に公表したのはペンローズではなく, マーチン・ガードナーだった (Gardner 1977; Penrose 1978).

ペンローズのタイリングにはそれに同等ないくつかの変形版があるが, それらについてはグリュンバウムとシェファードの『タイリングとパターン』(*Tilings and Patterns*, Grünbaum & Shephard 1987) の第 10 章, およびガードナーによる 1977 年の論文に詳しい. 概観するのであればロードの論文 (Lord 1991) を参照されたい.

よく知られているペンローズのタイリングには, 「菱形」のパターン, 「凧形と矢形」のパターン, 「5 角形」のパターンの三つがある. 図版 I (口絵参照) 上段にその三つの図を示す. 下段はそれらのうち二つずつを重ねた図で, 互いの同等性や簡単な規則で互いに書き換えられる様子がよくわかる.

図 2.9(a) に菱形パターンの一部をもう一度示す. 菱形は 2 種類あり, それぞれの辺には黒と白の 2 種類の矢印が描かれている. この矢印は同じ矢印のついた辺を重ねることによって非周期的なタイリングを作ることができるという「適合ルール」を示している. 図 2.9(b) に示した模様は, ロバート・アンマン (独創性に富んだ 2D および 3D の非周期的タイリングを考案した郵便局員. その成果は決して出版されることはなかった) によって発見されたもので, 適合ルールに従って菱形を並べた図に 5 組の平行線のパターンを重ねて描いてある. 同図 (a) の 2 種類の矢印と対応させてみると, それぞれの矢印をもつ辺と平行線の交差の仕方が常に同じであることがわかる. それもあって, 5 組の平行線パターンはアンマン・バーと呼ばれている.

身近にある非周期的パターンは, 非周期的タイリングに模様付けして作りだすことができる. これは周期的なパターンが壁紙群の基本領域の模様付けからできているのと同じである. 図 2.10 の糸を絡めた「編み目」パターン

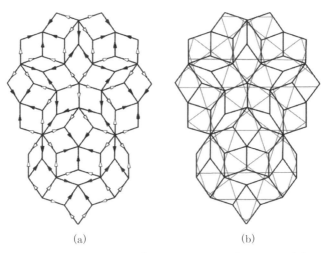

図 2.9 (a) ペンローズの菱形パターンの辺に付けられた適合ルールを表す 2 種類の矢印模様．(b) アンマン・バーによる模様がついたペンローズの菱形パターン．

はその顕著な例である．太い菱形と細い菱形にかぶさる糸の交差状態はそれぞれにおいてすべて同じとなっていて，その結果，全体は何本かの糸による上下が互い違いになった「編み目」パターンを見せるようになっている．とくに，ふつうによく見られる編み目は縦糸と横糸の 2 種類の平行線を作る糸で編まれ，日本の伝統的な「カゴメ」編み（図 2.1 の 3.6.3.6 パターン）は 3 種類の平行線でできるが，図 2.10 の場合は 5 種類の平行線を用いていることになる（Mackay 1988）．図版 II（口絵参照）はその 5 種類の平行線を見せる非周期的な編み目の例であり，それぞれの方向の糸はアンマン・バーに対応する．

それとは別に，ペトラ・グンメルトは自己相似的な境界をもつタイルの非周期的な組み合わせについて述べている（Gummelt 1995）．その組み合わせに見るパターンは，ペンローズによる 5 角形パターン（図 2.2(b)．非周期性を導く適合ルールを表す模様を省略してある）に密接に関係していて，実はペンローズ（Penrose 1974）よりいくぶん早く発見されていた．

菱形パターンについては，菱形のタイルの辺に矢印を付ける適合ルールによって得ることができるが，その他に，5D 超立方体格子の断面を E_2 に射影する方法（Kramer & Neri 1984; Conway & Knowles 1986）や膨張ルー

図 2.10 5 種類の糸の方向をもつ非周期的
　　　　編み目パターン．

ル（Grünbaum & Shephard 1987）によっても得ることができる．射影法は本質的にド・ブルーイン（De Bruijn 1981）の「ペンタグリッド」の方法と同じである．

　こうしたペンローズ・タイリングには，周期性とは相容れない 5 回対称性を伴う長距離秩序をもつという特徴がある．そのこともあって準結晶に関する近年の理論研究の多くは，ペンローズ・タイリングとその 3D への拡張から着想されている（Steinhardt & Ostlund 1987）．

　いずれにしろペンローズ・タイリングを構成するタイルの組は，「非周期的タイルの組」，つまり平面の敷き詰め可能な一組のタイルでありながら，周期的なタイリングを構成できないようなタイルの組である．簡単にいうと，周期的にはならないタイリングとなっている．そのようなタイリングのうち特に興味深いものに次のような例がある．

　図 2.11 は 5 角形タイルによる階層パターンで，一つの正 5 角形タイルを 6 個の小さい正 5 角形に分割するという自己相似的な反復を繰り返しながら 5 角形が増えている．各反復段階で，正 5 角形の間の隙間に，2 種類の 2 等

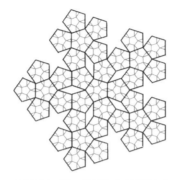

図 2.11　正 5 角形による階層パターンの中心部分.

図 2.12　正 5 角形による階層パターン. 正 5 角形の間の隙間を 2 種類の 2 等辺 3 角形とその組み合わせで埋めてある.

辺 3 角形（底角が $\pi/5$, 底辺が正 5 角形の辺の $\tau=(1+\sqrt{5})/2$ 倍に等しい 2 等辺 3 角形と, 底角が $2\pi/5$, 底辺が正 5 角形の辺の $\tau^{-1}=(\sqrt{5}-1)/2$ 倍の 2 等辺 3 角形）を埋めていくことにより, 図 2.12 のような非周期的タイリングができ上がる（Mackay 1976）.

図 2.13 にフォーデルベルクによって発見された渦巻状の平面単一図形タイリングの例を示す（Voderberg 1937）. 渦巻き状のタイリングはこのほか

図 2.13　フォーデルベルクの渦巻き状単一図形タイリング．

にもフェジェス・トート（Fejes Tóth 1964）およびグリュンバウムとシェファード（Grünbaum & Shephard 1981; 1987）などにも見ることができる．

2.7　グンメルトの 10 角形

タイルが辺を共有し合いながら隣接するというのではなく，むしろタイル同士が重なることも許すならば，空間を「被覆する」ことが可能になる．グンメルトらは，内部の模様が決められた単一種類のタイルだけで E_2 を非周期的に被覆する例を発見した（Gummelt 1995, 1996; Gummelt & Bandt 2000; Jeong & Steinhardt 1997）．グンメルトのタイルは正 10 角形で，図 2.14(a) のように白と黒の模様が付けられている．このタイルを，「黒は黒の上に，白は白の上に」というだけの適合ルールに従って，どの 10 角形の辺も他の 10 角形の内部に来るように並べれば非周期的パターンが得られる（図 2.14(b)）．その結果得られるパターンは，ペンローズのタイリングと同等のものである．図 2.14(c) はその同等性を簡単に示したもので，二つの凧形と一つの矢形をグンメルトの 10 角形に重ねてある（Lord *et al.* 2000; 2001）．ただし，この図だけではペンローズのタイリングと，グンメルトの 10 角形によるパターンの同等性を示すには不十分で，それに関連していくつかのおもしろい問題が検討されている（Lord & Ranganathan 2001a, b; Jeong 2003）．

ジャノットとパテラも 10 角形を重ねることによって非周期な点の集合を作り出しているが，その方法はグンメルトの被覆法と密接に関連している（Janot & Patera 1998）．またスタインハートらによって提唱された Al-Ni-

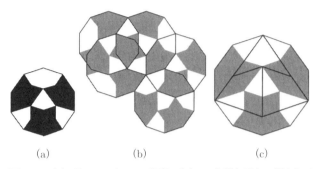

図 2.14 (a) グンメルトの 10 角形．(b) 10 角形を重ねて得られる非周期パターンの部分図．(c) グンメルトの 10 角形パターンとペンローズの凧形と矢形のパターンの対応．

Co 10 角形準結晶の構造模型は，正 10 角柱の上面と底面に原子による模様が付けられていて，その構造はグンメルトの適合ルールによって生成される（Steinhardt *et al*.1998）．他にもいくつかの 10 角形パターンが同様の方法によって考えられている（Lord & Ranganathan 2001a, b）．

2.8 黄金比とフィボナッチ数列

「黄金数」τ つまり $(1+\sqrt{5})/2 = 1.618033989\ldots$（Pacioli 1509; Dunlap 1998, 邦訳 3; Herz-Fischler 1998; Livio 2003, 邦訳 12）（ϕ とも表記される）は 5 回対称性あるいは 10 回対称性に関する幾何学では基本的な数であり（Hargittai 1992），辺の長さを 1 とする正 5 角形の対角線の長さに等しく，また辺の長さを 1 とする正 10 角形の外接円の半径に等しい．この τ はペンローズのタイリングに密接に関わっているので，ここですこし回り道をして，τ の性質について触れておく．ただしこの性質については，後章でもう一度考える．

ユークリッドの『原論』では，$1:\tau$ は，二つに分けられた線分の短い方と長い方の比が，長い方と元の線分全体の比に等しくなる比として記されている．つまり τ は $x^2-x-1=0$ の正の解である．正 5 角形の対角線は互いにこの比に内分しあって交わっている．また，この比は美術や建築の歴史において，最も美しい比率であるとされてきた（Ghyka 1946; Jeanneret 1954; Huntley 1970; Elam 2001）．レオナルド・ダ・ヴィンチが図版を描い

ているルネサンス時代のルカ・パチョーリの著書『神聖比例論』（*De Divina Proportione*, Pacioli 1509）ではこの数の性質が深く考察されている.

このルネサンス時代よりさらに前，イスラム世界に伝えられて「アラビア数字」と呼ばれるようになったインドの記数法は，ピサのレオナルドと呼ばれていたフィボナッチの著書『算盤の書』（*Liber Abaci*, Pisano 1202）の中で用いられてヨーロッパ中に広まった．この新しい記数法によって煩雑なローマ記数法は捨て去られていった.

フィボナッチは『算盤の書』の中で，（現在では，フィボナッチ数列として知られている）数列

  1 1 2 3 5 8 13 21 34 ...

について考えを巡らしている.

たとえばこの数列の各項は前の二つの項の和になっていて，

$$f_1 = f_2 = 1, \quad f_{n+1} = f_n + f_{n-1}$$

と書ける．これについてフィボナッチは，オスとメスが対になったウサギの数が増えていく様子を用いて説明している．まず一対の子ウサギから始め，それを B とする．月末には子ウサギは成長して親ウサギになり，$B \to A$ と表す．次の月末には，一対の親ウサギは一対の子ウサギを産み，$A \to AB$ となる．さらに次の月末には，親ウサギはまた一対の子ウサギを生み，先に生まれた子ウサギは親ウサギとなる．こうして増えるウサギの寿命を限りないものと仮定すると，ウサギは結局，

  B A AB ABA ABAAB ABAABABA ABAABABAABAAB ...

のように増えていく．このように，一対のウサギの数は毎月フィボナッチ数列に従って増えていく.

この文字列については現在，準結晶の理論と結びつけてさかんに検討が進められている．極限としてできる無限長の文字列は非周期的であって，「1次元（1D）準結晶」と考えることもできる．また，この文字列は階層構造をもっていて，それぞれの文字列は，それ以前の二つの文字列を連結したものになっている.

ペンローズの菱形パターンは，実は，この 1D 構造を 2D に拡張したもの

になっている．たとえばペンローズ・パターンを特徴づけているアンマン・バーは5組の平行線からできていて，それぞれの平行線の間隔は順に上で考えた列に対応している．つまり，文字 A と B はそれぞれ間隔 τ と間隔1に対応する（図2.9(b) を参照）．

こうしたフィボナッチ数列には驚くべき性質が数多く含まれている (Dunlap 1998，邦訳3)．たとえば，準結晶やその近似結晶と関連することであるが，隣接する二つの項の比は

$$\frac{1}{1}, \frac{2}{1}, \frac{3}{2}, \frac{5}{3}, \frac{8}{5}, \frac{13}{8}, \frac{21}{13}, \dots, \tau$$

のように黄金数に収束し，無理数 τ の有理数近似が得られる．これは（ケプラーによると），黄金数の意外な表現方法の一つである連分数表示

$$\tau = 1 + \cfrac{1}{1 + \cfrac{1}{1 + \cfrac{1}{1 + \cdots\cdots}}}$$

の結果ともいえる．この式が成り立つことは，τ が満たす2次方程式を書き換えて

$$\tau = 1 + \frac{1}{\tau}$$

とすれば明らかである．

2.9 ランダム・タイリング

当然であるが，E_2 または E_3 では，ランダムなタイリングはいろいろな状況で起こりうる．生物学的な細胞構造，地質学的形成，金属やセラミックにおける多結晶組織，泡状物質などにおいてである．驚くことに，これらの統計的法則を調べると，さまざまな異なる現象の間に類似性が存在することがわかる (Kikuchi 1956; Weaire & Rivier 1984)．

2.10 球面タイリング

これまでに出てきた E_2 におけるタイリングの基本的な考え方は球面つま

り S_2 におけるタイリングにも十分に役立つ.

　E_2 におけるタイリングについては，グリュンバウムとシェファードが詳細に紹介している (Grünbaum & Shephard 1987). その一部分を，ここでは S_2 におけるタイリングに置き換えてみる（つまり，球面を多角形に分割する）．

　ケプラーは，多面体のうち正多角形の面だけで構成され，すべての頂点まわりの状態が同等になっているものは，五つの「正多面体」つまり「プラトンの立体」(図 2.15)

　　　$\{3,3\}$　$\{3,4\}$　$\{4,3\}$　$\{3,5\}$　$\{5,3\}$
　　　（あるいは，3^3, 3^4, 4^3, 3^5, 5^3）

および，半正多面体とも呼ばれる 13 個のアルキメデスの立体（図 2.16）

　　　3.6^2　3.8^2　$3.4.3.4$　4.6^2　$4.6.8$　3.4^3　4.3^3　5.6^2　3.12^2
　　　$3.5.3.5$　$3.4.5.4$　$4.6.10$　5.3^4

（ねじれ立方 8 面体 4.3^4 とねじれ 12・20 面体 5.3^4 にはそれぞれ鏡像体がある），および，正 p 角形を底面とする角柱 $4^2.p$ と反角柱 $3^3.p$ がすべてであることを見抜いた．

　このアルキメデスの立体の中で，物質構造と深く関係するものとしては，切頂 4 面体つまりフリオーフ多面体 3.6^2, 立方 8 面体 $3.4.3.4$, 切頂 8 面体つまりケルビンの立体 4.6^2 があり，C_{60} の発見以降は切頂 20 面体 5.6^2 が加わる．

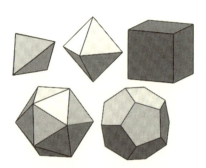

図 2.15　5 種類のプラトンの立体，つまり正多面体：上段左から，正 4 面体 $\{3,3\}$, 正 8 面体 $\{3,4\}$, 立方体 $\{4,3\}$, 下段左から，正 20 面体 $\{3,5\}$, 正 12 面体 $\{5,3\}$.

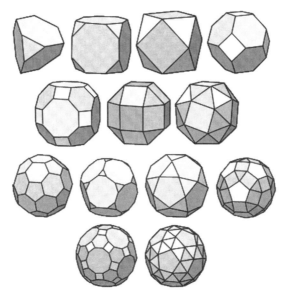

図 2.16　13 種類のアルキメデスの立体，つまり半正多面体：1 段目左から，切頂 4 面体 (3.6^2)，切頂立方体 (3.8^2)，立方 8 面体 $(3.4.3.4)$，切頂 8 面体 (4.6^2)，2 段目左から，切頂立方 8 面体 $(4.6.8)$，菱形立方 8 面体 (3.4^3)，ねじれ立方 8 面体 (4.3^4)，3 段目左から，切頂 20 面体 (5.6^2)，切頂 12 面体 (3.12^2)，12・20 面体 $(3.5.3.5)$，菱形 12・20 面体 $(3.4.5.4)$，4 段目左から，切頂 12・20 面体 $(4.6.10)$，ねじれ 12・20 面体 (5.3^4)．

　こうしたプラトンの立体とアルキメデスの立体を扱っている最近の文献としては，クロムウェル（Cromwell 1999, 邦訳 2）およびサットン（Sutton 2002, 邦訳 20）の書物があり，タイリングと多面体に関するケプラーの業績ついては，クロムウェル（Cromwell 1995; 1999）に詳しい．

　これらの立体模型は，1 枚の紙を折り曲げて作ることができる（Cundy & Rollet 1961; Williams 1979; など）．この紙模型を最初に図示したのはアルブレヒト・デューラーの『測定法教則』(*Unterweysung der Messung*, Dürer 1523, 邦訳 4）であり，その中からプラトンの立体の展開図の例を図 2.17 に示す．

　以上の多面体のすべての頂点は外接球面に接するので，多面体を球面 S_2 のタイリングと同一視することができる（図 2.18）．

　正多面体の概念を拡張して，正多角形の代わりに「星形」正多角形を許

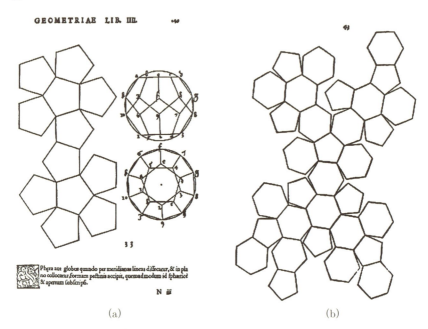

図 2.17　デューラーの『測定法教則』より．これらの展開図を折って (a) 正 12 面体および (b) 切頂 20 面体ができる．

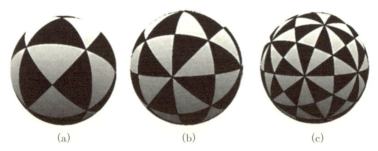

図 2.18　球面タイリング．3 角形状のタイルは (a) 正 4 面体，(b) 正 8 面体，(c) 正 20 面体対称性をもつタイリングの基本領域を示す．

し，面同士が交わることも許すと，$\{5/2, 3\}$ と $\{5/2, 5\}$ (Kepler 1619，邦訳 10) およびその双対である $\{3, 5/2\}$ と $\{5, 5/2\}$ (Poinsot 1810) も正多面体に含めることができる．同様に半正多面体の拡張は，コクセターによって検討が進められ (Coxeter *et al.* 1953)，得られた規則的な一様多面体 75 種類のリストについてはスキリング (Skilling 1975) によってそれが

図 2.19　立方体を切頂していく様子.

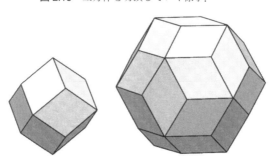

図 2.20　菱形 12 面体と菱形 30 面体.

すべてであることが確認された．ウェニンガーはそうした規則的な多面体とその双対の立体紙模型の作成方法を解説している（Wenninger 1971; 1983, 邦訳 22）．

こうした多面体をいろいろなタイリングに関係づける興味深い方法が二つある．一つは「切頂」する方法，もう一つは「双対性」を用いる方法である．

図 2.19 は「切頂」の例で，立方体を次つぎに深く「切頂」していくと，4^3（立方体）$\to 3.8^2$（切頂立方体）$\to 3.4.3.4$（立方 8 面体）$\to 4.6^2$（切頂 8 面体）$\to 3^4$（正 8 面体）と変化する．

一方，二つの 2D タイリングや多面体が互いに「双対」であるとは，一方の図形における面が他方の頂点に一対一に対応して，一方の図形における各辺の両端の頂点が他方の図形において辺を挟む二つの面に対応している状態をいう．たとえば，立方体 4^3 と正 8 面体 3^4，正 20 面体 3^5 と正 12 面体 5^3 は互いに双対であり，正 4 面体 3^3 は自分自身に双対である．アルキメデスの立体の双対はカタランの立体とも呼ばれる（Catalan 1865）．この場合，面の多角形はすべて合同であるが正多角形ではない．アルキメデスの立体の双対図形のうち「菱形 12 面体」（立方 8 面体 3.4.3.4 の双対）と「菱形 30

面体」（12・20 面体 3.5.3.5 の双対）は特に重要である（図 2.20）．

また，ケプラーによる，E_2 における 11 種類のタイリングと，S_2 における 13 種類のタイリングは「頂点推移的」つまりタイリングの対称性に従ってどの頂点も別の頂点に移動できるという性質をもち，なおかつ「単ノード」つまりどの頂点まわりの状態も「同等」であるという性質をもつ．したがってそれらの図形に対応する双対図形は「面推移的」である．

2D タイリングでの頂点と辺は 2D「ネット」を構成する．そのネットが「単ノード」，「2 ノード」，「3 ノード」であるなどというのは，ネットを構成する頂点のうち同等でないものが 1 種類，2 種類，3 種類などであることを意味する．これらの概念はトポロジカルであることに注意したい．トポロジカルなネットの対称群は頂点の置換群であり，同時に辺も置換される．

2.11 2次元タイリングのトポロジー

球面のタイリングにおける頂点，辺および面の数は有名なオイラーの定理 $V - E + F = 2$ を満たしている．一般的に種数 g [*3] をもつ閉曲面タイリングの場合のオイラーの式は，

$$V - E + F = 2 - 2g = \chi$$

となり，この χ をオイラー標数という．また，すべての頂点が c 連結（各頂点に c 本の辺が集まる）で，F_3 個の 3 角形，F_4 個の 4 角形，$\cdots$，F_n 個の n 角形を側面とするとき，

$$F = \Sigma F_n, \quad 2E = \Sigma n F_n = cV$$

が成り立つ（すべての辺が 2 個の頂点と 2 枚のタイルに共有され，すべての頂点に c 本の辺が集まり，n 角形のタイルには n 個の頂点があることによる）．したがって，種数 g の曲面上における c 連結タイリングの場合，

$$\Sigma\{2c - n(c-2)\}F_n = 2c\chi$$

と書ける．2.3 節で示した公式はこの一式の特別な場合，つまり E_2 上の 2 重周期タイリングパターンに対するものであり，その場合単位胞はトポロジ

[*3] 訳注：g は閉曲面の貫通孔の数を意味し，球面では 0，トーラスでは 1．

カルには（対辺を同一視することによって）トーラスと考えることができる．そのオイラー標数はゼロである．

トポロジカルな球面上ですべての頂点が同一の連結数をもつタイリングは

$(c=3)$ $\quad 3F_3 + 2F_4 + F_5 - F_7 - 2F_8 - \cdots = 12$

$(c=4)$ $\quad F_3 - F_5 - 2F_6 - 3F_7 - \cdots = 8$

$(c=5)$ $\quad F_3 - 2F_4 - 5F_5 - 8F_6 - \cdots = 20$

を満たす．たとえば3連結タイリングの場合，解 $F_3 = F_4 = F_7 = \cdots = 0$，$F_5 = 12$ に対応して12個の5角形による球面タイリングが得られる（これは5角形による12面体に対応する）．おもしろいことに12個の5角形と「不定数」個の6角形も解と考えることができる．

2.12 タイリングと曲率

2.10節および2.11節の内容は，曲面上におけるタイリングのトポロジカルな性質と曲面の曲率が互いに関係していることを示しているが，これは次のようにガウス-ボンネの定理を用いて説明できる．

曲面上の任意の点は二つの「主曲率」をもつ．それは，その点における垂線を通る平面と曲面が交わる曲線の曲率の最大値と最小値のことである．この二つの曲率の積は「ガウス曲率」K といわれ，$K<0$ である点の近傍では曲面は「鞍形」（凹形）になっている．

ここで，曲面上に，辺が測地線つまり2点間の最短距離になっている n 角形を考え，その内角の和を Θ とすると，ガウス-ボンネの定理は

$$\int_A K\,dS = \Theta - (n-2)\pi$$

と書ける（積分は多角形内部の曲面上で考える）．ただし閉曲面上のタイリングではすべてのタイルで求めた積分を加える．この式に，$\sum \Theta = 2\pi V$ および $\sum (n-2)F_n = 2E - 2F$ を代入すると，ガウス曲率とオイラー標数の関係を表す

$$\int_S K\,dS = 2\pi(V - E + F) = 2\pi\chi$$

が得られる．そこで測地線多角形のタイルは曲面上の3連結タイリングを

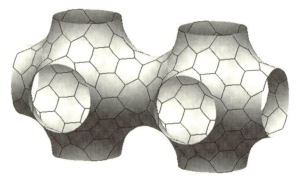

図 2.21 「シュワルツ鉱」として知られている仮想的材料．グラファイトシートから構成される 3 重周期構造．6 角形の間に 8 角形が入って負のガウス曲率をもつ．

作っていると仮定し，簡単にするために，各辺は各頂点において角度 $2\pi/3$ で交わるとすると，

$$(3/\pi)\int_A K\,dS = 6 - n$$

となる．したがって，$n < 6$ であるタイルは正の曲率領域として関係し（12 個の 5 角形を含む曲面は，次節のフラーレンのようにトポロジカルな球になることができる），他方 $n > 6$ のタイルは負の曲率として関係する．たとえば，図 2.21 のネットは，6 角形と 8 角形で構成されているので負のガウス曲率をもつ（この図形は，3 重周期をもつ P 曲面の単位胞を二つ並べたものであり，第 9 章で詳しく扱う）．このような 3 重周期構造をもち，負曲率をもつグラファイトシートによる仮想的炭素物質が考えられていて，「シュワルツ鉱」と呼ばれている（Mackay & Terrones 1991; 1993）．この考え方を拡張して，5 角形と 7 角形による曲率をもつグラファイトシートによるおもしろい幾何学的な構造も開発され，実際に観測され応用されている（Terrones & Terrones 1996; 2003; Terrones *et al.* 2004）．

2.13 フラーレン

アルキメデスの多面体の中の 5.6^2（切頂 20 面体）の 60 個の頂点はフラー

図 2.22 3 連結タイリングに適用される 2 種類の反復操作.

レン C_{60} の炭素原子の位置に一致している（Kroto *et al.* 1985）. さらに大きな無欠陥フラーレンも存在し, C_{60} と同様 6 角形と 5 角形による球面タイリングで表すことができる（Smalley & Curl 1991; Chung & Sternberg 1993）. 3 連結タイリングを仮定すると 5 角形の数は 12 枚に限られるが, 6 角形の数は何枚でも構わない.

球面上の任意の 3 連結ネットに（さらにいうと, 任意の曲面における任意の 3 連結ネットに）, 6 角形を加えてできる多面体は, 図 2.22 に示されるような 2 種類の反復操作によって求めることができる. 第 1 の操作（上）では, 頂点, 辺, 6 角形の数 V, E, F_6 は, $V \to 4V$, $E \to 4E$, $F_6 \to F_6 + E$ に従って反復的に増える（他の n 角形の数 F_n は変わらない）. 第 2 の操作（下）では, $V \to 2E$, $E \to 3E$, $F_6 \to F_6 + V$ となる（他の F_n は変わらない）. これら二つの操作は順序を問わない. 正 12 面体から始めて, これらの操作によって得られる正確に正 20 面体の対称性をもつフラーレンの V, E, F は次のようになる.

20, 30, 12	80, 120, 42	320, 480, 162	1280, 1920, 642	⋯
60, 90, 32	240, 360, 122	960, 1440, 482	⋯	
180, 270, 92	720, 1080, 362	⋯		
540, 810, 272	2160, 3240, 1082	⋯		
1620, 2430, 812	⋯			
⋯				

表における左から右への移動は 1 番目の反復操作, 上から下への移動は 2 番

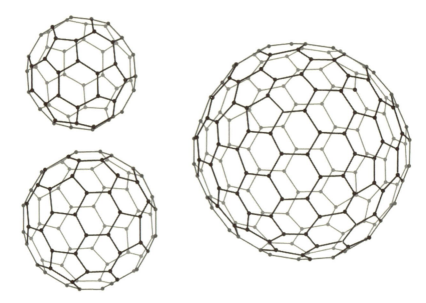

図 2.23 正20面体の対称性をもつ3種類のフラーレン，C_{60}，C_{80}，C_{180}．

めの反復操作による．$V=60$，80，180のそれぞれの場合を図2.23に示す．

5角12面体から始めて，第1の反復をm回，第2の反復をn回適用すると，さまざまな6角形と12個の正5角形からできる多面体の頂点，辺，側面の数は

$$V = 20N, \quad E = 30N, \quad F = 2 + 10N$$

となる．ここで，$N = 4^m 3^n$ である．これによって正20面体の対称性をもつすべてのフラーレンが尽くされる．もちろん，その他に，対称性は低いけれども，構造が単純なC_{70}のようなフラーレン分子も存在する．

グラファイトの層では，5角形や7角形の環による欠陥が存在しうるが，$F_5 = F_7$ である限り層全体の平坦さは影響を受けない．それと同様に，フラーレンの場合にも，7角形による欠陥は同数の5角形が加わることで埋め合わされ，閉じた（トポロジカルな球の）形状は影響を受けない．いずれにしろ，12枚の正5角形をもつ「完全」フラーレンは大きくなるほど球形から離れる．その場合，むしろ7角環（とそれと同数の5角環）を含んだ配置の方がより球に近くエネルギー的に有利である（Terrones & Terrones

2003).

　6角形パターンをもって互いに緩く結合された層を作る結晶物質原子はグラファイトを構成する炭素原子だけではない．他の原子が，面に生じる欠陥の効果によって，湾曲して球状のフラーレン的な分子構造を作ることも考えられる．たとえば，6角環構造の層からできているある種の金属ジスルフィド（disulphides）は，そのようなナノ粒子を作ることが確認されている（Tenne *et al.* 1992; Margulis *et al.* 1993; Tenne *et al.* 1998; Terrones & Terrones 2003）．

3

３次元タイリング

この章以降，3重周期構造における空間群の対称性を表すヘルマン-モーガン記号（H-M 記号）を用いる．空間群についての情報源である『結晶学に関する国際表』（*The International Tables for Crystallography*, Hahn 1995）は完全で信頼性が高いが，初心者には難解な面がある．それに対して，フィリップスは群と H-M 記号についてすばらしい解説を残している（Phillips 1946, 1956）．本書では，紙数の都合上詳細な解説はできないが，初学者が理解しやすい範囲で空間群の H-M 記号の意味を手短かに順を追って示していきたい．幾分長い 3.1 節は，その後の内容を理解するのにあまり影響しないので，読むのは後回しにしても構わないであろう[*1]．

3.1　格子と空間群

3次元ユークリッド空間における「格子」は，$n_1\mathbf{t}_1 + n_2\mathbf{t}_2 + n_3\mathbf{t}_3$ のかたちの位置ベクトルをもつ点の配列を意味する．n_1, n_2, n_3 は整数，$\mathbf{t}_1$, $\mathbf{t}_2$, $\mathbf{t}_3$ は基本単位胞の 3 辺となる互いに独立なベクトルで，$n_1\mathbf{t}_1 + n_2\mathbf{t}_2 + n_3\mathbf{t}_3$ によって格子の並進対称性がわかる[*2]．

3次元（3D）の場合のこの格子には 14 種類があって「ブラベ格子」として知られている．それらを図 3.1 に示す[*3]．三つの格子ベクトル $\mathbf{a}$, $\mathbf{b}$, $\mathbf{c}$ は参考枠組みを決めているだけで，基本単位胞の 3 辺 $\mathbf{t}_1$, $\mathbf{t}_2$, $\mathbf{t}_3$ に一致するとは限らない．

[*1]　訳注：3.1 節の内容は，本書中の対称図形の名前の横に，あたかも家紋のように添えられる専門的な H-M 記号を解説するもので，不慣れな場合割愛することもできる．

[*2]　訳注：ここでの基本単位胞というのは 2 次元タイリングの基本単位胞の 3 次元版で，3 方向の並進ベクトルで決められる単位胞の中の最小のものを指す．

[*3]　訳注：図中，直方晶系は斜方晶系とも呼ばれる．

3 3次元タイリング 39

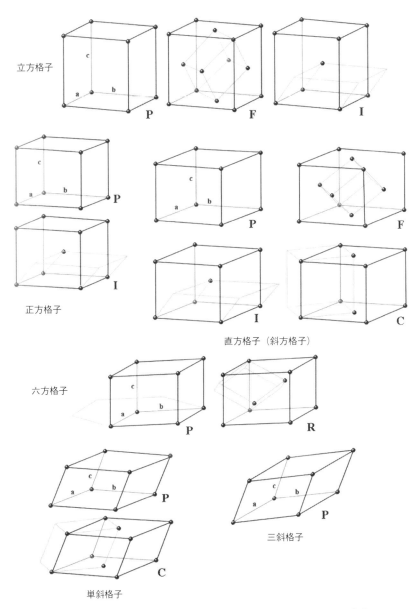

図3.1 14種類のブラベ格子．黒枠の単位胞は慣例として用いられるもの．文字P, F, I, Cは，それぞれ基本 (primitive)，面心 (face-centered)，体心 (body-centered, innenzentriert)，および底心 (base-centered) の単位胞を意味し，Rは菱面体 (rhombohedral) 単位胞を意味する．薄いグレー枠は基本単位胞を示す．

立方晶系	$a = b = c$	$\mathbf{a.b} = \mathbf{a.c} = \mathbf{b.c} = \mathbf{0}$
六方晶系	$a = b$	$\mathbf{a.b} = (-1/2)\,a^2,\ \mathbf{a.c} = \mathbf{b.c} = \mathbf{0}$
正方晶系	$a = b$	$\mathbf{a.b} = \mathbf{a.c} = \mathbf{b.c} = \mathbf{0}$
直方晶系		$\mathbf{a.b} = \mathbf{a.c} = \mathbf{b.c} = \mathbf{0}$
単斜晶系		$\mathbf{a.b} = \mathbf{b.c} = \mathbf{0}$
三斜晶系	特に制限なし	

この図と表から次のようなことがわかる.

どんな3重周期構造（結晶構造）も，三つの独立な並進対称性をもち，14種類のブラベ格子のどれかに属する．また「固定点対称性」つまり固定点を通る軸に関する回転，固定点を通る平面についての鏡映，およびそれらの組み合わせ（反転，回反（回転反転），回映（回転鏡映））という対称性ももちうる．この3重周期性と共存できる固定点対称性には32種類の群が存在する．これらは「点群」といわれ，回転軸の数と位置に従って，7種類の「結晶系」[*4]に分類される．そのうち三斜晶系は回転対称性をもたず，単斜晶系は1本の2回回転軸を，直方晶系は3本の互いに垂直な2回回転軸を，正方晶系は1本の4回回転軸を，三方晶系は1本の3回回転軸を，六方晶系は1本の6回回転軸を，立方晶系は4本の3回回転軸を，それぞれもつ.

各晶系つまり各点群には最大3個の記号と数字を並べた名称が付けられている．それらは固定点を通る回転軸まわりの回転数と鏡映面の位置を表していて，数字 n は角度 $2\pi/n$ の回転を示す．$n = 2,\ 3,\ 4,\ 6$ である（$n = 1$ はどんな回転軸ももたないことを表し，またよく知られているように $n = 5$ は格子とは相容れないので禁止される）．記号 $\bar{1}$ は固定点が反転中心であることを示し，$\bar{2}$，$\bar{3}$，$\bar{4}$，$\bar{6}$ は回反軸を表す．記号 m は鏡映面を表す．数字と記号 m を，たとえば3/m，$\bar{4}$/m などのように斜線で区切ったものは，回転軸とそれに垂直な鏡映面を表し，以下ではこの記号の組を「一つの記号」とみなす.

各名称における記号の位置は回転軸と鏡映面の法線の相対的な向きを表し，慣例としては次の表のように決められている[*5].

[*4]　訳注：立方晶系，六方晶系，三方晶系，正方晶系，直方晶系，単斜晶系，三斜晶系.

[*5]　訳注：a，b，c は図3.1 に示された辺，a＋b＋c は a，b，c を3辺とする平行6面体の原点を通る対角線，a－b は a，b を2辺とする平行4辺形の原点を通らない対角線.

基準系	結晶系	第1位置	第2位置	第3位置
立方格子	立方晶系	c	a＋b＋c	a－b
六方格子	六方晶系または三方晶系	c	a	a－b
正方格子	正方晶系	c	a	a－b
直方格子	直方晶系	a	b	c
単斜格子	単斜晶系	b		

　この慣例に従って，ある点群がどのような結晶系に属するかは，その名称から次のように読み取ることができる．

　名前の「第2位置」の記号が3（または$\bar{3}$）であるならば，それは立方晶系である．その他の場合，「第1位置」の記号が1，3，4，または6（あるいは$\bar{1}$，$\bar{3}$，$\bar{4}$または$\bar{6}$）のどれであるかによって，三斜晶系，三方晶系，正方晶系，六方晶系になる．それらに当てはまらず，名称が2mまたは2/mしかないならば単斜晶系あるいは直方晶系である．

　こうした約束事を具体的に知るためには次のような例が役に立つ．立方体の完全な対称群は$m\bar{3}m$であり，主対角線$a＋b＋c$に沿った軸のまわりの三回回反軸，cを法線ベクトルにもつ鏡映面，そして$a－b$を法線ベクトルにもつ鏡映面をもつ．つまりこれらを組み合わせると，立方体の対称性は全部で48種類ある．回転部分群は432である．それに対して正4面体の対称群は$\bar{4}3m$である．また正6角柱と反正6角柱の対称群はそれぞれ6/mmmおよび$\bar{3}m2$となる．

　H-M記法では230個の空間群のそれぞれが名称をもつ．その名称の1番目の記号は大文字のP，F，I，C，またはRであり，図3.1に示してある格子の基本となる並進部分を示す．ただし回転軸が「螺旋軸」に代ったり，鏡映面が「映進面」に代ったりする．

　螺旋軸による螺旋変換は回転とその軸の向きの並進を組み合わせたもので，n_mのかたちで表され，軸の回りの角度$2\pi/n$の回転操作と，その軸に沿って基本単位胞でできる基本格子のm/n倍の長さだけの並進操作を続けて行う操作の組み合わせとなる．空間群の要素に含まれる螺旋軸には2_1，3_1，3_2，4_1，4_2，4_3，6_1，6_2，6_3，6_4，6_5がある．

　映進面による「映進変換」は，平面についての鏡映操作に続いて，その鏡映面に平行な方向に，基本格子の半分の長さの並進操作を組み合わせる．並進の成分が$a/2$，$b/2$，$c/2$である映進をそれぞれ文字a，b，cで表し，$(a＋b)/2$のよ

うな並進成分をもつ映進は文字 n で表す．文字 d は，映進の並進成分が中心への（センタリング）並進の半分であるときを示している．たとえば，F 型や C 型の群では $(\mathbf{a}+\mathbf{b})/4$ など，I 型の群では $(\mathbf{a}+\mathbf{b}+\mathbf{c})/4$ などである[*6]．

これらのことは，どれも初めて見るときに感じるほど複雑ではない．図示された構造に付記されている H-M 記号が，どんな対称変換に対応しているかを知ろうとすることが，記号に慣れるのに最も有効な方法である．

3.2　正多面体と半正多面体による空間充填

多面体による 3 次元空間充填図形を，ここでは 3 次元（3D）タイリングという．といっても「多面体」という用語は非常に一般的であり，3D タイリングを考えるには，E_3 における半正多面体による頂点推移的 3 重周期的なタイリングから始めるのがよい．それらのうち単純な 11 種類は，次の表のように，正多角形によるケプラーの 2D タイリング（図 2.1）に対応する正多角柱層で構成される．

Pm$\bar{3}$m:	4^3	P6/m:	3.4^2	P6/mmm:	$4^2.6$
Cmmm:	$4^3+3.4^2$	P4/mmm:	$4^3+4^2.8$	P4/mbm:	$4^3+3.4^2$
P6/m:	$4^2.6+3.4^2$	P6/mmm:	$3.4^2+4^2.6,\ \ 4^3+3.4^2+4^2.6,$		
			$3.4^2+4^2.12,\ \ 4^3+4^2.6+4^2.12$		

この表以外のもののうち，1 種類だけの半正多面体で空間充填が可能なものは切頂 8 面体のみであり，その 3D タイリングは Im$\bar{3}$m: 4.6^2 となる（図 3.2）．この配列は細胞組織との関係において特に興味深いものである(Kelvin & Weaire 1997; Sadoc & Mosseri 1999)．ケルビン卿は，すべての細胞が合同であると仮定するとき，単位体積あたりの膜面積が最小になる細胞構造は表面エネルギーが最小になる 4.6^2 充填の構造であると推測した (Thompson 1887; 1894)．ただし，面は互いに $120°$ の角をなし，辺は互いに約 $109.5°$ の角で交わるように，多面体状の細胞面と稜線がわずかに湾曲する．このことから切頂 8 面体はときに「ケルビンの多面体」とよばれる．

アンドレーニは正多面体と半正多面体による頂点まわりの状態がすべて同

＊6　訳注：n は対角映進と呼ばれ並進ベクトルには $(\mathbf{a}+\mathbf{b})/2$ の他に $(\mathbf{b}+\mathbf{c})/2$，$(\mathbf{c}+\mathbf{a})/2$ なども含まれる．d はダイヤモンド映進と呼ばれ，並進ベクトルには $(\mathbf{a}+\mathbf{b})/4$ や $(\mathbf{a}+\mathbf{b}+\mathbf{c})/4$ の他に $(\mathbf{b}+\mathbf{c})/4$，$(\mathbf{c}+\mathbf{a})/4$ なども含まれる．

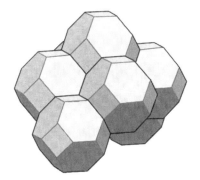

図 3.2 切頂 8 面体による空間充填
Im$\bar{3}$m: 4.6^2.

じであるような 3D タイリングを探し続け，多くの例を発見した最初の研究者であるといわれている（Andreini 1907）．そのうち正多面体と半正多面体による次の 12 種類のタイリングはさまざまな書物で取り上げられている（Critchlow 1969; 2000; Pearce 1978; Williams 1979; 他）：

Fd$\bar{3}$m:	$3^3 + 3.6^2$
Fm$\bar{3}$m:	$3.6^2 + 3.8^2 + 4.6.8$, $3^3 + 3^4$, $3^3 + 4^3 + 3.4^3$, $3.6^2 + 3.4.3.4 + 4.6^2$
Pm$\bar{3}$m:	$3^4 + 3.4.3.4$, $3^4 + 3.8^2$, $4^3 + 3.4^3 + 3.4.3.4$,
	$4^3 + 4^2.8 + 3.8^2 + 3.4^3$, $4^3 + 4.6^2 + 4.6.8$
Im$\bar{3}$m:	$4^2.8 + 4.6.8$, 4.6^2
P6$_3$/mmc:	$3^3 + 3^4$

以下にこれらについて詳しく見ていく．

まず立方体によるよく知られた充填を考え，その場合の立方体を切頂すると正 8 面体の空間ができて「切頂立方体」と「正 8 面体」の 2 種類の多面体による空間充填が得られる．さらに深く切頂すると「立方 8 面体」と「正 8 面体」による充填になる（図 3.3）．

また，「面心立方」(fcc) 格子を作る菱面体の基本単位胞は 2 個の正 4 面体と 1 個の正 8 面体に切断することができる．これを並進させると「正 4 面体」と「正 8 面体」による空間充填が得られる（図 3.4）．同じ基本単位胞は 2 個の「正 4 面体」と 2 個の「切頂 4 面体」に分割することもでき，このときは図 3.5 のように空間を充填する．さらにこの単位胞を作る正 8 面体と正 4 面体のそれぞれを切頂すると立方 8 面体の間隙ができ，これによっ

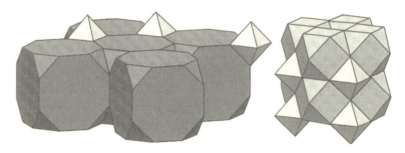

図 3.3　3D タイリング Pm$\bar{3}$m: 3.8^2+3^4 および Pm$\bar{3}$m: $3.4.3.4+3^4$.

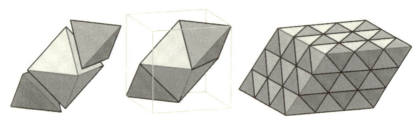

図 3.4　Fm$\bar{3}$m: 3^3+3^4.

図 3.5　Fd$\bar{3}$m: $3^3+3.6^2$.

て「切頂4面体」,「切頂8面体」および「立方8面体」による空間充填が得られる (図3.6). ホウ素原子と金属原子はこのかたちに従って並ぶことができるが, その場合, 切頂8面体の中心に金属原子, 24個の頂点にホウ素原子が来る.

　立方格子の格子点に中心が来るように「立方8面体」を配置し, それらの正方形の面を立方体で結合すると, 中央に「菱形立方8面体」が入る. 同様に, 立方格子の格子点に中心を置くように「切頂8面体」を配置しそれらの正方形の面を立方体で結合すると, 中央に「切頂立方8面体」が入る. こうして図3.7に示すような2種類の多面体充填が得られる. 右側の立方格

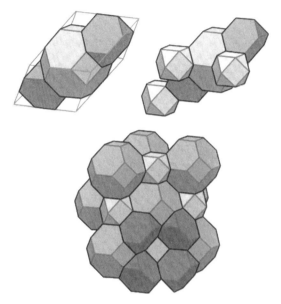

図 3.6　Fm$\bar{3}$m: $3.6^2 + 4.6^2 + 3.4.3.4$.

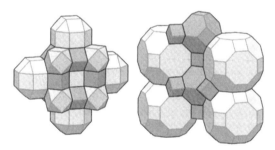

図 3.7　Pm$\bar{3}$m: $4^3 + 3.4^3 + 3.4.3.4$ および Pm$\bar{3}$m: $4^3 + 4.6^2 + 4.6.8$.

子の頂点にある切頂 8 面体と辺の中点にある立方体のネットはゼオライト骨格 LTA の形状に一致する．

　今度は，立方格子の格子点に中心を置くように「切頂立方体」を配置し，それらの正 8 角形の面を「正 8 角柱」で結合すると，その隙間に「菱形立方 8 面体」と「立方体」が入って空間を充填する（図 3.8）．

　さらに「切頂立方 8 面体」を体心立方（bcc）格子の格子点に配置すると，互いに正 6 角形の面で接することができ，隙間に「正 8 角柱」が入って空

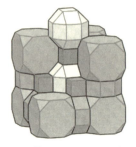
図 3.8　Pm$\bar{3}$m: $4^3 + 4^2.8 + 3.8^2 + 3.4^3$.

図 3.9　Im$\bar{3}$m: $4^2.8 + 4.6.8$.

図 3.10　Fm$\bar{3}$m: $3.6^2 + 3.8^2 + 4.6.8$.

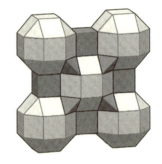
図 3.11　Fm$\bar{3}$m: $3^3 + 4^3 + 3.4^3$.

図 3.12　P6$_3$/mmc: $3^3 + 3^4$.

間を充填する（図 3.9）．

　図 3.10 は切頂立方体，切頂立方 8 面体および切頂 4 面体による fcc 充填を見せる．また「菱形立方 8 面体」を fcc 格子点に配置すると，その隙間に「立方体」と「正 4 面体」が入って空間を充填する（図 3.11）．

　正 4 面体と正 8 面体は，それらの頂点が fcc 格子点に来るように組めば空間を充填するが，図 3.12 のように，それらの層を 60°回しながら積み上げ

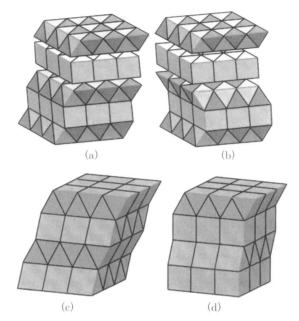

図 3.13 (a) P6$_3$/mmc: $3^3+3^4+3.4^2$. (b) R$\bar{3}$m: $3^3+3^4+3.4^2$. (c) I4$_1$/amd: 3.4^2. (d) I4$_1$/amd: $4^3+3.4^2$.

ていくと，六方晶系の対称性に変わり P6$_3$/mmc: 3^3+3^4 が得られる．

ここまでで，アンドレーニの正多面体と半正多面体によるすべての頂点まわりが同じになっている 3D 単ノード・タイリングについて見てきた．しかし，実はこの他にも下表のような可能性がある（Grünbaum 1994）．

P6$_3$/mmc:	$3^3+3^4+3.4^2$	R$\bar{3}$m:	$3^3+3^4+3.4^2$
I4$_1$/amd:	3.4^2	I4$_1$/amd:	$4^3+3.4^2$

図 3.13 にこれらを図示する．図の (a) と (b) はそれぞれ図 3.4 と図 3.12 の正 8 面体と正 4 面体の層の間に，どの頂点まわりも同じ状態になるように正 3 角柱の層を一つ置きに入れたもの，(c) は正 3 角柱の層を一つ置きに 90°回転させながら積んだもの，(d) は正 3 角柱の層と「立方体」の層を交互に積み上げたものである．

こうした多面体による充塡模型は，結晶構造を立体的に説明するための「枠組み」として利用される．たとえば，多面体の中心にはある原子を配置して，それと同種または異種の原子を多面体の頂点に配置するなどと考える．

（その場合，多面体はその中心の原子に対する「配位多面体」と呼ばれる）.

　さらに例を示す.

　鉱物の「ペロブスカイト」CaTiO$_3$，そして一般にペロブスカイト型の鉱物 ABO$_3$ において，酸素原子 O は立方 8 面体と正 8 面体の充填（図 3.3 右）における頂点の位置に置かれ，2 種類の原子 A および B はそれぞれ立方 8 面体と正 8 面体の中心に置かれる.

　ケイ酸塩の「β クリストバライト」の構造は，図 3.5（Fd$\overline{3}$m: $3^3 + 3.6^2$）となる.　つまり，正 4 面体を SiO$_4$ の 4 面体と解釈して，シリコン原子 Si が正 4 面体の中心に位置し，酸素原子 O が各多面体の頂点に位置していると考える.　金属間化合物「フリオーフ-ラーベス相」も，これと同じ多面体充填によって表すことができる.　多面体の頂点には小さい方の原子が配置され，大きい方の原子は切頂 4 面体の中心に位置する.　この場合の切頂 4 面体を「フリオーフ多面体」と呼ぶことがある.

　また図 3.6 の充填はホウ素と金属原子の複合的な配置を示している.　切頂 8 面体は中心に位置する金属原子を囲む配位殻になっていて，頂点には 24 個のホウ素原子が配置される.　金属原子どうしが立方 8 面体状のホウ素クラスターを間にはさみながら互いに結合されている様子に注目したい.　ホウ素原子数と金属原子数の割合によっては，別種の構造も可能であり，その場合も別種の多面体による空間充填によって容易に表すことができる（Sullinger & Kennard 1966）.

　配位多面体の考え方に基づく金属間化合物の類型の分類とそれらの組み合わせ方法についてはクリピアケヴィッシュ（Kripyakevitsch 1963）に詳しい.

3.3　ボロノイ領域

　3D における点 p の「ボロノイ領域」とは，点集合における点 p 以外の点よりも点 p に近い位置をすべて含む多面体のことをいう（Voronoi 1908）. もしその点集合が結晶構造における原子の位置の集合だとすると，ボロノイ多面体の頂点は他種の原子が占めることができる空隙だと考えられる.　それに対応する 2D のボロノイ領域は最初の発案者の名前に従って「ディリクレ領域」とも呼ばれる（Dirichlet 1850）.

アンドレーニ型の多面体充填は頂点推移的であり，その「双対」配置（頂点がもとの多面体充填を作る多面体タイルの中心に位置する多面体充填）は「タイル推移的」，つまり合同な多面体による E_3 タイリングである．たとえば，$Fm\bar{3}m: 3^3 + 3^4$（図 3.4）の双対は菱形 12 面体による空間充填となる．この双対な多面体充填の多面体タイルはもとの多面体充填の頂点のボロノイ領域になっている．

図版 III（口絵参照）は複雑金属間化合物 $Mg_{32}(Al, Zn)_{49}$ を構成する原子のボロノイ領域による 3D タイリングを示す．これについては 6 章でも触れる．

コーネリら（Cornelli *et al.* 1984）およびレーブ（Loeb 1962; 1963; 1970; 1974; 1990）はこの考え方をさらに進め，データを蓄積して，鉱物や合金の構造を新たに生成するための効率的なアルゴリズムを発表した．またブラトフとシェヴチェンコは空隙の大きさを計算し，空隙間を相互連結する系統を可視化するためのコンピューター・アルゴリズムを開発した（Blatov & Shevchenko 2003）．

3.4 フェドロフの平行多面体

フェドロフは，すべて同じ向きで E_3 をタイリングすることができる合同な凸多面体は 5 種類の多面体に限ることを示した（Fedorov 1891）．そのような多面体では，合同な面が互いに平行に向かい合って対になっている．したがってフェドロフの多面体を「平行多面体」という．「ゾーン多面体」（Coxeter 1963）の一種である．周期的な 3D 格子のボロノイ領域はフェドロフの平行多面体，あるいはそれをアフィン変形（平行性を保ちながら一様に縮小・拡大，あるいは斜めに変形）したものとなる．そのうち最も対称性の高いものには立方体，正 6 角柱，切頂 8 面体，菱形 12 面体，および 4 個の 6 角形と 8 個の菱形の面からなる長菱形 12 面体（図 3.14）の 5 種類がある．

デローンは 3D 格子を分類するのに，格子点のボロノイ領域が示すフェドロフの平行多面体を用いた．その場合，二つの格子のブラベ型が同じであっても，図 3.1 に見る c/a 比の違いによってボロノイ領域が異なることがある．したがって，3D 格子の類型は，ブラベによれば 14 種類であるが，デローンの分類法では 24 種類になる（Delone *et al.* 1934）．

図 3.14　フェドロフの平行多面体の例（長菱形 12 面体）.

3.5　格子複合体

「格子複合体」とは，一つの空間群が推移的に作用する特別の位置の集合である（つまり，その集合におけるどんな点も，群の作用によって，その集合における他の点に移ることができる）．この名前は，結晶構造における原子配列として最もよく見られるものに付けられた（Hellner 1965; Fischer et al. 1973; Fischer 1991; 1993; Fischer & Koch 1995）．約 2000 種類の結晶構造はたった 10 種類の格子複合体で構成されることが分かっている（Loeb 1970）．たとえば，空間充填 $Pm\bar{3}m: 4^3$（立方体）の頂点は基本立方格子を構成し，これは最も対称性の高い格子複合体 P となる．格子複合体 I は P + P′ のことで，P′ は P を (1/2, 1/2, 1/2) だけ平行移動したものである．F は $Fm\bar{3}m: 3^3 + 3^4$ における頂点の集合で，D は F + F′ を表す．F′ は F を (1/4, 1/4, 1/4) だけ平行移動したものになっている．格子複合体 J は $Pm\bar{3}m: 3^4 + 3.4.3.4$（正 8 面体と立方 8 面体）における頂点の集合であり，T は $Fd\bar{3}m: 3^3 + 3.6^2$（正 4 面体と切頂 4 面体）における頂点の集合である．格子複合体 W は，切頂 8 面体による空間充填 $Im\bar{3}m: 4.6^2$ の頂点の 50% を要素とする集合であり，その部分図を図 3.15 に示す．対称性は $Pm\bar{3}$ に縮小される．W + I は β タングステン（β-W）の原子位置となる．

多面体が正多面体から少し外れることも許すならば，さまざまな頂点推移的な多面体配置が可能になる．（トポロジカルにプラトンの立体と同等であ

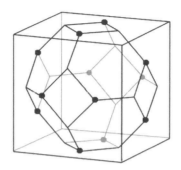

図 3.15 格子複合体 W を定める切頂 8 面体の頂点．外周の立方体は $Pm\bar{3}$ の単位胞を示す．

るような単一図形によると，きわめて多彩な E_3 タイリングが得られる (Delgado-Friedrichs & Huson 1999)．ただし E_3 タイリングが可能な正確な正多面体を要求するならば，それは立方体のみである．）原子はけっして固い球ではなく，結合距離や結合角は一定の制限内で変化するわけで，正多面体からのずれによる拡張は合理的であり，その結果として自然は驚くような構造をみずから作り出すのである．たとえば図 3.15 における原子位置を示す点は，「正 20 面体」から少しずれた「20 面体」の頂点に一致していることに注目すると，図 3.16 のように 20 面体と 4 面体（$3^5 + 3^3$）による頂点推移的な配置が得られる．β-W 構造では，原子が bcc の位置，つまり 20 面体の中心にも配置される．この構造は以前は「ベータ・タングステン」と呼ばれていたが，実際は W_3O のことである．β-W 構造をもつものには他に Cr_3Si，Nb_3Sn，V_3Ga，V_3Ge などがある．

この場合に見られるすべての 20 面体をそれぞれ 20 個の 4 面体に分割すると，4 面体による空間充填が得られる．原子は 12 配位のノード（20 面体の中心）と 14 配位のノード（20 面体の頂点）の 2 種類のノードに配置されている．β-W はフランク-カスパー相のうちで最も単純な構造をもつものの一つである（Frank & Kasper 1958）．

もう一つの単純な（しかし重要な）例はフリオーフ-ラーベス相であり，空間充填 $Fd\bar{3}m$: $3^3 + 3.6^2$ における切頂 4 面体の頂点と中心に原子を置く．中心の原子は 16 配位，頂点に位置する原子は 12 配位となっている（図 3.17）．

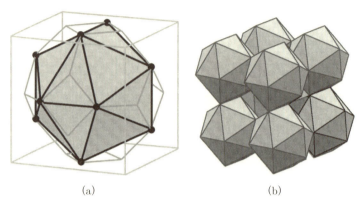

図 3.16 β-W 構造．(a) 切頂 8 面体の 24 個の頂点のうち 12 個を取り出すと変形した正 20 面体ができる．(b) 20 面体の配列にできている間隙は，変形された正 4 面体の形状をもつ．図の 8 個の 20 面体の中心を頂点とする立方体の中心に位置する 20 面体はまわりの 8 個とは向きが異なるため，この構造は実際には bcc ではない．

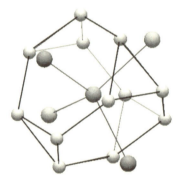

図 3.17 フリオーフ-ラーベス相のサブユニット構造．中心の原子は，切頂 4 面体の頂点の 12 個の原子と，まわりの切頂 4 面体の中心にある 4 個の原子の合計 16 個の原子に配位している．

3.6 複合 4 面体構造

よく知られているように正 4 面体だけで E_3 を充填することは不可能である．正 4 面体の 2 面角は 70.53° であり，図 3.18(a) のように 5 個の正 4 面体が 1 本の辺の周りに集まったとき隙間ができる．角度の不足は隙間一つあたり 1.47° になる．ただしこの不足は正 4 面体をわずかに変形させて埋めることができる．同様に 20 個の正 4 面体が図 3.18(b) のように一つの頂点まわりに集まるときも隙間ができる．このときの角度の不足は隙間一つあたり約 2.9° であり，この場合も正 4 面体を少し変形すれば正 20 面体になる．辺を共有して 6 個の正 4 面体が集まると，幾何学的フラストレーションはさらに大きくなる．フランクとカスパーは多くの複雑構造の合金の中で，原子配位数 12, 14, 15, あるいは 16 をもつものは，これらの数多くの 4 面体が歪みながら集まる構造として理解できることを示した (図 3.19)．このよ

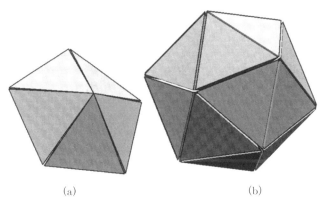

図 3.18 (a) 辺を共有する 5 個の正 4 面体．(b) 頂点を共有する 20 個の正 4 面体．

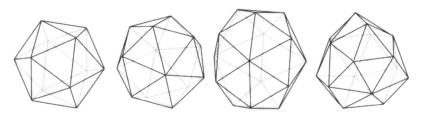

図 3.19 フランク-カスパー相における配位数 12, 14, 15, 16 に対応する配位殻．

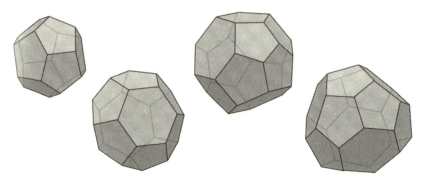

図 3.20 フランク–カスパー相のボロノイ領域.

うな「複合 4 面体構造」はフランク–カスパー相と呼ばれ,「ほとんど正 4 面体に近い」4 面体による空間充填の頂点位置に原子が位置する. このような空間充填において 5 個ではなく 6 個の 4 面体が共有する辺は一種の「回位線（Disclination line）」となる[*7].

回位線は特殊な構造を特徴づけるネットワークを形作る. 14, 15, および 16 配位殻（頂点が 14, 15, および 16 個の多面体）[*8] の中心の原子は回位線ネットのノードであり, 回位線の連結数（中央の原子に集まる回位線の数）は 2, 3, および 4 である. フランク–カスパー相において 12, 14, 15, 16 配位の原子を囲むボロノイ領域はそれぞれ 12, 14, 15, 16 面体であり, それぞれは 12 個の 5 角形と 0, 2, 3, 4 個の 6 角形の面から構成されている（図 3.20）. この場合, 回位線ネットにおける辺は 6 角形の面を貫いている.

複合 4 面体構造は, 結晶のフランク–カスパー相におけるのと同じく, 液

[*7] 訳注：簡単にいうと, 平面上で正 3 角形を一つの頂点の周りに 6 枚集めると平面を埋め尽くすが 5 枚だと隙間ができる. これを正に回位しているという. もし 7 枚集めると 1 本の辺のまわりに 2 枚重なる. これを負に回位しているといい, その場合に正三角形が集まる頂点は回位の中心と呼ぶことができる. それを 3 次元空間で見ると, 5 枚の場合は凸形の 5 角錐, 7 枚の場合は凹形の 7 角錐として実現させることができる. このことを 3 次元空間内の正 4 面体で考えると, 1 本の辺のまわりに 5 個集めると正に回位して少し隙間ができ, 6 個集めるとその辺のまわりで 2 個が重なって負に回位する. この辺を回位線という. それを 4 次元空間で見ると, 5 個の場合は凸形の 4 次元 5 角錐, 6 個の場合は凹形の 4 次元 6 角錐となって実現させることができる.

[*8] 訳注：12 配位の場合, 回位線はない.

体やガラスの理論においても重要な役割を果たす．それについての詳細はネルソンとスパーペンの論文で見られる（Nelson & Spaepen 1989）．また複合4面体構造は原子・分子の小クラスター構造においても重要である．

3.7　正多胞体 {3, 3, 5}

球面空間いい換えれば4Dにおける超球面S_3は正確な正4面体で充填可能である．つまりユークリッド空間E_4に埋め込まれたS_3では，充填された正4面体の頂点は正多胞体 {3, 3, 5} つまり4次元正20面体の頂点に等しい．この多胞体は120個の頂点，720本の辺（稜），1200個の正3角形の面，および600個の正4面体の胞をもつ（Coxeter 1963）[*9]．また，すべての辺は5個の正4面体に共有され，すべての頂点は20個の正4面体に共有されて（正20面体を構成して）いる[*10]．サドックとモセリはフランク-カスパー構造の回位ネットを広く調べたが，そのときE_4における多胞体 {3, 3, 5} をE_3に展開している（Sadoc & Mosseri 1999）．

3.8　空間充填と5角12面体

フランク-カスパー相のボロノイ領域は12枚，または14枚，15枚，16枚の面（それぞれ12枚の5角形と，0枚，2枚，3枚，4枚の6角形）をもつ多面体であり，フランク-カスパー相における原子の配列はこれらの多面体の空間充填によって視覚化できる．正12面体の2面角は116.6°であり，3個の正12面体が1本の辺のまわりに集まるとき，一つの隙間あたりの不足角は平均3.4°程度しかない．このため，正12面体を少し変形した5角12面体であれば，3個が辺を共有して集まり，2個ずつが面を共有することができる．このようにすれば，4個の12面体が互いに面を共有しあって，全

[*9] 訳注：図に {3, 3, 5} の 3D への投影を示す．

[*10] 訳注：いい換えれば正に回位する4次元5角錐で構成されている．

図 3.21 正 12 面体を少し変形した面を共有する 4 個の 12 面体によるクラスター.

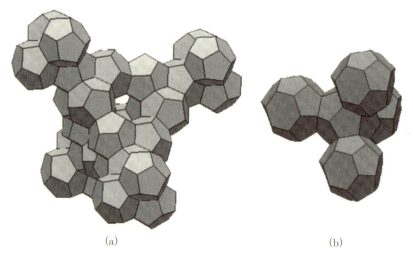

(a) (b)

図 3.22 (a) 12 面体で構成される拡大された D ネット. (b) 空隙にできる 16 面体の D ネット.

体が正 4 面体の状態に配置されるクラスターを作ることができる (図 3.21).
さらに, このクラスターを積み上げてダイヤモンド格子形のネットワークを
作ることもできる. そのときできる空隙は, 16 面体によるもう一つ別のダ
イヤモンド格子形構造を構成する (図 3.22). この 12 面体と 16 面体による
充填構造はラーベス相のボロノイ領域による空間分割に他ならない.

ピアス (Pearce 1978) とウィリアムズ (Williams 1979) は 12 面体, 14
面体, 15 面体, 16 面体を用いた空間充填について詳細に図で示しながら論

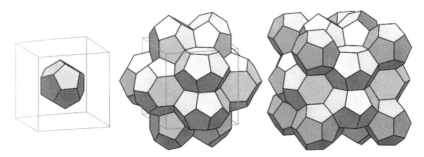

図 3.23 5角12面体（図左）を囲む12個の14面体の配置構造（図中）．bcc 格子点に12面体を配置して，この構造を無限に拡張することができる（図右）．その対称群は $Pm\bar{3}m$ である（ただし，$Im\bar{3}$ ではない．というのは，中心の12面体と，立方体の単位胞の頂点の12面体は向きが異なるためである）．この格子構造は β-W のボロノイ領域を表している．

じている．その中でも図3.23に示した12面体と14面体で構成される配置は特に重要である．2個の14面体が面を共有し合ったユニットが，互いに直交する3方向を向いていてそこにおけるbcc格子の中心には5角12面体の空隙ができている．この多面体充填を構成する辺は全体として，塩素ハイドレートにおけるネットワークを表している．塩素ハイドレート構造はポーリングとマーシュによって明らかにされたものであり，「クラスレート（包接）」構造の一例である（第8章を参照）（Pauling & Marsh 1952）．12面体と14面体によるこの充填構造はまた，β-W のボロノイ領域にも一致する．ウェアとフェランは，すべての胞が等しい体積をもつという条件のもとでこの格子構造を構成する面の面積が最小であるとき，理想的な泡のもつ単位体積あたりの面積はケルビンの構造のものよりも3%小さいことを発見した（Weaire & Phelan 1996; Rivier 1996）．（これをもって「ケルビンの予想への反証」とみなすむきもあるがそれは間違っている．というのもケルビンの構造は「合同」な胞を仮定した結果なのである．）

図版IV（口絵参照）は六方晶系フランク-カスパー相 Zr_4Al_3 のボロノイ領域を示していて（Wilson et al. 1960），12面体，14面体，15面体による空間のタイリングになっている．

3.9 非対称ユニット

『結晶学に関する国際表』には，230種の空間群のそれぞれに対して，その群に関する「非対称ユニット」すなわち「基本領域」の頂点の一覧が与えられている．「非対称ユニット」は，群の操作を繰り返し適用したときに E_3 タイリングが完結できるような多面体であるが，その多面体自身は群の対称性をもたない．立方晶の空間群に関しては，非対称ユニットとして可能なすべての図形がコッホとフィッシャーによって導かれている（Koch & Fischer 1974）．群によって生成される点集合のボロノイ領域を分割することによって求められたものである．非対称ユニットは E_3 のどんな3重周期構造もその部分として完全に定めることができることもあって，3重周期構造を構築するモジュールであるともいえる．つまり，E_3 あるいは3Dタイリングにおける隣り合う二つの非対称ユニットは群操作によって互いに移り合うが，一つのユニットに関する変換の集合は空間群全体を生成していて（Lord 1997），その変換を繰り返すことによって3重周期構造が生成される．

その考え方を理解するには図3.24の簡単な例だけで十分である．図には，空間群 Im$\bar{3}$m の非対称ユニットが4面体で示されていて，半回転あるいは鏡映変換によってそれに隣接するユニットが結びつく．Im$\bar{3}$m の単位胞につい

図3.24 「非対称ユニット」の例．影をつけた4面体は空間群 Im$\bar{3}$m の非対称ユニット．その正面の太線は2回回転軸であり，その他の三つの面は鏡映面である．図の立方体は単位胞の1/8にあたる．

て見るとユニットの取り方は96通り考えられる．そのうち互いに半回転で結びつく二つの非対称ユニットを組み合わせてできる2倍の大きさの4面体を見ると，4枚の面はすべて鏡映面となっていて，「鏡映によって生成される群」，つまり「コクセター群」に対応する$Pm\bar{3}m$の非対称ユニットとなる．

3.10 モジュール構造

3.2節で，E_3多面体タイリングにおけるタイルの頂点と中心に原子が位置する構造を扱った中で，結晶性物質におけるモジュール構造に注意を向けてきた．つまり，多面体タイルは構造を可視化するための「モジュール」である．空間群の非対称ユニットによる3Dタイリングもまた構造を可視化するためのモジュール手法の一例で，すべてのタイルは同等であり，空間群の対称性に基づく3重周期構造の構成要素となっている．

このように3Dタイリングによって3重周期構造を表現することには多くの可能性が含まれている．ここではそのうちの興味深い例として，3重周期曲面と，3D編み目パターンを示す．

いま図3.25のような立方体モジュール内の曲面要素を考える．この場合，二つの立方体の境界面で曲面が連結するように立方体モジュールを集めて，対称性$Im\bar{3}m: 4^3$をもつタイリングとしての「連続」曲面を形成することができる．モジュールとしての曲面要素の配置には4通りあって，その組み合わせによってトポロジカルに異なるさまざまな曲面を作ることができる．その一つの例を図3.26に示す．立方体モジュールのそれぞれの面には対になった円弧状の曲線が見られ，トルシェ・タイリングのシリル・スミスによる変形版（図2.8(c)）に類似した模様になっている．シリル・スミスのタイリングでは正方形タイルの向きは任意であったが，この3D版では曲面の

図3.25　曲面要素を入れた立方体モジュールの異なる4通りの置き方．

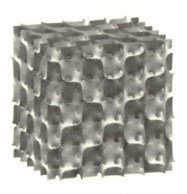

図 3.26 3 重周期曲面の単位胞．64 個の立方体モジュールを含む．

向きが立方体の面による切り口でつながるように制限されることに注意する必要がある．

第 9 章ではさまざまな 3 重周期「極小」曲面について考察するが，実は，図 3.25 のユニットは「シェーンのバットウィング（コウモリの翼）曲面」として知られる極小曲面の単位胞の 1/8 部分に該当する（ケン・ブラッケのウェブサイトおよび Lord & Mackay 2003 を参照）．隣接するユニット同士は立方体面に関して互いに鏡映対称の位置にある．他方，これに似た曲面でブラッケによって「疑似バットウィング曲面」と名付けられている曲面があって，ほぼ同様のモジュールを単位胞にもち，すべての隣接するモジュールは同じ向きを向いている．バットウィングは対称性 $Im\bar{3}m$ をもち，疑似バットウィングの対称性は菱面体対称性 $R\bar{3}m$ である．非常におもしろいことに，これら二つの極小曲面のモジュール曲面要素はわずかに異なるだけである．このことは，3D トルシェ・タイリングによっても無数の極小曲面が構成できる可能性を示している．

3D 構造におけるモジュールの例の 2 番目として，3D 編み目パターンについて簡単に紹介する．2D 編み目の場合は，最も簡単なものは，直角に重なり合う糸（縦糸と横糸）が上下上下…と続く構造だった．それを 3D 編み目へ拡張する試みは，近年複合材料を扱う産業の分野において，縦横に編み込んだ繊維が材料を補強するという理由からその重要性を増している．デルク・ヴァン・スカイレンバーチは，直交する 3 方向に糸が重なり合い，なおかつそれを構成するすべての 2D 層における糸が上下上下…のように編み

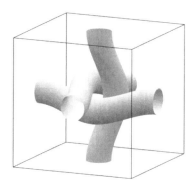

図 3.27　3D 編み目パターンを生成するモジュール.

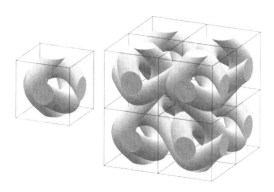

図 3.28　サインカーブ状の紐を用いたモジュール（単位胞の 1/8，図左）および OOO の単位胞（図右）[*11].

合わされる構造の系統性について調べあげ，3D 編み目に関する特許権を取得した．

　それに対してここでは 3D 編み目構造をモジュールによって構成する方法について紹介する．いま図 3.27 のような 3 本の糸を含んだ立方体モジュールがあるとして，それをタイルにすると，さまざまな織り目パターンができる．隣接するタイルを，立方体の面上の軸についての回転，螺旋変換，映進変換，鏡映変換などによって結びつければよい．ただし，でき上がる 3D パターンが，上下上下…パターンをもつ 2D 層としての織物をどの 3 方向にも

---

*11　訳注：OOO の意味については次頁参照.

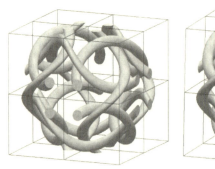
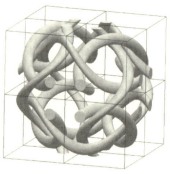

図 3.29 螺旋状の紐を用いた編み目 IIIR の単位胞を示す立体視画像.

図 3.30 3D カゴメ編みを生成するモジュール.

層状に積み重ねたようになっているという制限がつくと，変換の種類とその組み合わせは限られてくる．それに関して，ヴァン・スカイレンバーチはその変換として5種類だけが可能であることを発見した．まず，立方体を隣接させる変換は，接する正方形の中心に関する反転，および2回軸螺旋変換の2種類のみであり，ヴァン・スカイレンバーチはその二つの変換をそれぞれ O と I という記号で示している．次に，3本の直交方向ごとにどちらかの記号を割り当てると，4通りの記号列

    OOO, OOI, OII, III

ができる．これらのパターンはそれぞれ対称性

    $R\bar{3}c$, Pnc2, Iba2, I23

をもつ．ただし，III については，基本モジュールとして図 3.27 に示されて

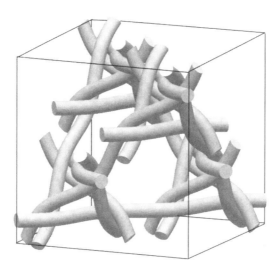

図 3.31　3D カゴメ編みの単位胞.

いる右手系を用いるのか，あるいはその鏡像である左手系を用いるのかによって，IIIR と IIIL の二通りが区別でき，合計 5 種類が考えられる．それらのうち二つの例を図 3.28 と図 3.29 に示す．

図 3.30 に示した菱形 12 面体モジュールからは，対称性 $F4_132$ をもつ 3D 編み目パターンが得られるが，これは正 4 面体の辺の方向に対応する 6 方向をもつ紐で構成されている．このパターンは菱形 12 面体による空間充填の半分に含まれ，残りの半分は空の状態である．その結果得られるパターンは図 3.31 のようになり，2D 編み目パターンによる 4 枚のマットが正 4 面体の 4 枚の面を構成する．それぞれのマットはカゴメ模様になっている．

モジュールの考え方については後の章でも扱う．その場合，モジュール内には原子位置を表す点（0D）の集合だけが存在している場合もあり，あるいは，織り物，三つ編み，編み物などを構成する紐（1D）の場合，さらに曲面（2D）の場合，そして電子密度分布のような 3D の場合などもある．これまでは，そのうち 1D の場合の考察例が最も少なかった．以上で示した紐はすべて無限に伸びているが，円状に閉じた紐がさまざまにより合わさったものを考えることもできる．モジュールの方法によって，広範囲な未知の幾何学的な世界が開かれるのである．

3.11 3次元非周期的タイリング

正20面体には6本の5回軸がある．この6本の5回軸のうちの3本に平行な辺をもつような菱形6面体を2種類作ることができる．このとき面の対角線の長さは $1:\tau$ (τは「黄金数」$(1+\sqrt{5})/2$) の比をもつ．この2種類の菱形6面体は，2個の頂点に三つの鋭角が集まる扁長な6面体と，2個の頂点に三つの鈍角が集まる扁平な6面体となっている．この2種類の6面体とペンローズの2種類の菱形の対応性について初めて注目したのは，ロバート・アンマンで1976年のことであった（Mackay 1981; Gardner 1995, 邦訳5）．この2種類の多面体ユニットによるタイリングでは，並べられたユニットの辺はどれも正20面体の5回軸の方向を向き，ユニットの3回軸はどれも正20面体の3回軸方向を向き，面の対角線はどれも正20面体の2回軸の方向を向いている．その結果，E_3のタイリングは正20面体の対称性をもつ非周期的長距離秩序をもってどこまでも広がっていく．アンマンは，ある適合ルールを工夫することによってそこに非周期性が見られることを示した（たとえばガードナー（Gardner 1995, 訳5）を参照．あるいはレヴィンによって考案され，スタインハートとオストランド（Steinhardt & Ostlund, 1987）およびカッツ（Katz 1986）によって再提唱された模様付け法を参照）．2種類の6面体ユニットから構成される非周期的長距離秩序をもつ非周期タイリングは，6D超立方体格子の射影によっても構成可能で

図 3.32　星形の多面体と菱形30面体．

3　3次元タイリング　　65

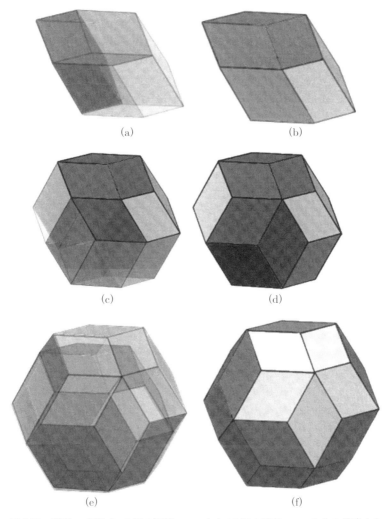

図 3.33 菱形 30 面体を 10 個の扁長ユニットと 10 個の扁平ユニットから構成する手順．(a, b)「菱形 12 面体」を二つの扁長ユニットと二つの扁平ユニットから作る．これは Bilinski (1960) が発見した「第 2 種の菱形 12 面体」である．(c) さらに 3 個の扁長ユニットと 3 個の扁平ユニットを加えて，(d)「菱形 20 面体」ができる．(e, f) 最後に，菱形 20 面体に 5 個の扁長ユニットと 5 個の扁平ユニットを被せて「菱形 30 面体」が得られる．

ある（Kramer & Neri 1984）．この考え方は，この場合の 3D タイリングパターンの辺の方向を与える正 20 面体の 6 本の 5 回対称軸が，6D 超立方体の辺（稜）を E_3 に射影して得られることに基づいている．

2 種類のユニットによる模様付けによって 3D における非周期パターンが得られることは，3 重周期パターンが空間群の非対称ユニット（3.9 節参照）による模様付けから得られることと類似している．

この模様付けに関しておもしろい案が提唱されている．図 2.10 に示されている 2D の編み目パターンを 3D に拡張するもので，すべてのユニットのすべての相対する平行な面の中心を紐で結ぶ．ただし，紐はユニットの中心を通るけれども互いに交差していないとみなす．そうすると相対する 3 組の 2 面間に掛かった紐は，ユニットを非周期的に並べると，2 回軸に平行な 15 方向に走る 15 組の紐の組からできている．これをガラス繊維や炭素繊維強化プラスティックで製作すれば，その織り目構造は等方的になるであろう（Mackay 1988）．

3D ペンローズ・タイリングには，「星形の多面体」と「菱形 30 面体」が見え隠れしている（図 3.32）．星形多面体の方は 20 個の扁長ユニットからでき，菱形 30 面体は，コワレフスキーによって，10 個の扁長ユニットと 10 個の扁平ユニットから構成できることが示されている（Kowalewski 1938）．その構成手順を図 3.33 に示す．2 種類の菱形 6 面体のユニットは「コワレフスキー・ユニット」と呼ばれている．ロンゲット-ヒギンス（Longuet-Higgins 2003）は，辺長が 1，2，3，…と順に大きくなる菱形 30 面体を，二つのユニットの層構造として構成できることを示した．

正 20 面体準結晶についての初期の理論研究では，以上のようないろいろなパターンを用いて説明することが多かった（Steinhardt & Ostlund 1987 に収められている論文別刷，および Mikalkovic *et al.* 1996 による）．その一方，準結晶は周期構造をもつ近似結晶（approximant）と並列的に考察されることがある．というのは，近似結晶における原子配列は，それと強い関連性をもつ準結晶構造を導くための有用な指針になるからである．そのうちよく知られる古典的な例をあげると，たとえば，エルザーとヘンレイ（Elser & Henley 1985）は α-Al-Mn-Si の周期的な結晶相の模型を用いて正 20 面体準結晶相の構造について述べているが，その中で，扁長のコワレフスキー・ユニットと第 2 種の菱形 12 面体という二つの多面体サブユニットを

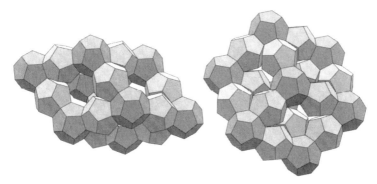

図 3.34 正 12 面体で構成される扁長および扁平な菱形 6 面体（Miyazaki & Yamagiwa 1977）．正 12 面体が面を共有して並びながら準周期的ネットを構成していて，正 12 面体の中心はコワレフスキー・ユニットの頂点と辺の中点に位置している．

規則的に配置して α-Al-Mn-Si を模型化している（図版 V（口絵参照））．

準結晶が発見されると，コワレフスキー・ユニットに対する関心が再び高まったのであるが，それ以前に宮崎は，（「黄金菱形多面体（golden isozonohedra）」と命名された）2 種類の菱形多面体ユニットをもとに，注目すべき構造について研究を進めていた（Miyazaki 1977a, b, 邦訳 15; Miyazaki & Yamagiwa 1977; Miyazaki & Takada 1980; Miyazaki 1983; 1986, 邦訳 16）．図 3.34 の驚くべき図形は宮崎の創作力を示している．

4

円と球の配置

4.1 円の配置

ユークリッド平面上では，一つの円のまわりに，それと同じ半径をもちながらたがいに 2 個ずつが接する 6 個の円を配置することができる．このことから，平面上での円の最密配置は，正 6 角形を隙間なく並べた 6 角格子の格子点に中心を置くような円の配置になっていることがわかる．それに注目して，ケプラーは雪の結晶が 6 角形になっているのは最密円配置された円が 6 角形状に並ぶからだろう（Kepler 1611，邦訳 9）と述べたのであるが，それが結晶のかたちに潜む幾何学原理に対する史上最初の考察だったといわれている．

ここで，同一半径の円による「円配置」とは，平面上で互いに交わらないように置かれた円が少なくとも 3 個の他の円と接する配置であると定めることにする．平面のタイリングとの関係でいえば，各円の中心はタイリングの頂点にあたり，2 個の円の中心を結ぶ線分はタイリングの辺にあたる．したがって，すべての辺の長さが等しく，辺が頂点で作るすべての角度が 60° より小さくない自由なタイリング・パターンから，一つの円配置が定まる．たとえば，頂点まわりの状態がすべて同じである 11 種類のケプラーのタイリング（図 2.1）のそれぞれからは，一つずつの円配置が導かれる．

こうした円配置において，与えられた円 C に接するすべての円の中心が C の任意の直径について同じ側には配置されていないとき，円 C をそれに接する円を動かすことなく移動させることはできない．これを「不動（ジャムド）」配置という（Torquato & Stillinger 2001）．配置されているすべての円が不動のとき，そのパターンは全体として「局所不動」であるという．おもしろいことに，配置が局所不動であってもいくつかの円をまとめたり，全体として考えたりすれば非不動状態になることがある．トルクゥートとスティリンガーはこの問題にいくつか考察を加えている．そのうち特におもしろいのは，固い境界をもつ箱に入ったケプラー型の配置に関するものである

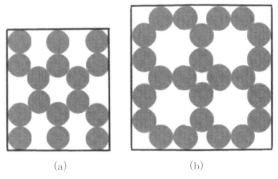

図 4.1 局所不動であるが,集団的には不動ではない簡単な配置例.

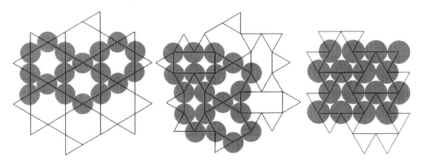

図 4.2 「カゴメ」の編み目に従う円の配置と,それを連続的に変形させてできる二つのつぶれた配置例.

(ただし,それぞれの円が少なくとも 3 個の他の円と接するという仮定を,それぞれの円は他の円または境界のうち少なくとも三つに接するという仮定に変更している).その考え方をよく示す二つの例を図 4.1 に示す.(a) の配置では中央の 6 個の円の環を回転させると非不動になり,(b) の配置では中央の 4 個の環を回転すると非不動になる.

また,「境界がない」局所不動配置が,集団的な運動によって密度の高い配置へと潰れていく例もある.それを図 4.2 と図 4.3 に示す.オキーフとハイドは結晶化学における 2 次元ネットの緻密な研究において,見た目では関連しないような二つのネットについて,このような円配置と類似の変形をすることによって互いに遷移可能なさまざまな例をあげている(O'Keeffe & Hyde 1980).3 次元以上における球配置の安定性の研究でも同様の考察が可能である.

図 4.3 ケプラーの網目 $3^2.4.3.4$ に従う円の配置を，連続的に変形して 3^6 に従う最密配置のかたちにする様子．

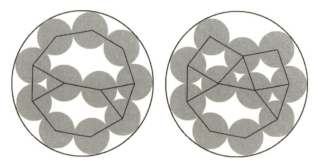

図 4.4 大きな円の中の 11 個の円の最密配置に関する二つの解．

　大きな円周の中に小さな円を配置するといった興味深い数学上の問題もある．たとえば「一つの大きな円の内部に N 個の同一半径の小さな円を重ならないように詰めるとき，小さな円の半径の最大値を求めよ」という問題があって，これはロープやケーブルの断面の設計に応用されている．タルナイはこの問題に関するさまざまな文献についての概説をしている（Tarnai 1998; 2000）．小さな N に対する解は 19 世紀の日本の和算書にも見られるが，その場合は何本かの竹の棒を密に円柱状に束ねることから着想を得ているようだ．この問題は，円の内部に N 個の点を 2 点間距離の最小値を最大にするように配置する問題とも同じである．タルナイはハスの種子が入っている花托に開いている，種子が飛び出す穴の配置もこの問題の例としてあげている．図 4.4 は $N = 11$ の場合の二つの最適解を示している．$N = 18$ では 10 通りの配置がある．

4.2 立方最密充填

同一半径の球の中心が面心立方格子（fcc）の頂点に位置し，すべての球が互いに他の 12 個と接する球配置を立方最密充填（ccp）という．「密度」あるいは「充填率」（球が空間を占める割合）は $\pi / \sqrt{18} = 0.7405...$ である．ケプラーは，ccp が E_3 における球充填では最大密度になるという仮説をたてたが（Kepler 1619，邦訳 10），証明されたのはようやく最近になってのことである（Hales 1997；Sloane 1998；Aste & Weaire 2000；Hsiang & Hsiang 2002）．この 3D 問題は，2D 問題から類推して「自明」であろうと思われる反面，証明するのは極めて難しい．つまり，3D と 2D の間には決定的な相違があり，E_2 が正 3 角形でタイリングできるのに対して，E_3 は正 4 面体ではタイリングできないという事実が反映されている．

4.3 球配置とネット

球の配置問題は 3D ネットの問題に対応させて扱われる．その場合，球の中心はネットの頂点に対応し，互いに接している球の中心を結ぶ線分はネットの辺に対応する．同一半径の球の配置についていえば，それに対応するネットは，すべての辺の長さが等しく，一つの頂点に集まる任意の 2 辺のなす角は 60° 以上という性質をもつ．半正多面体による空間充填における頂点と辺の組はこの条件を満たしている（たとえば，ccp は正 4 面体と正 8 面体による充填 Fm$\bar{3}$m: $3^3 + 3^4$ のネットに対応する）．

4.4 低密度球配置

極めて低い密度をもつ球配置について調べたのはヘーシュとラーベスが最初であろう（Heesch & Laves 1993）．二人はすべての頂点まわりが 3 連結か 4 連結になっている単ノードのネットについて，1 個の球に接する球の中心はその 1 個の球の中心を通る平面の片側に集中してはいけないという「剛性」の条件を付けて考えた．その条件のもとで，3 連結ネットでは 2 通り，4 連結ネットでは 4 通りの解を見つけている．

図 4.5 に示すヘーシュとラーベスの球充填 3_1（第 1 の 3 連結）に対応する

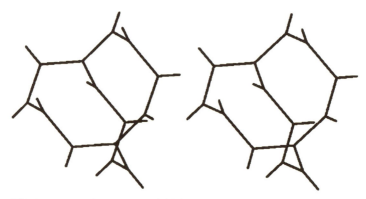

図 4.5 ヘーシュとラーベスの球配置 3_1 に対応するネットの立体視用画像. 三つの 10 角形の環に注目したい.

ネットは次のような特徴をもっている. つまり, ネットが属する対称群 (I4$_1$32) は, 頂点についても, 辺についても, さらに構成する環 (隣り合う 2 本の辺をたどる最短の回路) についても推移的であり, したがってその意味で完全に正則 (regular) である. 環は 10 角形になっていて, このネットはウェルズの (10, 3)-a と一致する (Wells 1977). 対掌性 (キラリティ) をもち, 左手系と右手系の二つの形態が存在する. 実は, これはジャイロイド曲面 (9 章図版 XX (口絵参照) を参照) のラビリンス・グラフに他ならない. また, SrSi$_2$ 結晶におけるケイ素原子がこのネットの頂点位置を占めると考えることができるので, このネットは SrSi$_2$ ネットと呼ばれることがある.

球配置のうち最小密度のものは, ヘーシュとラーベスの 3_2 (第 2 の 3 連結) (図 4.6) であり, 密度 0.0555 をもつ. これは 3_1 におけるすべての球を 3 個の球の組に置き換えて得られる. いい換えると, これはいわば「切頂」3_1 ネットであり, 3 角環と 20 角環で構成されている.

4_1 はよく知られたダイヤモンド構造における炭素原子の配列で, 4_2 はアンドレーニの多面体による空間充填 $3.6^2 + 3.8^2 + 4.6.8$ (図 3.10) の頂点に球を配置したもの, 4_3 は 3_1 ネットにおける辺の中点に球を配置したもの, 4_4 はダイヤモンド構造 4_1 のすべての球を, 四つの球からなる正 4 面体で置き換えたものとなっている.

コッホとフィッシャーはあらゆる可能な単ノードで 3 連結の球配置が系

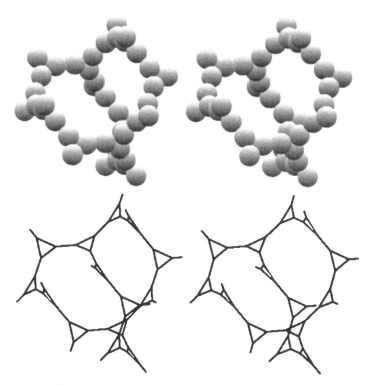

図 4.6 最小密度をもつ球配置 3_2 とそれに対応する 3 連結ネットの立体視用画像.

統的に見て 52 通りに分類できることを示した（そのうちの何通りかは，ネットのトポロジーを変えることなく球を移動させることができる自由度をもつため，それぞれ異なる空間群の対称性をもつように変化させることができる）（Koch & Fischer 1995）．コッホとフィッシャーの命名法では，たとえばヘーシュとラーベスの最小密度配置 3_2（図 4.6）は 3/3/c1 と表される（つまり配位数は 3，最小の環は 3 角形，対称性は立方体と同じで，これと同じ型をもつ他の球配置と区別するために最後の数字 1 が添えられる）．

4.5 ブールデイク-コクセター螺旋

コクセターは「正多角形」の概念の拡張を提唱した（Coxeter 1974）．ふつう正多角形の頂点 … 1, 2, 3, … と，辺 … 12, 23, … は，平面上で 1 点を

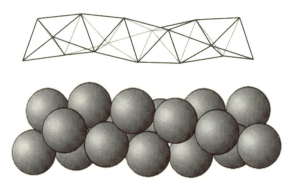

図 4.7 正 4 面体螺旋とブールデイクが考察した球の配置.

中心のまわりに回転させるとき順に得られる．それに対してコクセターの拡張では，「回転」を「等長変換」（距離を保存する変換）で置き換える．

　その拡張によると，「等長変換」である螺旋変換では「螺旋多角形」（または「多角形螺旋」）としての無限に続く頂点の列 ... −1, 0, 1, 2, ...，と隣り合う頂点を結んだ辺の列が得られる．この多角螺旋の一つである「コクセター螺旋」は，螺旋変換で順に得られる点のうち連続する 4 点が正 4 面体の頂点を構成しているものを指す（Coxeter 1963; 1969，邦訳 1）．コクセター螺旋から出発すると，正 4 面体が捻れながら螺旋状に連なった棒状の図形ができ，ブールデイク-コクセター螺旋（B-C 螺旋）と呼ばれている（Boerdijk 1952; Coxeter 1985）．その模型は，紙に描いた正 3 角形による平面タイリングの図の一部を切り取って，折り曲げることによって作ることができる．バックミンスター・フラーはこの螺旋を「正 4 面体螺旋（テトラヘリックス）」と呼んだ（Buckminster Fuller 1975）．それに先立ってブールデイクは正 4 面体螺旋を同じ半径の球の配置問題と関連させて，正 4 面体螺旋の頂点に中心を置きながら互いに接する球配置を考えている（図 4.7）（Boerdijk 1952）．また，その場合の球の配置を拡張して，さらに多くの球を付け加えることができることも示した．それによると正 4 面体を少し変形したかたちの 4 面体が加わっていって，コクセターの螺旋多面体のすべての辺が 5 個の 4 面体に共有される状態が得られる．

　このような拡張をさらに進めると，球を加えていった次の段階では，当初の構造におけるすべての球が，26 原子の γ 黄銅クラスター（図版 IX（口絵参照））をわずかに変形させた図形を形成している様子が見られる（Lord &

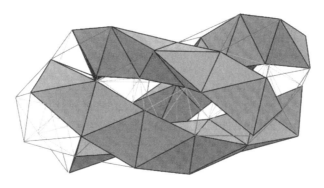

図 4.8 中心にある B-C 螺旋を囲む変形された 3 重 B-C 螺旋．この図形は，コラーゲンの 3 重「コイルドコイル」構造の基礎になっている (Sadoc & Rivier 1999).

Ranganathan 2001a, b).

この拡張段階には，もう一つおもしろい 4 面体の構造が含まれている．図 4.8 に見られるような互いに捻じれあった 3 重の変形 B-C 螺旋である (Sadoc & Rivier 1999; Lord & Ranganathan 2001a, b).

4.6 球のランダム充填

もし周期性の条件を考えなければ，同一半径の球のランダム充填という未解決の大問題が待っている．液体やアモルファスの構造を正しく理解する上では特に重要な問題である．水銀や水などの液体は，明らかに無秩序であるにもかかわらず，驚くべきことには，ある一定の密度をもつ．液体状態は無秩序な結晶構造なのか根本的にそれとは異なるものなのかは，かなりの重要問題なのである．

同一半径の球の稠密ランダム充填に関する研究報告は，たとえばベアリング球のような硬い球を用いた実際の実験やそのコンピュータ・シミュレーションのように，理論よりも実験の結果が多い．ただし得られる球配置の密度は，ランダム性を作りだす方法によって大きく変わってくる．

たとえば，球を大量に，でたらめに曲がった壁や曲面の壁に囲まれている容器に入れて，震わして詰めて，球の空間占有密度を測定することができる．それに対して適正な角度をなして置かれた平坦な壁をもつ容器内にベア

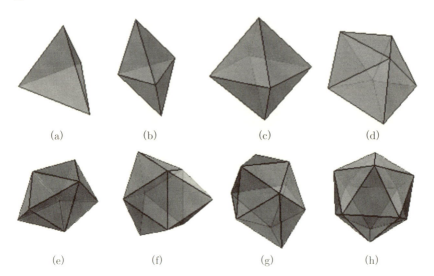

図 4.9 バナールのデルタ多面体．(a) 正 4 面体：4 頂点，4 面．(b) 重 3 角錐：5 頂点，6 面．(c) 正 8 面体：6 頂点，8 面．(d) 重 5 角錐：7 頂点，10 面．(e) 変形重 5 角錐（別名「シャム 12 面体」）：8 頂点，12 面．(f) 三側錘 3 角柱（正 3 角柱の 3 枚の側面に正 4 角錐をのせたもの）：9 頂点，14 面．(g) 重反 4 角柱（反正 4 角柱に 2 個の正 4 角錐をのせたもの）：10 頂点，16 面．(h) 正 20 面体：12 頂点，20 面[*1]．

リング球を流し入れると，通常最密球配置の結晶状態が生じる．この状態の密度は理論上，$\pi/\sqrt{18} = 0.74048$ であるが，実験で観測された球の最密充填の密度は 0.636 ± 0.001 になる．球を容器に入れて，きちんと振り詰めることをしないときの密度は，精度が良くなく，およそ 0.601 となる（Scott & Kilgour 1969）．

球のランダム充填の問題はバナールによって集中的に調べられた（Bernal 1959; 1960a, b; 1964a, b）．バナールの場合，計量と統計分析を簡単にするために，実験データを用いて，球と細い棒を用いた多くの模型が作られている．この調査について，バナールは対象を単原子の液体としていた．得られた結果によると，原子は 4 面体ユニットや 4 面体ユニットの集合体としてのクラスター構造の形状を取りやすかった（たとえば，重 5 角錐の頂点に配置された 7 個の原子，あるいは正 4 面体螺旋における 5 個の正 4 面体の

[*1] 訳注：11 頂点，18 面のものがないことで知られている．

並び部分の頂点に配置された 8 個の原子など）．バナールはこれを「擬中心核」という名称で呼んだ．そこに見られる球の並びでできた多面体は余分な球の入る余地のないデルタ多面体，つまり正 3 角形の面で構成される凸多面体，のかたちをしている．その場合，オイラーの公式 $F - E + V = 2$ と 3 角形面の辺数についての条件 $3F = 2E$ から，$F = 2(V - 2)$ となる．この条件を満たすデルタ多面体は 8 種類ある（図 4.9）．そのうち 12 面体（図 4.9 (e)）は少し風変わりな図形で，対称性 $\overline{4}$m をもつ．この 12 面体について最初に気付いたのはウェフェルマイヤーだった（Wefelmeier 1937）.

　バナールの学生であったフィニーは，スコットとキルゴール（Scott & Kilgour 1969）による 1 種類，およびバナールら（Bernal *et al.* 1970）によるもう 1 種類の，合わせて 2 種類の大規模なクラスターから得られる詳細な統計資料を出版している．そこには，球のランダム充填に関する動径分布と局所密度の変化，ボロノイ領域の形とそれらの出現頻度などの多くのデータが含まれている．それによると，密度（充填率）は約 0.637，またボロノイ領域の平均面数 14.25，1 枚の面あたりの平均の頂点数は 5.16 である．フィニーはその結論の中で，球のランダム充填について厳密な理論的研究が必要であることを強調している．

　後藤とフィニーは高精度の計算を行い，予期していた密度 0.6357 を求めた．また安定したルーズなランダム充填でも 0.6099 という下限値を得ている（Gotoh & Finney 1974）.

　トルカートらは「稠密ランダム充填」という概念自体に厳密性が欠けていることを指摘した（Torquato *et al.* 2000）．つまり，充填密度が大きくなるとともに無秩序の概念が犠牲になっているという．それで「最大にランダムな不動状態」という明確に定義された概念を使った．それによって無秩序性を定量化するための秩序パラメータの厳密な選択が可能になっている．

　同一半径の球の「準周期的」な配置という観点からの興味深い研究もある．その二つをあげておく．一つ目は，一般的なコワレフスキー・ユニットを基礎にした 3D 準格子に基づいた稠密充填がウィルス（Wills 1990）によって見出されたこと，二つ目は，アストン（Aston 1999）がクラマーの構成（Kramer 1982）に基づいて正 20 面体の対称性をもつ精巧な階層的球配置について考察していることである．

4.7 高次元球配置

n 次元ユークリッド空間 E_n における格子に中心を置く同一半径の超球の配置の考え方は，情報理論の分野できわめて重要な価値をもつ．たとえば効率的な誤り修正コード構築の基礎になっている（Conway & Sloane 1998）．手短に説明すると，語長 n の「ワード」から構成されている信号が，低いシグナル・ノイズ比（低 SN 比）のチャンネルを通って送信されるとき，誤送信が伴ったとしてもワードは互いに区別されなければならない．その場合，一つのワードは E_n における点と同一視できるから，有効なコードを設計する問題は，E_n での 2 点間の最大距離を最小化する問題と捉えることができる．

その中で，8 次元と 24 次元のときは，特に高密度の構造が存在する．そのため，E_8 格子に対しては射影法を適用して E_3 における準周期的構造が構築されてきた（Sadoc & Mosseri 1993; 1999）．

それに対して「球面コード」（Hamkins & Zeger 1997a, b; Conway & Sloane 1998）は次節で取り上げる「テイムズの問題」の高次元版と考えることができる．

4.8 球面円配置

球面上の円配置は，本来は数学の問題であるが，化学，生物学，工学分野においても重要性をもっていて，きわめて広範囲の文献が見つかる．ここではその一部を選んで紹介する．

オランダの生物学者テイムズ（Tammes 1930）は花粉粒の表面に開いた小さな発芽孔の分布について調べ，その最も効率の良い分布を数学の問題として定式化した．つまり，一つの球の表面に N 個の同一半径の円を重なることなく最密に配置する問題，いい換えると，球面上にある N 個の点について，隣り合う 2 点間の最短距離を最大にする問題としたのである．これは「テイムズの問題」として知られている（Fejes Tóth 1953; 1964）．

特定の N の値に対する解はすでに求まっていて，その分布は高い対称性をもっている．たとえば $N = 12, 24, 60$ の場合，点はそれぞれ正 20 面体，ねじれ立方八面体，ねじれ 12・20 面体（図 2.16）の頂点に一致していて，

すべての円は最大の接触数としての5個の円と接している．このように，すべての円が高い対称性をもちながら5個ずつの円と接する解としては，他に $N=48$ および $N=120$ の場合がある（Robinson 1961; 1969）．

　小さい N の場合，中心原子のまわりに N 個の同一サイズの原子が「配位殻」（多面体の頂点）を作りながら配置されている状態は，金属ガラスの構造を理解するのに重要である（Miracle *et al.* 2003）．これもテイムズの問題の一つと考えられる．

　マッカイらは，球面上に N 個の球を最大密度で配置する解について，$N=27$ までのすべてと，それより大きいいくつかの N についてのデータを整理して公表している（Mackay *et al.* 1977）．そのデータはおもに文献から収集されているが，文献に見られない N に対しては N 点のうちの2個ずつが球の中心で張る角度の最小値を最大化するための反復アルゴリズムを用いて計算している．さらに新しいデータに関してはクレアとケパート（Clare & Kepert 1991）およびコトウィッツ（Kottwitz 1991）によって整理されている．スローンら（Sloane *et al.* 1995）による，N が130までの広範囲のデータベースも現在インターネットで利用することができる．

　古典的なテイムズの問題についてはその変形版も調べられてきている．アップルバウムとワイスは「半球面」上に同一半径の円を重なることなく，なおかつ平行な円輪の状態に配置する問題の解法を考案し，$N=40$ までの最適解を求めている（Applebaum & Weiss 1999）．この研究は，426個の円形の鏡を平行な円輪状に配置している米国測地衛星ラジオス（LAser GEOdynamics Satellite, LAGEOS）のデザインにヒントを得たものである．

　一方，タルナイとガスパールは正4面体，正8面体，あるいは正20面体の対称性をもつように円が配置される場合のテイムズの問題の解を求めた（Tarnai & Gáspár 1987）．これはロビンソン（Robinson 1961; 1969）の方法を拡張するもので，まず正4面体，正8面体，正20面体の各正3角形側面に，平面の六方格子の一部が図4.10のように描かれていると考え，正3角形と六方格子を図に示したような二つのパラメータ b と c によって関係づける．図は，$b=4$，$c=3$ の場合にあたる．そうすると正3角形側面に含まれる頂点の数は $v=(b^2+c^2+bc)/2$ となり，多面体全体では，多面体の頂点を含めるときは vF 個，多面体の頂点を含めないときは $vF-V$ 個になる

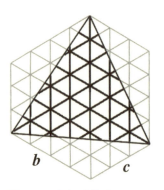

図 4.10 平面6方格子の$b=4$, $c=3$の場合の正3角形領域.

(F, Vは多面体の面および頂点の数). つぎにこれらの頂点を外接球面上に射影した上で, 2点間の距離の最小値を最大化するアルゴリズムを適用する. その結果, 多面体の頂点を除いた場合の方が密度が高くなった. タルナイとガスパールはこの方法で, 三つの多面体に対して, $c=1, 2, 3$ かつ $b=c+1$, $c+2$の場合について, 多面体の頂点を含む場合と含まない場合に, それぞれ計算して密度を求めた. その結果, それまで知られていなかったおもしろい成果がいくつか得られている. その一つは$N=72$の場合, 正4面体, 正8面体, 正20面体のどの対称性に対しても最適配置の解が存在すること, もう一つは$N=54$の場合, 正4面体と正8面体の最適配置パターンは同一であり, それは図らずもゼケリー (Székely 1974) によって最初に提唱された「4回対称球面渦巻きパターン」(7.10節を参照) を示しているということである.

ところで, 空気力学的な理由から, ゴルフボールの表面には凹み (ディンプル) が一様に分布する模様が見られる (図4.11). この模様にはさまざまなものが考案されていて, 中には正4面体, 正8面体, 正20面体の対称性をもつものがある. ただし, ふつう, 凹みを避けながらボールを一周する特別な大円が見られる. ボールの半球同士を接着加工するための線である. 場合によっては, 3本の大円がボールの表面を八つの合同な球面3角形に分けそれぞれの3角形上に42個の凹みを効率よく並べて, 合計336個が正8面体の対称性を見せている図柄もある. 中には正20面体の対称性に基づいて合計492個の凹みをつけたものもある. タルナイはこのような対称性と凹

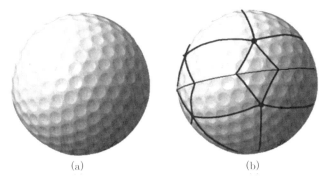

図 4.11 (a) ゴルフボールの表面における 336 個の凹みの分布.
(b) 凹みによる正 20 面体パターンを折半して鏡映対称に配置されたゴルフボール.

みの個数の関係について調べている (Tarnai 1996). アン・スチュアートによる論文も大いに楽しめる (Stewart 1997).

バウシュら (Bausch et al. 2003) は球面上に置かれて互いに接触する同一半径の小球のエネルギーが最小となる並び方について調べた. 小さな (1μm) ポリスチレン微細粒を (密度の等しいトルエン–クロロベンゼン混合液に懸濁された) 水滴表面に吸収させて微細粒の配置パターンを調べたのである. N が大きいと, パターンは欠陥をもちながらも 6 角形の最密充填状に配置される. その場合, トポロジカルな理由から, 5 回対称配位をもつためには少なくとも 12 個の粒子が必要であり, N が増えるにつれて曲面上に 6 角形配列が増加し, 曲面を保持するために正の回位 (5 角形配列) や負の回位 (7 角形配列) などの欠陥が増加していく (2.11 節と 2.12 節参照). 理論的には, 過剰欠陥の数は N について線形的に増加すると予想される. また興味深いことに図 4.12 のように, 欠陥が鎖状 (–5-7-5-7–) につながって, 6 角形配列の領域を分断するように「粒界」を形成するという現象が見出された (「平面」の 2D 結晶における場合とは異なり, 欠陥の列による球面上の「傷跡」には終端がある).

ところで, テイムズの問題では通常 N が与えられて最適半径を求めるのであるが, 逆に, 半径が与えられて N の値を求める問題も考えられる. たとえば, 半径 R の球を中心に置いて, それに接しながらまわりを取り囲むことができる半径 1 の単位球の個数の最大値はどれだけかという問題があ

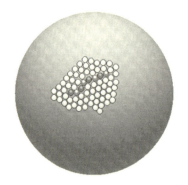 

図 4.12 「球面結晶」の一部．正と負の回位の連なりによる粒界が見られる[*2]．

図 4.13 バックミンスター・フラーによる，立方8面体と正20面体の間での「ジターバグ」変換．

る．その問題で $R=1$ の場合に関連して，有名な逸話がある．1694年のアイザック・ニュートンとデイビット・グレゴリーの間の議論である．グレゴリーの主張は，たしかに中心の単位球のまわりに12個の単位球を配置することができるが，そこに少しの隙間が残り，その隙間は球配置を広げるに従って大きくなり，いずれは13個目の球を置くことができるというものであった．ニュートンは反対し，12個が最大であると主張したが，どちらが正しいかは19世紀になるまで決着がつかなかった．それについてのニュートンが正しいという最近の証明はリーチ（Leech 1956）およびコンウェイとスローン（Conway & Sloane 1988）によって公表されている．

これはけっして当たり前の問題ではない．12個の球は中心の球に接したまま自由に動き，その配置は無限の可能性をもっているからである．たとえば，12個の球は立方8面体の頂点に置くことができるが，それを一斉に動かすと正20面体の頂点に来る．ちょうど8個の正3角形の面を図4.13のように一斉に回転していく運動のようなものである．中心の1個を含めた13個の球からなるクラスターにこの運動をさせると，中心の球の半径を変えずに12個の球は互いの位置を変えていく．これは図4.3の平面上の円の充填における円の集団運動に類似している．この運動をよく表現している模型がある．バックミンスター・フラーの「ジターバグ」と呼ばれているもので，

[*2] 訳注：回位については3.6節参照．

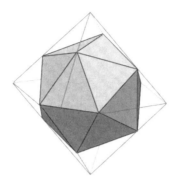

図 4.14 正 8 面体に内接する正 20 面体.

滑らかに動くように結合された 24 本の棒を辺とする 8 枚の正 3 角形でできている (Buckminster Fuller 1975). これを回転させると，正 8 面体，側面の欠けた立方 8 面体，側面と稜線の欠けた正 20 面体が現れる．この模型における立方 8 面体と正 20 面体の関係は次のように考えると分かりやすい．つまり正 8 面体の各辺を $\rho : 1$ に内分してできる点を結んだとき，$\rho = 1$ のときは立方 8 面体，$\rho = \tau = (1 + \sqrt{5})/2$ のときは正 20 面体ができるのである（図 4.14）．

4.9 大きさの異なる球の配置

同じ半径の球の配置に関する問題の歴史は古く，文献が豊富である反面，大きさの異なる球の配置問題についてはそれほど解っていない．ところが，材料科学の分野では，その問題を十分に研究する価値は極めて高い．原子やイオンには大きさがはっきり解っているものもあるが (Pauling 1960, 邦訳 17)，しかし，実際の原子は「剛体球」ではなく，通常「原子の半径」は正確に定めることができない．それでも，原子を球で表すことによって，原子間距離をある程度定めて，結合距離を見積もることができる．また，剛球を配置して考察すれば，鉱物やガラスの構造についての見通しが得られて便利である．

2 次元ユークリッド平面 E_2 に異なる大きさの円を配置する問題は，たとえば粒状物質，乱流液体，蒸着などの研究に応用することができる．その場

合，円の半径 r の分布は，べき乗則分布 $N(r) = r^{-\alpha}$ に従う．アステは球配置の根本を成すトポロジカルで幾何学的な規則性を扱う理論的手法を開発している（Aste 1996）．

それに対して，さまざまな大きさが混じった球配置については，まず同一半径の単位球の配置でできる隙間の大きさに注目する．

図版 VI（口絵参照）にその例を示す．この図版で，上段（a）のように，単位球（図の大球）の最密配置を考えると充填率は $\pi / \sqrt{18} \sim 0.7405$ となり，球の中心は fcc 格子の頂点に位置する（つまり正 8 面体と正 4 面体による空間充填のすべての頂点を占める）．次に，単位球の中心が作る正 8 面体の中心にある空隙に小さい球を入れると，その最大半径は $\sqrt{2} - 1 \sim 0.414$ である．この段階で充填率は 0.816 に増加する．さらに，単位球の中心が作る正 4 面体の中心の空隙に最小の球を入れることができる．その半径の最大値は $\sqrt{3/2} - 1 \sim 0.225$ であり，充填率はさらに増加して 0.825 になる．

上段（b）は単純立方格子の頂点に単位球が位置する配置で，充填率は $\pi/6 \sim 0.524$ になる．その隙間に入る小さい球の半径の最大値は $\sqrt{3} - 1 \sim 0.732$ で，充填率は 0.729 に増加する．

上段（c）のような頂点位置に単位球が位置する体心立方格子（bcc）の隙間の場合ちょうど半径 $1/\sqrt{3}$ の小球が入り，充填率は 0.608 から 0.702 に増加する．

さらに興味を引く球配置が立方晶ラーベス相に見られる．立方晶ラーベス相における大きい方の原子は切頂 4 面体の中心に位置し，小さい方の原子は切頂 4 面体の頂点に位置して，全体は対称性 $Fd\bar{3}m$: $3^3 + 3.6^2$ をもつ（図 3.5，図 3.17）．図版 VI（口絵参照）の下段（a）では切頂 4 面体の頂点に配置される小さい原子は小球で示されていて，他の 6 個の小球と接している．切頂 4 面体状の大きな隙間には大球が位置し，隣接する 4 個の大球と接する．このとき大小の球の半径比は $\sqrt{3/2} \sim 1.2247$，充填率は 0.710 である．この半径比はラーベス相を形成しやすい最適の値であるが，実際には原子を剛球とみなすことができないために，この値から外れることが多い．ラーベス相に対しては 2 種類ではなく 3 種類の大きさの球配置を考えることもでき（図版 VI（口絵参照）下段（b）），その場合，異なる大きさの 2 種類の大球が交互に配置される（これは閃亜鉛鉱 ZnS の構造とダイヤモンド構造の関係に類似している）．充填率は大球の 50% が小球と接するとき最大値

0.8846 になり，そのときの半径の比は $\sqrt{11} - \sqrt{2} : \sqrt{12} - \sqrt{11} + \sqrt{2} : \sqrt{2}$ ~ 1.345：1.104：1 である．この比に近い値をもつラーベス相が実際の原子から合成されている．大きい方の原子（AB_2 における A）の 50% が小さい原子で置き換えられるときには，立方晶ラーベス相の派生型である AB_5 型も考えることができる．$ZrCu_5$，$AuBe_5$ がその例である（図版 VI（口絵参照）下段 (b)）．

ハドソンは，単位球の最密充塡でできる隙間に小球をどのように詰め込むことができるかというおもしろい問題について考察している（Hudson 1949）．単位球の最密充塡の隙間には 4 個の球を頂点にもつ正 4 面体の中にある隙間と，6 個の球を頂点にもつ正 8 面体の中にある隙間の 2 種類がある．そこで任意の数 N を考え，N 個の同一半径 r の小球を正 8 面体の空隙に詰め込むときの最大の r を求めた．その結果，27 までの N に対して最大の r が得られ，それぞれの場合の小球の配置の入り組んだ様子を具体的に調べ充塡率を計算している．

近年になって，合金における原子の相対的な大きさと，元素の構成比率が，複雑な合金系において存在するクラスターの種類を決定し，ひいてはガラス（アモルファス）構造や準結晶構造が形成される可能性を決定する要因であることが明らかになった（Senkov & Miracle 2001; Miracle *et al.* 2003）．また，その研究においてある一つの規則性が導かれている．つまり，三元合金におけるガラス形成能は，最小原子と最大原子が豊富なほど強まり，中間の大きさをもつ原子が最も豊富なとき弱まる．

ミラクルは原子クラスターの密な配置を基礎にして，金属ガラスの構造模型を開発した（Miracle 2004）．そこでの溶質原子は，クラスターを構成する溶媒原子の配位殻によって囲まれていて，配位数はもちろん構成原子の相対的な大きさに影響される．ミラクルの主張は，金属ガラスにおいてはこうしたクラスターが規則的（多くは最密充塡）に配置され，アモルファス物質においては溶媒原子のランダムな配列がその特徴になっている，というのである（Miracle 2004）．そのモデルは多くの実験結果によって支持されている．

4.10 柱体配置

無限に伸びた円柱体の配置の可能性についても盛んに研究がなされている．その例を図 4.15 に示す．立方晶系に属する空間群の対称性をもつ配置は特に重要である（O'Keeffe 1992; O'Keeffe *et al.* 2001; 2002）．一方では，正 20 面体対称性をもつ準周期的柱体配置がデュノウとオーディエによって発見されて注目を集めた（Duneau & Audier 1999; Audier & Duneau 2000）[*3]．

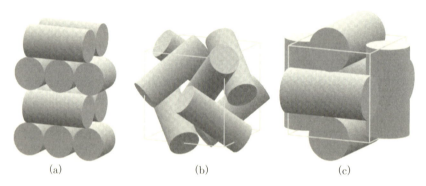

図 4.15 (a) 単純な柱体配置の部分図．空間群は P4$_2$/mmc．(b) 対称性 Ia$\bar{3}$d をもつ柱体配置の単位胞．含まれている柱体は立方体の 3 回軸に平行になっている．これはあらゆる柱体配置のうちで最密であり，密度 $\rho = (\pi\sqrt{3})/8 = 0.68...$ をもつ．(c) 対称性 Im$\bar{3}$ をもつ柱体配置の単位胞．

[*3] 訳注：正 20 面体対称性をもつものについては，わが国では日詰明男により小川泰ほか編「KATACHI and SYMMETRY」（Springer, 1993）で発表されている．

5

階層構造

　第2章で，正5角形のパターン（図2.11）が，ある単純な規則で作られることを示した．つまりたくさんの正5角形を自己相似的な反復操作で6個の正5角形クラスターにまとめていった．その場合，最初の1個の正5角形を「0次」パターンとすると，N次パターンは6^N個の正5角形から成る自己相似的なパターンとなる．そのパターンは，各段階での構造が一つ前の段階の構造を複製したサブユニットから構成されるので「階層的」である．

　このように1個あるいは複数個の基本図形を自己相似的に反復していくことによって作られるパターンや構造は無数に存在している．中でも単純で局所的な規則の反復によって複雑な幾何学的構造が作り上げられる驚くべき例としては，ギップス（Gips 1975）およびスティニー（Stiny 1975）の「シェイプ文法（shape grammars）」やスタニスラフ・ウラム（Ulam 1966; Schrandt & Ulam 1970）の「モジュール・パターン」が知られている．こうした階層構造，またはフラクタル構造は拡大縮小を伴う反復操作の結果得られる（Whyte *et al.* 1969; Mandelbrot 1982，邦訳14; Peitgen & Richter 1986，邦訳18; Sander 1987; Prusinkiewicz & Lindenmayer 1990）．

　本章ではそのうち，準結晶から生物学的形態まで，自然における形状やパターンに関係していて，特に興味深い例をいくつか紹介する．

5.1　リンデンマイヤー・システム

　この節で扱うフラクタル図形は，リンデンマイヤー（Lindenmayer 1968）によって工夫された「リンデンマイヤー・システム」，すなわち「Lシステム」によって導かれる構造の特別な例である．リンデンマイヤーは反復的コンピュータ・グラフィックスの基本になる形式論理を体系化した．Lシステムは抽象的には，記号（「文字」），記号列（「語」）および文字を語で置き換えるための動的な反復規則から成っている．すでに2.8節で，その簡単な例として，AとBの2文字と動的規則$B \rightarrow A$，$A \rightarrow AB$によって，文字列B，

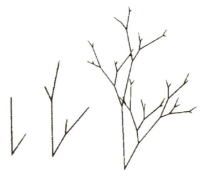

図 5.1 反復によって生成される単純な木のグラフィクス（0次，1次および4次の反復段階）．

A, AB, ABA, $ABAAB$, ... が導かれることについて見てきた．こうした文字列をグラフィック・システムのコマンドであると解釈すると画像を描くことができ，それによってLシステムの形式言語を補完することができる．インターネットで使うことができるFRACTINTソフトウェアは，「タートル・グラフィックス（turtle graphics）」を採用してコマンドの文字列をフラクタルの画像に変換するものである．

　プルシンキーヴィッツとリンデンマイヤーはこれを発展させて，植物形態をシミュレートするための高度な手法を作り上げた（Prusinkiewicz & Lindenmayer 1990）．その著名な研究は著書『植物のアルゴリズム的な美』（*The Algorithmic Beauty of Plants*）にまとめられている．それを用いると非常に単純な反復操作と各段階での縮尺変更によって，植物の枝分かれ構造をほぼ現実に近い画像で表すができる（図5.1）．この手法は改良されて，厳密な自己相似性に起因する見た目の人工的な不自然さが除去されるようになった．たとえば，確率論的なLシステムでは，いくつかの反復規則のうちの一つを確率的に選択して適用するという手法が用いられている．また，植物と環境の間の相互作用をシミュレートすることもできる（Mech & Prusinkiewicz 1996）．2次元グラフィックスを拡張することによって3次元図形の生成も可能である．このようにLシステムは生物系の形態形成の進行を研究する上での有益な手段として発展しつつある．

　その発展状況についてこれ以上述べることは，本書の範囲を超えている．したがって，この章では，単一の単純な変換を初期状態の単純図形に反復適

用した極限が，厳密な階層構造をもつフラクタルになるようなパターンをいくつか選んで考察していく．

5.2 フラクタル曲線

1次元の広がりをもつ平面曲線に「ヒルベルト曲線」というのがあるが，これはある点を正方形内のどこに選んでもある反復段階において必ずその点のいくらでも近くを通るというおもしろい性質をもっている．このヒルベルト曲線は，図5.2の左側のような折れ線模様がついた2枚の正方形タイルを反復させながら並べることによって簡単に定義できる．つまり反復の各段階でこの2枚のタイルの組み合わせを図の右側のように4枚のタイルの組み合わせに置き換える．3回および5回の反復後の様子をそれぞれ図5.3と図5.4に示す．ヒルベルト曲線はこの操作を極限まで進めたもので「正方形を充填する」という性質をもっている．

「ドラゴン曲線」もヒルベルト曲線と同様に反復操作で作ることができる．基本単位（0次のドラゴン曲線）は単なる線分であり，N次の場合は，$N-1$次のドラゴン曲線とそれを90°回転したものを一つの端点どうしで繋いで得られる．次数が低い段階なら，その様子を紙テープで作って見ることができる．つまり，長い紙テープを用意して，真ん中で折って左端を右端に合わせて半分の長さにし，それをまた同じように半分に折る．その操作を好きなだ

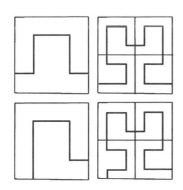

図 5.2 模様の付いたタイルを並べてヒルベルト曲線を作るための反復操作．

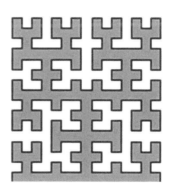

図 5.3 3回の反復操作後のヒルベルト曲線．見やすいように曲線の両側の色を変えてある．

図 5.4　5 回の反復操作後のヒルベルト曲線.

図 5.5　11 次のドラゴン曲線.

け繰り返したあと，開くと，互いに平行で等間隔の階段状の折り目ができている．その折り目のすべてを垂直にして机の上に立てて上から見ると，図5.5のようなドラゴン曲線が見られる（確からしい話によるとドラゴン曲線はこのようにして偶然発見された）．ただし図では多くの部分で直角の折り目の部分が 1 点に接するので，その直角の折り目を丸めて曲線の続き方を分かりやすくしてある．ところどころに描かれている小さな黒点は，0 回，1 回，2 回，3 回，…と折ったときの端点の位置を示していて，実はそれら

図 5.6　線分からドラゴン曲線を作る反復規則.

図 5.7　16 次のドラゴン曲線.頂点部分で接する正方形は内部を黒塗りして,全体の境界の形状を見やすくしてある.これからもわかるように極限のフラクタル図形は平面をタイリングすることができる.

の点は対数螺旋の上にある.図 5.6 には,線分を 2 本の線分に変換する反復規則を示してある(灰色の 3 角形は変換の向きを示すために描いた).ドラゴン曲線は各反復段階でこの規則をすべての線分に適用して得ることができる.この手順によれば,反復の各段階でその両端の 2 点は動かず,反復により曲線の長さは $\sqrt{2}$ 倍に増える.極限では,ドラゴン曲線は平面をタイル貼りするフラクタル図形となる.その様子を図 5.7 および図版 VII(口絵参照)に示す.

ドラゴン曲線は「左折 (L)」と「右折 (R)」を表す文字の列によって符号化することができる.つまり,s を(L と R の)文字列とし,s の順序を逆転させて L と R を入れ替えたものを s' とするとき,ドラゴン曲線は漸化式 $s_0 = R$, $s_{n+1} = s_n R s'_n$ によって得られる.

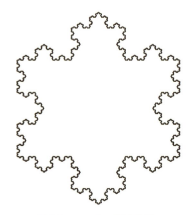

図 5.8　コッホの雪片曲線.

図 5.9　ペアノ曲線の反復規則.

図 5.10　フロースネイクの反復規則.

最も有名なフラクタル曲線は「コッホの雪片曲線」（図 5.8）であろう．反復の極限で曲線の長さは無限大でありながら，囲む面積は有限であるという性質をもつ．その生成手順は，単純な正 3 角形から始めて，各反復段階ですべての辺に，その辺の 3 分の 1 の長さの辺をもつ小さい正 3 角形を加

図 5.11　フロースネイク．

えていく．

　「ペアノ曲線」(Peano 1890) は図 5.9 に示される反復規則により得られ，ヒルベルト曲線のように正方形を充填する性質をもっている．

　最後に図 5.10 は「フロースネイク (flowsnake)」（図 5.11）を与える反復規則である．同じ大きさをもつ 6 角形タイルは全て同じ模様付けをされていることに注意したい．

5.3　膨張ルール

　ペンローズ・タイリングを作るにはいくつかの方法がある．つまり，非周期性を与えるためにタイルの並べ方に「マッチング・ルール（適合ルール）」を適用する方法，5D 超立方体格子の断面を平面上に射影する方法，そしてここで述べる「膨張（インフレーション）」による膨張ルールである．

　菱形タイリングにおける膨張ルールは，図 5.12 に示すように，大きい 2 種類の菱形タイルを，小さい 2 種類の菱形タイルで置き換えて分割する操作にもとづく（小さい菱形は大きい菱形の $\tau^{-1} = (\sqrt{5} - 1)/2$ 倍）．まず，

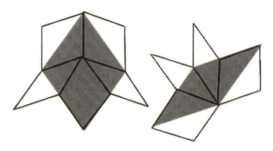

図 5.12 ペンローズの菱形タイルに対する膨張ルールの基本分割操作.

細い菱形と太い菱形のどちらか1枚の菱形にこの分割操作を施し，できる小さい菱形パターン全体を $\tau = (1+\sqrt{5})/2$ 倍に膨張させる．さらに，再びそれぞれの菱形を図 5.12 のルールに従って分割して τ 倍に膨張させる．この操作を反復していけば極限として全平面を埋め尽くす非周期的タイリングが完成する．

5.4 6回対称非周期タイリング

ペンローズの菱形パターンにおける菱形の辺の方向はたった5通りしかなく，5回対称性をもつ長距離秩序をもつといわれる．正20面体準結晶や正10角形準結晶も5回対称性あるいは10回対称性をもつ長距離秩序をもつ．このような5回対称性は周期的構造では不可能であることから，準結晶発見当初には，回折像にその「禁制」対称性が現れることが準結晶物質の決定的な特性であると捉えられていた．しかし実はそう単純ではなく，今で

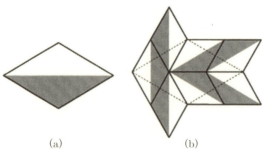

(a)　　　　　　　　(b)

図 5.13 (a) 6回対称性をもつ非周期的パターンの基本タイル．(b) 最初の反復結果．

図 5.14　4 回の反復でできる 6 角形パターン．

は，伝統的な結晶学に矛盾しないような秩序をもつ準結晶が数多く知られている．この節では，反復によって得られても，ペンローズ・タイリングではないような非周期的タイリングについて短く触れておく．

図 5.13 に 6 回対称性をもつ非周期的タイリングの例として，鋭角が 60°の 1 種類だけの菱形によるタイリングに適用される膨張ルールを示す．図 5.14 はその操作を 4 回反復した結果を表す．

5.5　3 次元ペンローズ・タイリングの膨張

2 種類のコワレフスキー菱面体で構成される 3D ペンローズ・タイリングあるいは「アンマン・タイリング」については 3.11 節で少し紹介した．このタイリングを作る一般的な方法は，6D 超立方体格子の断面を 3 次元空間に射影することである．それに対して膨張ルールによる方法もある（Ogawa 1986; Audier & Guyot 1988）．その方法では，まず，単位長さの辺をもつ 3D タイルによるタイリングを，辺長が τ^{-3} の相似タイルで分割して模様付

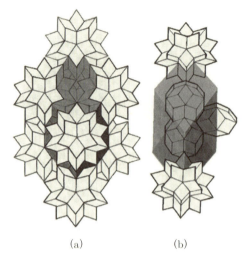

(a)　　　　　　(b)

図 5.15 扁長ユニット（濃い影の部分）の τ^3 の膨張ルールでの分割操作．(a) 20 個の小さい扁長ユニットでできた「星形多面体」を大きい扁長ユニットのすべての頂点に配置する．(b)「菱形 20 面体」を大きい扁長ユニットのすべての辺の中点に配置する．最後に，2 個の「菱形 30 面体」を，扁平ユニットを共有するように結合させて，その中心を大きい扁長ユニットの真ん中に置く．

けし直す．このように，すべての扁長ユニットを分割し，すべての扁平ユニットも分割し，続いて全体を τ^3 倍に膨張させる．こうすれば，2D ペンローズ・タイリングの膨張ルールと同様の操作によって，分割と τ^3 倍の膨張を反復して非周期的パターンを作り上げることができる．

正 20 面体準結晶の理解を容易にするために，次のように，辺長が 1 の菱面体ユニットによる，辺長が τ^3 の菱面体ユニットの分割について詳しく観察しておく（Audier & Guyot 1988；Lord *et al.* 2000）．図 5.15 と図 5.16 にその分割の様子を示す．

まず，図 5.15 のように，20 個の小さい扁長ユニットでできた「星形多面体」（図 3.32）を大きい扁長ユニットと扁平ユニットのすべての頂点に配置する．同時に「菱形 20 面体」（図 3.33(d)）を大きいユニットにおけるすべての辺の中点に配置する（図 5.15 は扁長ユニットについて示したもの）[*1]．

＊1　訳注：ここまでの操作を，扁平ユニットにも加える．

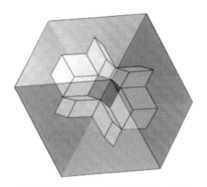

図 5.16 扁平ユニットの膨張ルールでの分割操作．大きい扁平ユニット内部の空隙に，1個の小さい扁長ユニットと，6個の小さい扁平ユニットによる環が配置される．

そうすることによって，大きい扁長ユニットの内部に空隙ができ，そこには小さい扁平ユニットを共有して結合した2個の菱形30面体がちょうど嵌まり込む．ここまでが図5.15に示されている．

大きい扁平ユニットに関しては，その3回対称軸に沿った対角線の両端に中心を置いた2個の星形多面体が，大きい扁平ユニットの中心で小さい扁長ユニットを共有する（図5.16の濃い影の部分）．その結果，大きい扁平ユニットの各頂点に配置された星形多面体と，各辺の中点に中心を置いて配置された菱形20面体によって，図5.16に示されているように6個の小さい扁平ユニットの環状の空隙ができ，大きい扁平ユニットは2種類の小さいユニットによるパターンに完全に分割される．

5.6　クラマーの階層タイリング

以下に示すような珍しい幾何学図形がピーター・クラマーによって発見された（Kramer 1982）．小さな幾何学図形から出発して無限構造を構築していく方法の一つであり，単なる周期的な繰り返し以上の意味をもっていて，一種の階層的秩序を構成する原理になっている．

星形正20面体の外側にある頂点は正12面体の頂点であり，一方星形正12面体の外側の頂点は正20面体の頂点になっている（Kepler 1619, 邦訳

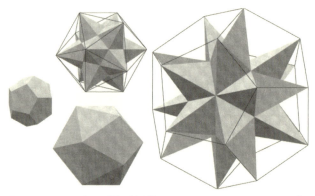

図 5.17 小さい正 12 面体（左端）から星形化を 2 回続けると，τ^3 倍大きな正 12 面体（右端）が得られる．ただし，$\tau=(1+\sqrt{5})/2$ とする（ここに出てくる星形多面体はケプラーの $\{5/2, 5\}$ と $\{5/2, 3\}$ である）．

10; Wenninger 1971, 邦訳 22; Cundy & Rollett 1951, 1961)（図 5.17）．このように，中心の正 12 面体から星形化を無限に繰り返していくと，空間を階層的に分割した状態が得られる．全体は 7 種類の多面体から構成されていて，クラマーは，この 7 種類の多面体がさらに小さな同じかたちの 7 種類の多面体から構成できることを示した．つまり 7 種類の多面体を 3D タイルとする正 20 面体の対称性をもった E_3 のタイリングが見つかったことになる[*2]．

[*2] 訳注：7 種類のタイルは本質的に下の図の d（正 12 面体），s（正 5 角錐），a（4 面体），t（正 3 角錐）および s, a, t を τ 倍したものになっている．s, a, t それぞれに含まれる 3 角形はすべて黄金 3 角形．

d　　　　s　　　　a　　　　t

6

クラスター

　合金には大量の原子を含む大きな単位胞をもつさまざまな結晶相があり，その多くが正20面体の対称性をもつ原子のクラスター（塊）として説明されてきた．そのクラスターによる結晶相は準結晶と構造的に関連性をもつ傾向にある．$MoAl_{12}$（図6.1）は正20面体クラスターが体心立方格子（bcc）構造を構成する簡単な例である（Pauling 1960）．とくに，単純な12原子の正20面体クラスターは，ホウ素原子によるクラスター構造などにおいてさまざまな結合の様相を示す（Pauling 1960, 邦訳17; Sullinger & Kennard 1966）．その最も簡単な例は図6.2に示されるような菱面体晶である．

6.1 正20面体クラスター

　数多くの高度な複雑構造をもつ金属間化合物のうち六方晶系の対称性をもつものは，12個あるいは13個の原子からなる正20面体クラスターが原子を共有しあい，あるいは互いに貫入しながら構成する基本ユニットの組み合

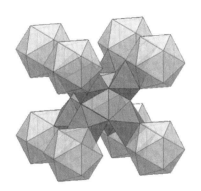

図6.1　$MoAl_{12}$の構造．モリブデン原子を囲むアルミニウムの正20面体のクラスターが正8面体を連結部分として［1 1 1］の方向に結合されている．

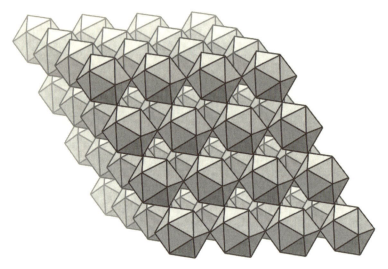

図 6.2 α ホウ素の構造. 正 20 面体クラスターが頂点の原子を共有して結合しながら,菱面体晶を形成している.

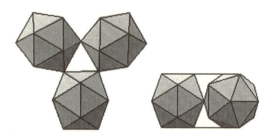

図 6.3 i3 ユニットの 3 回回転軸に沿って見た図(左)と 3 回回転軸に垂直な方向から見た図(右).

わせによって表すことができる (Kreiner & Franzen 1995; Kreiner & Schäpers 1997).その基本ユニットの例が図 6.3 の i3 ユニットである[*1].この i3 ユニットの 3 回回転軸は構成要素である正 20 面体の 2 回回転軸の方向と一致し,さらにおもしろいことには,i3 ユニットの 3 回回転軸に垂直な方向で見ると,正 20 面体の 5 回回転軸と 2 回回転軸の向きがほぼそろっている様子が現れる(図 6.3 右).これと類似の複雑構造金属間化合物相を

[*1] 訳注:正 20 面体 icosahedron が 3 個集まっているユニット.

6 クラスター　　101

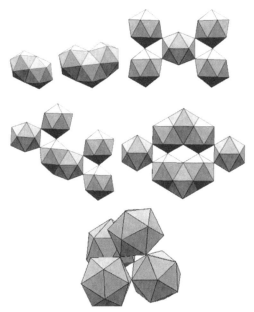

図 6.4　クライナーとフランゼンが見つけた複雑構造金属間化合物の構成ユニットの例．左上は19原子からなる2重正20面体．最下段の図は，注目すべき正4面体状の「Lユニット」．Lユニットの中心部分の空隙は正確に正8面体になっていることと，少し歪ませた正8面体がユニットの3枚の側面と重なって収まることに注目したい．

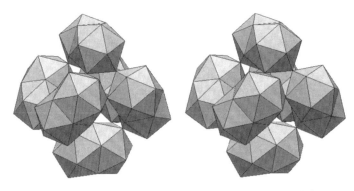

図 6.5　6個の2重正20面体ユニットで構成される正4面体構造クラスターの立体視用画像．

図 6.6　頂点を共有する 12 個の正 20 面体クラスター．

図 6.7　辺を共有する 12 個の正 20 面体クラスター．

構成する基本ユニットを図 6.4 に示す．

　図 6.5 は，サムソン（Samson 1967a）が説明する Cd_3Cu_4 に見られる驚くべき構造で，原子を共有して結合している 2 重正 20 面体ユニットが正 4 面体状に 6 個組み合わさっている．この正 4 面体構造の 4 枚の面の上に 3 個ずつ原子を加えると，4 個の新たな 20 面体状の立体が加わる．このすばらしい結晶構造についての詳細は，クライナーとフランゼン（Kreiner & Franzen 1995），あるいはサムソン（Samson 1967a）を参照されたい．

　銀と金の原子は 13 原子の正 20 面体クラスターを形成することができる．そのこともあってテオとツァンは，クラスターがさらにクラスターを形成して「$i13$」超クラスター（図 6.6）ができるという，いかにもそれらしいクラスター成長の仕組みについて議論している（Teo & Zhang 1991）．ただし図 6.6 では中心の 13 個目のクラスターは省略してある．この構造の最も内側に位置する 42 個の原子はマッカイ・クラスターを構成する[*2]．他方 12 個の正 20 面体が辺を共有し合うと図 6.7 のようなおもしろい幾何学的配置が得られる．ここに見られる正 20 面体状クラスターの最外殻の 1 辺は構成要素としての各正 20 面体の辺の $\tau^2 = \tau + 1$ 倍となっている．クラスター最内側の 12 個の頂点は辺長が $\tau^{-1} = \tau - 1$ の正 20 面体の頂点に一致する（τ は黄金数 $(1+\sqrt{5})/2$ を表す）．このクラスターについては，平賀らが Al-Mn（シェヒトマナイト）の正 20 面体模型に関連して考察している（Hiraga

---

[*2]　訳注：42 個の原子のうち 12 個は最内側殻である正 20 面体の頂点，30 個は 2 番目の殻である 12・20 面体の頂点に位置する．

et al. 1985).図 6.7 で,クラスター外側の大きい正 20 面体と,それを構成する 12 個の正 20 面体の関係は,自己相似的な階層パターンを構成していて,図 2.11 の 2D 正 5 角形パターンに似ている.

6.2 バーグマン・クラスター

まず第 1 殻として各頂点に 12 個の球を配置した正 20 面体クラスターを考え,その外側に,3 個ずつの球に接するように合計 20 個の球を配置すると第 2 殻としての正 12 面体クラスターができる.さらに,この正 12 面体クラスターの面の位置に,第 1 殻の正 20 面体の球と接するように合計 12 個の球を置くと,第 1 殻の正 20 面体に比べ約 2 倍大きい正 20 面体ができる.その結果,44 個の同じ半径の球から成る複合 4 面体クラスターができ,各球の中心を頂点とすれば図 6.8 のような 4 面体の合体立体が得られる.この場合,第 2 殻の正 12 面体クラスターの球を約 20% 大きくすれば,第 3 殻の正 20 面体クラスターの球に接しさせることができ,このようにしてできるクラスターは菱形 30 面体に近いかたちを見せる.このクラスターはさまざまな金属合金における原子配列に見られ,「バーグマン・クラスター」あるいは「ポーリング菱形 30 面体」として知られる(Bergman *et al.* 1952, 1957)(図 6.9).

バーグマン・クラスターを構成する菱形 30 面体を,それぞれの面の上に

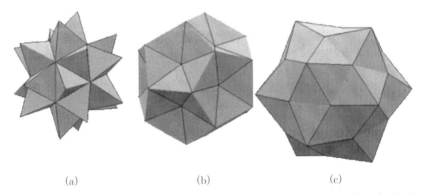

図 6.8 正 20 面体まわりの 130 個の 4 面体によるクラスター.(a) 正 20 面体の各面に配置された正 4 面体,(b) 4 面体による 5 角環(図 3.18 参照)の追加,(c) 左の(b)の 12 面体の凹みへの 4 面体による 5 角環の追加.

図 6.9 44 原子から成るバーグマン・クラスター.

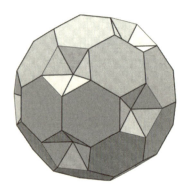

図 6.10 104 個の原子から成るサムソン・クラスター. 20 個の切頂4面体の頂点と中心に原子が配置されて,バーグマン・クラスターが切頂20面体に囲まれている.

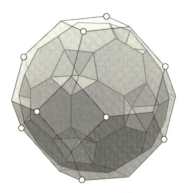

図 6.11 切頂 20 面体 5.6^2 が内接している切頂 8 面体 4.6^2.

2 個ずつ合計 60 個の原子で囲むと,切頂 20 面体（5.6^2）(「バッキーボール」構造),つまりサムソン・クラスターができる（Samson 1972）(図 6.10).この（5.6^2）を少し変形すると,図 6.11 のようにすべての頂点が切頂 8 面体（4.6^2）の面上にくる.この（4.6^2）の 24 個の頂点のうち図に示す 12 個に原子を配置して,それによって図 3.2 のように空間を充填すれば,116 個（$= 44 + 60 + 12$）の原子で構成されるクラスターが外殻の 72 個の原子を共有し合って,クラスターの bcc 構造を作ることになる.切頂 8 面体の面内

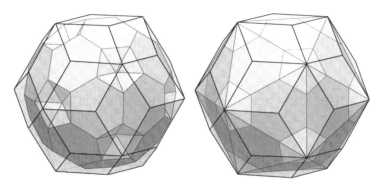

図 6.12 菱形 30 面体に収まっているサムソン・クラスターに見る R 相の幾何．菱形 30 面体の 5 回対称軸上の頂点の凹みを五つの 4 面体による環が埋めて，サムソン・ユニットを正 20 面体に整形する．

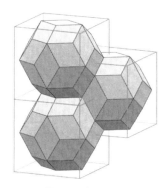

図 6.13 bcc 配置されて貫入し合う菱形 30 面体に見る R 相の幾何．[1 0 0] 方向では互いに面接触し，[1 1 1] 方向では「扁平コワレフスキー・ユニット」を共有して互いに貫入し合う．図 6.12 に見る内部の切頂 20 面体の頂点のうち 12 個は 2 個ずつ立方体の面上に乗り，一方菱形 30 面体の 3 回対称軸を囲む 3 枚の菱形の頂点でできるジグザグ 6 角形のうち 8 個は，重なり部分の扁平コワレフスキー・ユニットに含まれる．外側の大きい方と内側の小さい方の菱形 30 面体は頂点を共有し合っている（図版 VIII（口絵）参照）．

の 60 個の原子はどれも二つのクラスターに共有されるが，頂点に位置する 12 個の原子は四つのクラスターに共有される．bcc 格子は単位胞当たり 2 個の格子点を含むので，この切頂 8 面体状クラスター構造の bcc 格子は単位胞当たりの原子の数は $2 \times (44 + 1/2 \times 60 + 1/4 \times 12) = 154$ である．この bcc 構造は R 相として知られていて，バーグマンらが初めて明らかにした（Bergman et al. 1952; 1957）．オーディエら（Audier et al. 1998）も参

考になる.

　図 6.11 とは計量的に少し異なるが，トポロジカルには同等の R 相の模型が考えられ（Komura *et al.* 1960; Audier *et al.* 1988; Romeu & Aragon 1993），その模型では，図 6.12 のように，104 個の原子によるクラスターが，ポーリング菱形 30 面体よりも $\tau = (1 + \sqrt{5})/2$ 倍大きな菱形 30 面体の殻の中に収まっている．この 136 個の原子によるクラスターの中心が，図 6.13 のように bcc の格子点に配置されると，立方体の中心のクラスターと頂点のクラスターが互いに貫入し合い，小さい方のポーリング菱形 30 面体の 8 個の頂点は同時に外殻の大きい菱形 30 面体の頂点と重なる（図版 VIII（口絵参照））.

　このような一連の「入れ子状多面体殻」になった原子のクラスターとしての複雑結晶性固体に対する考え方（Chabot *et al.* 1981）が，ブラッドリーとジョーンズによる γ 黄銅の構造理論の中で初めて応用された（Bradley & Jones 1933）．それ以来，この理論手法は巨大単位胞をもつ入り組んだ結晶構造の仕組みを理解する上で最も重要な手法となった．平賀らは，この概念を用いて，バーグマン・クラスターなどの大規模クラスターから構成される大規模単位胞をもつさまざまな金属間化合物の立方晶格子相を調べている（Hiraga *et al.* 1998; 1999）.

6.3　マッカイ 20 面体

　前節で見たように，44 原子のバーグマン・クラスターは正 20 面体のまわりに 4 面体を積み重ねてできている．他方，「マッカイ 20 面体」は正 20 面体のまわりに 4 面体と 8 面体を積み重ねたものである．具体的には，12 個の球からなる正 20 面体クラスターにおけるすべての面の上に球の層を加えて，立方最密充填に似た配置になっている（Mackay 1962）．正 20 面体と正 8 面体における二面角はそれぞれ $\theta_{\mathrm{icos}} = 139.19°$ および $\theta_{\mathrm{oct}} = 109.47°$ であり，$360° - (\theta_{\mathrm{icos}} + 2\theta_{\mathrm{oct}}) = 2.87°$ であることから，もし正 20 面体の各面に正 8 面体を乗せると，隣り合う正 8 面体同士の間にできる角度の不足は正 8 面体を少しだけ変形することによって埋めることができる（図 6.14）．こうしてできる図 6.14 の多面体における凹部には，環状に繋がった 5 個の 4 面体を入れることができる（図 6.15a）．この段階において立体の表面および内

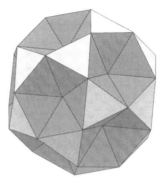

図 6.14　正 20 面体の各面に配置された，20 個の 8 面体．12・20 面体の構造をもつ．

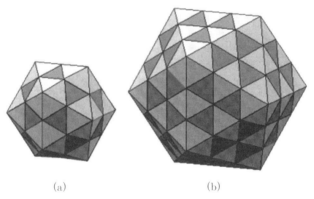

図 6.15　マッカイ 20 面体の形状．(a) 図 6.14 の図形における凹部を 60 個の 4 面体で埋めたもの．(b) さらに 8 面体と 4 面体の層を加えたもの．

部に 54 個の頂点があり，これは 54 原子のクラスターに対応する．この操作は際限なく続けることができて，n 番目の層には $10n^2+2$ 個の球が集まる．この n 番目の層までのクラスター全体での球は $n(10n^2+15n+11)/3$ 個である．図 6.16 に示してある 54 原子のマッカイ・クラスターの構造は準結晶や複雑な合金系でよく見られる．

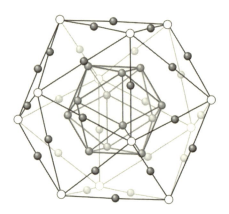

図 6.16　54 原子のマッカイ・クラスター．

6.4　ガンマ黄銅クラスター

　ブラッドリーとシュウリスは γ 黄銅の構造を特定し，bcc 格子の立方晶単位胞が 3×3×3 = 27 個集まった立方格子として説明した（Bradley & Thewlis 1926）．ただし，この 3×3×3 ブロック全体の 8 個の頂点と，ブロック全体の中心は空席で，単位胞内には 27×2 − 2 = 52 の占有サイトがあるとされる（図 10.3 参照）．ところが実際の γ 黄銅の単位胞における 52 個の原子配置は，この 52 個の立方格子のサイトからずれた位置になっていると考えられている．ポーリングは著書『化学結合論』（*The Nature of the Chemical Bond*, Pauling 1960，邦訳 17）における γ 黄銅の 3×3×3 模型の解説の中で，「その構造は正 20 面体的である」という意味深長な注釈を残している．

　実は，この構造は複合 4 面体構造であって，単位胞の 52 個のサイトは，実際には 26 個の原子からなるクラスターが bcc の格子位置にその中心を置くことによって説明される．ニーマンとアンダーソンは 26 原子のクラスターを同じ半径の球の配置として説明した（これは便宜上の理想化であり，もちろん γ 合金では球つまり原子は 1 種類だけではない）（Nyman & Andersson 1979）．バーグマン・クラスターが一つの頂点を 4 面体が規則的に囲むかたちの複合 4 面体構造であるのに対して，γ 黄銅のクラスターは一つの正 4 面体の周囲を 4 面体が囲むかたちになっている．

　まず 4 個の球を互いに接触するように配置して正 4 面体構造を作り，次

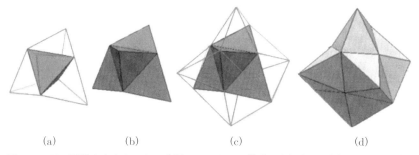

図 6.17 正 4 面体を中心とした γ 黄銅クラスターの構成．(a) 中心に置かれた正 4 面体の面の外側に 4 個の正 4 面体を配置すると，(b) 星形 4 面体ができる．(c) 中心の正 4 面体の各辺の外側に 2 個ずつの歪んだ 4 面体を配置すると，中心の正 4 面体の各辺のまわりを 5 個ずつの 4 面体が囲む環ができる．(d) 正 4 面体と歪んだ 4 面体を 17 個配置したクラスター．

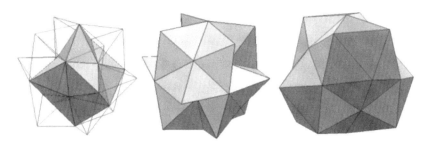

図 6.18 図 6.17 の第 2 段階で加えた 4 面体の各辺のまわりを環になった 5 個の 4 面体で囲んで，合計 41 個の 4 面体と，26 個の頂点が配置される．さらにこのまわりに，頂点を追加することなく，16 個の 4 面体を加えることができる（図 6.18 右）．その結果，4 個の 20 面体クラスターが相互貫入する 26 原子の γ 黄銅クラスターの模型が完成する．

にその正 4 面体クラスターの 4 枚の面の外側に球を 1 個ずつ配置する．そうすると隣り合う球の中心を結ぶ線分によってできる「星形 4 面体」は全部で 5 個の正 4 面体で構成されることになる．さらに 6 個の球を，中心の正 4 面体の各辺の外側に 1 個ずつ配置すると，正 8 面体状の外殻ができ，追加した球の中心と隣の球の中心を線分で結ぶと 12 個の，正 4 面体とはおよそ異なる 4 面体が加えられる．この段階で，中心にある最初の正 4 面体の各辺のまわりには 5 個ずつの 4 面体が環状に集まることになる（図 6.17）．最後に，正 8 面体状の外殻の辺の中点の外側に 12 個の球を加えると，その中心によって，図 6.18 の左の図のように，第 2 段階で加えた 4 個の正 4 面

110

体の各辺のまわりに 5 個ずつの 4 面体が集まることになる（図 6.18）．通常，26 原子のクラスターは，このように中心から順に 4 重の殻によってできていると説明される．つまり，内側から順に，「小」正 4 面体，そのまわりに「大」正 4 面体，正 8 面体，（正方形ではなく長方形の面をもつ）立方 8 面体の形状をもつ殻である[*3]（Bradley & Jones 1933）．

最初に述べた γ 黄銅の 52（= 26 × 2）原子による立方晶単位胞はこのクラスターを 2 個含むことになる．ちなみに，このクラスターは六方晶構造における基本ブロックとしても振る舞うことがわかっている（Sugiyama et al. 1998; Takakura et al. 1998; 1999）．

結局，図 6.18 中央の図のように，γ 黄銅クラスターは 41 個の 4 面体配置でできていて，「頂点を追加することなく」4 か所の凹み部分に 4 個ずつ 16 個の 4 面体を加えることによって，中心の正 4 面体を共有しながら「相互貫入する 4 個の 20 面体」構造になることがわかる（図版 IX（口絵参照））．

このクラスターの最も外側に位置する立方 8 面体殻の 8 個の 3 角形のうち 4 個の外側に 3 個ずつ合計 12 個の球を加えると，球は合計 38 個になる．γ 黄銅では，この 38 原子クラスターの中心が bcc 格子点に置かれ，3 回軸方向に原子を共有してクラスター間の結合がおこる（Belin & Belin 2000）．この 38 原子クラスター内部の頂点と結合線のネットワークは，ピアス・クラスター（Pearce 1978），つまり 4 個の 20 面体が（正 20 面体を「扁平」に変形させながら隙間を埋めて）互いに面で接触し，中心の正 4 面体とも面を共有してできるクラスターと構造が似ている（図版 X（口絵参照））．ただ，γ 黄銅クラスターの 20 面体の方が中心対称に近く，ピアスの「扁平」20 面体とは異なっている．

6.5　フリオーフ多面体のクラスター

フリオーフ-ラーベス相（図 3.17）は 12 配位あるいは 16 配位原子によるフランク-カスパー相（図 3.19）である．多面体による充填図形 $Fd\bar{3}m$: 3^3 + 3.6^2（図 3.5）で表され，切頂 4 面体の中心に 16 配位の，また各頂点に 12 配位の原子が配置される．隣接する二つの切頂 4 面体は，正 6 角形を共

＊3　訳注：立方 8 面体は，図 6.18 の中央の図の頂点を線分で結べば現れる．

図 6.19 フリオーフ多面体で構成されたクラスターを，2 回軸および 3 回軸方向から見た図．中心の正 4 面体を囲む 4 個のフリオーフ多面体（濃い影の部分）と，5 個のフリオーフ多面体で構成される環を 6 個で構成されている[*4]．

有して接し，正 6 角形の中心に関して点対称になっている．

中心をもつ切頂 4 面体（フリオーフ多面体）は，さらに込み入った構造を作るブロックとしての役割ももつ．その一つの例が図 6.10 の 104 原子のクラスターである．また，図 6.19 は，サムソンによる高度に複雑なアルミニウム-マンガン β 相の構成手順のうち，最初の段階を表している（Samson 1965）．

図 6.20 は α-Mn の切頂 4 面体による「積み木」配置模型を示す．マンガンの α 相は 58 個の原子から成る大きな単位胞で構成され（Oberteuffer & Ibers 1970），純金属としては入り組んだ原子配列をもつフランク-カスパー相となっている．その構造を表すにはフリオーフ-ラーベス・ユニット（図 3.17）を用いるのが最も簡単である．つまり，切頂 4 面体の中心に配置された原子は，切頂 4 面体の 4 枚の正 6 角形面に関して対称な位置に置かれた 4 個と，各頂点に置かれた 12 個の合計 16 個の原子に配位している．図 6.20 の α-Mn における隣り合った切頂 4 面体は互いに正 6 角形あるいは正 3 角形の面に関して鏡映対称であり，正 6 角形の中心に関する点対称ではない．切頂 4 面体ユニットが bcc 格子の格子点に置かれ，それらを 8 個の同じ切頂 4 面体ユニットで連結する（4 個の連結の仕方を 2 種類，図 6.20(a) と図

[*4] 訳注：切頂 4 面体が辺を共有してできる 5 角環には隙間がある．

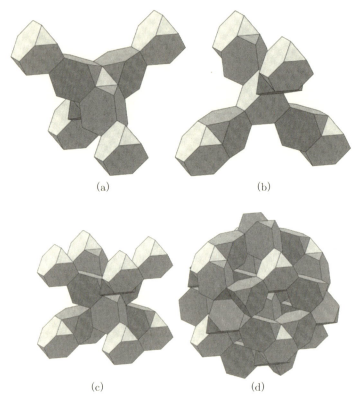

図 6.20 α-Mn の構造を切頂 4 面体のブロックを積んで表したもの．

6.20(b) に示す．それらを重ねたものが図 6.20(c) になる．図 6.20(c) は単位胞の構造であり，図 6.20(d) にその構造を伸展させた様子を示す．

この構造をもつ立方体状の単位胞は「I 型」と「II 型」の 2 種類の切頂 4 面体で構成されている．I 型は bcc 格子点に配置される 9 個の切頂 4 面体であり，II 型は I 型の切頂 4 面体を連結する位置にある 8 個の切頂 4 面体であって，どの切頂 4 面体ユニットの中心に位置する原子も 16 配位となっている．そのうち I 型の中心にある原子は 12 個の切頂 4 面体の頂点と 4 個の隣接する切頂 4 面体の中心の合わせて 16 個の原子に配位する．II 型の中心にある原子はその切頂 4 面体の 12 個の頂点と，隣接する切頂 4 面体の中心 1 個と頂点 3 個の合わせて 16 頂点の原子に配位する．さらに I 型切頂 4 面体の各頂点の原子は正 20 面体にきわめて近い構造をもつ隣接する 12 個の

頂点に配位する．他方 II 型の各ユニットの 12 個の頂点の原子のうち，9 個は正 20 面体に近い配位殻をもつ 12 配位であり，残る 3 個は隣接する 14 個の原子に配位している（Sadoc & Mosseri 1999）．このように，原子の構成が配位数に応じて 12 配位，14 配位，16 配位の 3 種類あって，あたかも三元合金のように見える．マンガン原子だけで構成されているにもかかわらずである！（β-Mn の構造も，第 7 章で示すように極めて複雑であり，なぜマンガン原子の間の相互作用が，このように複雑であるのか謎である．）

6.6　4面体と8面体によるクラスター

面心立方（fcc）格子の格子点は正 4 面体と正 8 面体による空間充填の頂点と一致する．この正 4 面体と正 8 面体の配置の一部分は双晶形成で得られるクラスターによく見られる．ヤングとアンダーソンは，この種のクラスターにおける頂点の位置を行列を用いた計算によって求める方法を考案した（Yang & Andersson 1987）．

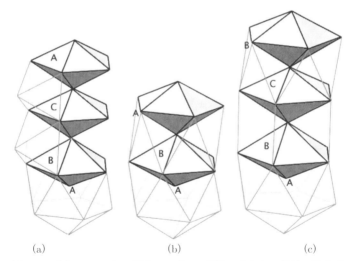

図 6.21　(a) マッカイ 20 面体における 5 回軸のまわりの様子．濃く示された 5 個の 4 面体が 5 回対称軸の周りに集まってできる環と，その間の 2 個の 8 面体が示されている．fcc の積層順序は ABCA である．(b) 積層順序 ABA によるバーグマン・クラスター．正 20 面体の 5 回軸のまわりの 5 個の 4 面体による環の配置に注目．(c) 積層順序 ABCB による i13 超クラスター（図 6.6 を参照）．

マッカイ 20 面体も，6.3 節で見たように，1 個の正 20 面体のまわりに 4 面体と 8 面体を積み上げたものであった．実際には，それぞれが fcc 構造を構成する 20 個の構成要素からなる多重双晶であり，鏡映面は中心と 20 面体の辺を通っている．頂点層の積層順序は ABCABC... 型で，146 球のマッカイ・クラスターの積層の様子を 5 回軸のまわりについて見ると図 6.21(a) のようになっている．5 個の 4 面体が 5 回軸のまわりに集まっているデルタ多面体の部分の色は濃く表示してある．ABC の記号は fcc 構造における 3 回軸に垂直な面に付けられている．このようなマッカイ・クラスターを基礎に積層欠陥を導入することでさまざまなクラスターを得ることができる (Kuo 2002)．その例を図 6.21(b)，(c) に示す．

6.7　20 面体と 8 面体によるクラスター

マッカイ 20 面体の解説において，20 面体の周囲に 8 面体を面接触させると完全ではないが驚くほどぴったりと収まることを述べた（図 6.14）．クライナーとフランゼン（Kreiner & Franzen 1995）およびクライナーとシェーパーズ（Kreiner & Schäpers 1997）でも同じような構造が示されていて，その場合は中央の 2 個の 8 面体に $i3$ ユニットが接している（図 6.22）．それに対して，L ユニットは，中心部に 5 個の 8 面体を図 6.23 のようにもち，

図 6.22　2 個の 8 面体と 3 個の 20 面体のクラスターとしての $i3$ ユニット．

図 6.23　5 個の 8 面体による正 4 面体状クラスター．外側の 4 個の正 8 面体のみに注目すると，これは「パイロクロア・ユニット (pyrochlore unit)」の構造である．

6 クラスター 115

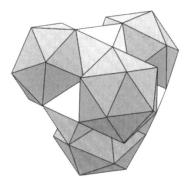

図 6.24 クライナーとフランゼンの L ユニット．5 個の 8 面体と 4 個の 20 面体のクラスター．

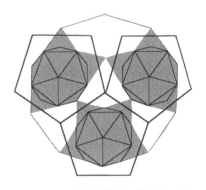

図 6.25 10 角形準結晶の典型的な準単位胞を 10 回軸に沿って見た図．

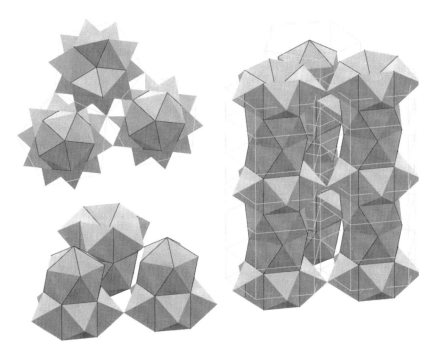

図 6.26 コカインとウィドン（Cockayne & Widom 1998）によって提起された，「準単位胞」を用いた 10 角形 Al-Co 模型（Lord & Ranganathan 2001a）．2 重 20 面体の基本構造が 5 個の 8 面体による環によって結合されている．

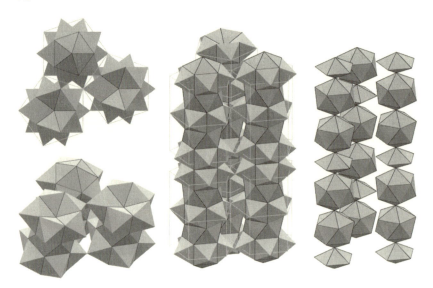

図 6.27 準単位胞で構成された 10 角形 Al-Mn のリー模型（Li 1995）. 20 面体と重 5 角錐による基本構造が 8 面体の環によって連結されている.

そのまわりに 4 個の 20 面体を図 6.24 のようにもつクラスターとみることができる.

こういった 20 面体と 8 面体の間の特徴的な関係は, 準結晶の構造においても見ることができる. 面接触で連結した 20 面体と 8 面体の非周期的ネットワークについては, オーディエとギヨーが Al-Mn 準結晶の正 20 面体構造模型に関連させて論じている（Audier & Guyot 1986）. その場合の正 20 面体は, 菱面体タイルの 4 頂点と扁長タイルの内部に位置していて, 20 面体と 8 面体がうまく接合し合って非周期ネットワーク構造が形成される.

他方 10 角形準結晶のパターンは, 20 面体, 2 重 20 面体, あるいは重 5 角錐を重ねた柱体を基本構造にもつ場合がある. このような基本構造は, 三つまとまって図 6.25 のような 10 角形「準単位胞」を作る（Lord & Ranganathan 2001a）. それを 3D 表示したものが図 6.26 と図 6.27 であり, 柱体どうしは結合部分の「8 面体」によって連結されている.

それに対して Al-Ni-Co の 10 角形準結晶に対する本来のグンメルト型模型（Steinhardt et al. 1998）における反復単位は 2 重の原子層のみであって, 幾何学的な解釈もここでの解釈とは少し異なっている. ロードとランガナサ

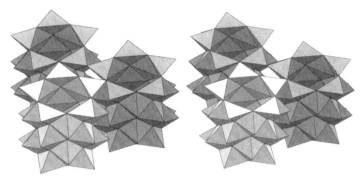

図 6.28　Al-Ni-Co の準単位胞模型の立体視画像．原子は反正 5 角柱と 4 面体の柱体構造の頂点（および図では省略してあるが 5 角形の中心）に位置する．

ンは，図 6.25 の 3 枚の小さな正 10 角形は反正 5 角柱による柱体と解釈している．ただし，そのとき図中の大きな正 10 角形を，スタインハートら (Steinhardt et al. 1998) における「準単位胞」としてではなく，τ^{-1} 倍だけ小さな正 10 角形とみなす．こうした反正 5 角柱による柱体は，図 6.28 のように，8 面体ではなく 4 面体で結合されている (Steurer et al. 1993)．

6.8　30 面体クラスター

ペンローズの菱形パターンを 3D に拡張することによって菱形 30 面体が現れるが，それについてはマッカイが準結晶理論の発展過程で指摘してきた (Mackay 1987)．その論文では，結晶模型として，タイリングのパターンによる説明よりも，正 20 面体対称性をもつ原子クラスターに基づく説明の方が適切であることが指摘されている．

バーグマン・ユニットのまわりを大型の菱形 30 面体クラスターが囲む構造は，「R 相」（図 6.12）の特徴となっている．20 面体準結晶相である「T2 相」の構造はこの R 相の構造と密接に関連していて，T2 相の模型は，相互貫入する 30 面体の組み合わせから準周期性が導かれることを理解するうえで重要である．オーディエとギヨーの模型では，R 相クラスターに対応する大型の 30 面体の中心を，通常の 3D タイリングにおけるコワレフスキー・ユニットの頂点に置く (Audier & Guyot 1988)．ただし，コワレフスキー・

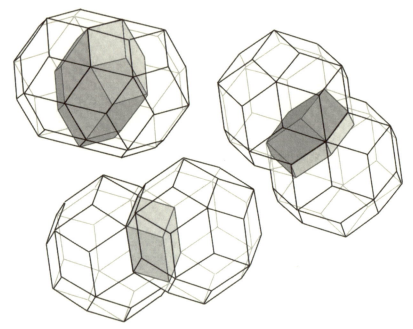

図 6.29 菱形 30 面体が頂点を共有して相互貫入する様子．2 個の 30 面体が 5 回軸（左上），2 回軸（右），あるいは 3 回軸（左下）のどれに沿って並ぶかによって，重なり部分はそれぞれ菱形 20 面体，菱形 12 面体（第 2 種），扁平菱形 6 面体になる．この他に 2 回軸に沿って並ぶ場合は単に菱形面を共有するものがある．

ユニットの辺は 30 面体の辺の τ^3 倍である．

それに対してロードらによって提唱された模型では，30 面体のクラスターの中心は，τ^3 コワレフスキー・ユニットの頂点ではなく，そのユニットの辺および扁長ユニットの長い方の対角線をそれぞれ黄金分割する点に置かれる（Lord *et al.* 2000; 2001a）．そのとき菱形 30 面体が相互貫入する様子を図 6.29 に示す．隣接する 30 面体の中心間距離は，30 面体の 1 辺を単位として，2 回軸，3 回軸，5 回軸に沿って相互貫入する場合，それぞれ次表

軸	距離
2'	$2\tau^2$
2	2τ
3	$\tau^2\sqrt{3}$
5	$\gamma = \sqrt{2+\tau}$

のようになっている[*5]．これらの長さをもつ立体図形は，「ゾームツール」（Zometool）[*6]を用いると容易に作ることができる（Baer 1970; 1984; Booth 1992; Hart & Picciotto 2002）．ゾームツールは正20面体の対称性をもつノードと呼ばれる多面体状の連結玉と，ノード間を2回軸，3回軸，5回軸方向に結合するストラットと呼ばれる棒でさまざまな多面体を作る組み立て式構成玩具で，ピアス（Pearce 1978）による立方体対称性に基づく汎用ノードシステム（Universal Node System）と類似している．ゾームツールのストラットには，2，$\sqrt{3}$，γの長さを基本として，さらにτのべき乗倍の長さのものがある．

6.9 クリスタロイド

「理想」的な結晶は3重周期的に無限に広がっている．しかし，実際の結晶には境界面があって，表面または表面近傍では，バルク材料物質内部とは性質が異なる．つまり，小さなクラスターにおける原子や分子の配置と，大きな結晶の内部における原子や分子の配置とは意味が異なる（Johnson 2002）．

この問題に対する取り組みが近年活発になっていて，アラン・マッカイは「クリスタロイド（Crystalloid）」という用語を作った（Mackay 1975）．これは同じかたちのサブユニットがその自由エネルギーが最小になるように集められ，一意的，規則的，再現可能に構成されるもので，微結晶とみなせないクラスターを指す．微結晶は微小な結晶であり，表面の存在によって変形を受けてはいるものの同じ物質が無限に広がれば通常の結晶構造になる．それに対して，クリスタロイドは230種の空間群には含まれていない対称性をもちうる．

無限個の同一半径の球の場合，その配置が最適かどうかを定めることは容易である．つまり最大密度の場合が最適になる．したがって最適配置はfcc配置である（Kepler 1619, 邦訳10; Hales 1996; 1997）．ところが，有限個の球の場合，密度をはっきり定義できず最適性には他の概念を用いる必要が

[*5] 訳注：2回軸の場合，2個の菱形30面体が第2種菱形12面体を共有して交わる場合（2）と1枚の菱形の側面を共有して交わる場合（2'）がある．

[*6] 訳注：日本ではゾムの愛称で発売されている．

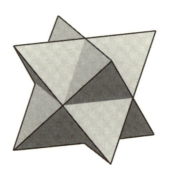

図 6.30　ケプラーの星形 8 面体.

あり，そのために通常 2 粒子間ポテンシャルをさまざまに選んだときの，クラスターのエネルギーを最小にする方法が用いられる[*7].

それについての最初の厳密で系統的な研究がホアとパルによって行われた（Hoare & Pal 1971）．そこでは，コンピューターシミュレーションで頻繁に用いられる最も簡単なレナード-ジョーンズ・ポテンシャル，つまり $(\sigma/r)^6 - (\sigma/r)^{12}$ のポテンシャルが用いられた．その結果，エネルギーの最小配置を球の配置によって近似的に置き換える多面体構造が定められた．たとえば，5 原子の場合安定な配置は重正 3 角錐と正 4 角錐（正 8 面体の半分）の 2 種類あり，そのうちでも正 4 角錐のエネルギーの方が低い．実は，これはレナード-ジョーンズ・クラスターのうちで唯一，複合 4 面体構造にならない例である．

この原子の数 N は，増えるほど，安定配置の種類も増加する．

$N = 6, 7, 8, 9$ の場合のエネルギー最小配置は，まさに（それぞれ 3, 4, 5, 6 個の正 4 面体から成る）ブールデイク-コクセター螺旋に対応する．$N = 13$ の場合，正 20 面体（とその中心から成る）配置が安定で，立方 8 面体が準安定になる．

ホアとパルは，与えられた対称性を種として，少しずつ原子を加えていって安定な成長系列を調べた．たとえば，原子数 $N = 7$ の重 5 角錐から始めると，対称性をもつ安定状態が，$N = 12, 13$（正 20 面体），19（2 重正 20 面体），24, 33（正 12 面体を正 20 面体が囲む状態で，バーグマン・クラス

[*7]　訳注：ポテンシャルというのは，置かれている位置に従って原子がもつ位置エネルギーのことで，2 個の原子が相互作用し合うときは 2 体ポテンシャルという．

ターに似ている）に現れる．正4面体（$N=4$）から始めると，$N=8$（「星形8面体」，図6.30），26，38，66においても正4面体の安定な対称性が出現する．

　ホアとパルは最密充填構造についても考察していて，面心立方最密充填（正8面体と正4面体による充填）の部分領域がポテンシャルから受ける影響を考慮した．たとえば，この最密充填の正8面体の隣り合う2枚の面に正4面体を配置した8原子配置において，ポテンシャルの効果によって，バナールのデルタ12面体クラスター（図4.9(e)）が出現するというおもしろい結果が示された．

　このようにさまざまなポテンシャルのもとで形成される「微小」クラスターについて，大量の研究知見が蓄積してきている．たとえばインターネット上の広範囲のデータベースとして，Cambridge Cluster Data Base をあげることができる．バーミンガム・グループの業績に関する情報は，Birmingham Cluster Data Base から得ることができる．ジョナサン・ドワイエのグループの業績についてもぜひ触れておかねばならない．（レナード－ジョーンズ型とは違ったポテンシャルのもとで形成される）複合4面体クラスターに関して，ドワイエとウェールズは，特に安定なクラスターを与える原子数，つまり「魔法数」について強調している（Doye & Wales 2001）（原子核が特に安定であるときの核子数，つまり陽子数や中性子数を「魔法数」と呼ぶことに倣っている（Pauling 1965））．また複合4面体クラスターにおける回位ネットワークが6角環によって特徴づけられていることも示された．フラーレン分子（C_{60}）のクラスターも調べられている（Doye & Wales 1996）．

　マノハランらは N 個の同一半径の球のクラスターを実際に調べ，その結果，2体ポテンシャルを用いるエネルギー最小化計算の予測と異なり，N の値についての規則性を示す特徴的な形状が得られた（Manoharan et $al.$ 2003）．それは，液滴表面に付着した同一の大きさをもつ球形ポリマー粒子が液滴の蒸発にともなって凝集してできるクラスターである．こうして得られたクラスター形状は，$N=11$ までは，密度分布の2次のモーメント（球とクラスター重心の距離の平方和）が最小になる場合に対応することが示された．2次のモーメントが最小になるときのクラスター形状における球配置は，スローンらによって $N=35$ まで理論的に求められている（Sloane et

al. 1995).

　クラスター化の類型は引き起こす条件の特徴によって大きく変わる．クラスター化をシミュレートするための2体ポテンシャルの取り方は多種多様である．このようなさまざまなクラスター化の類型の比較，検討がアティヤとサットクリフによって進められている（Atiyah & Sutcliffe 2003）．

7

螺旋構造

円柱の表面上を，円柱の中心軸と一定の角度をなしながら巻き付いて進む3次元（3D）曲線を弦巻線（ヘリックス）といい，他方，平面上の固定点を中心として，一定の速度で回転するとともに一定の速度で伸びる半径のもう一方の端点が描く2次元（2D）曲線を渦巻線（スパイラル）という[*1]．よく知られた渦巻線には等角螺旋あるいは対数螺旋があるが，これは固定点から引いた半径と一定の角をなす2D曲線である．弦巻線と等角螺旋は「コンチョ螺旋」（concho-spiral）あるいは「錐状螺旋」の極限になっている．錐状螺旋というのは，円錐の軸に垂直な平面上の等角螺旋を円錐表面上に射影して得られる円錐表面上の曲線のことをいう．

こうした螺旋が示す「自己相似性」は，自然界における形態成長においてよく見られる．ダーシー・トムソンは著名な著書『生物のかたち』（*On Growth and Form*, Thompson 1917; 1996，邦訳 21）において，貝殻や羊，山羊，レイヨウの角などの生物学的な例を採り上げて，その形態を数学的な観点から考察した（1992 年の要約版では，植物の構造における等角螺旋と，フィボナッチ数を取り扱っている葉序に関する章が除外されていて残念である）．それほど有名でないが，ジェームス・ベル・ペティグルーの『自然のデザイン』（*Design in Nature*, Pettigrew 1908）も参考になる．クックの『生命の曲線』（*The Curves of Life*, Cook 1914; 1979）は，自然界の渦巻きと螺旋についての魅力溢れる調査研究である．いわゆる「螺旋階段」は，人工的に作り出した螺旋の身近な例であるが，クックはその他に多くの例を示している．ガイカの著作でも同様の題材が手短に（いくぶん空想的にではあるが）扱われている（Ghyka 1946; 1977）．

7.1　螺旋軸

どんな結晶物質も，その空間群が螺旋変換を含むならば，当然螺旋構造を

[*1]　訳注：本訳書では弦巻線と渦巻線を合わせて螺旋と呼ぶ．

もっている[*2]．初期の結晶内部構造の分類では，点群の対称性における回転は螺旋変換の一部であるという認識や，鏡映対称性自体が映進変換の一部であるという認識はなかった．螺旋軸はキラルな空間群[*3]においては特に重要である．キラルな結晶性固体には右手系と左手系の二つの形態があり，それらを鏡像異性体と呼ぶ．その例として図 7.1 に有名な β 石英の構造を示す．

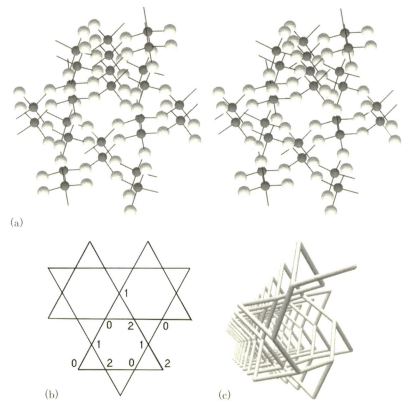

図 7.1 3通りに表された β 石英の構造．(a) 球・スティック模型の立体視用画像．黒球はケイ素原子，白球は酸素原子を表す．(b) 螺旋軸方向に沿って見た平面図．酸素原子は省いてある．頂点に付けた数字は $c/3$ を単位とした z 座標を示す[*4]．(c) Si-O-Si の結合を表す丸棒による網目構造．右巻きの3角形螺旋と，左巻きの6角形2重螺旋が見られ，対称性 $P6_222$ をもつ．これの鏡像体，つまり逆巻きの対称性は $P6_422$．

---

* 2　訳注：本訳書では，スクリュー変換を螺旋変換，スクリュー軸を螺旋軸と呼ぶ．
* 3　訳注：左右対称でない空間群．
* 4　訳注：c は z 軸方向の単位長さ．

7.2 多面体螺旋

3重周期構造において,1本の螺旋軸についての螺旋変換とは,通常は,軸に沿った並進操作とその軸の回りの角 $2\pi/n$ ($n=2, 3, 4$, または 6) の回転操作を合わせた変換をいう.これをもっと幅広く考えると,興味深い幾何学的な構造が見られる.その例の一つがブールデイク-コクセター (B-C) 螺旋 (図 4.7) である.この場合,1個の頂点から次の頂点に移動することによって,新しい正4面体ができる回転角は $\cos^{-1}(-2/3)$ であり,これは 2π の無理数倍なので,非周期性を与える.リディンとアンダーソンは,これを一般化してプラトンの立体が面を共有しながら連結する構造を考え,それを「正多面体螺旋」と定義している (Lidin & Andersson 1996).ただし,立体障害を引き起こすことがないもの(つまり,自己交差しないもの)だけを列挙していて,正4面体螺旋 (B-C 螺旋) と立方体螺旋1個ずつ,正8面体螺旋,正12面体螺旋,および正20面体螺旋2個ずつが検討されている.そのうち正8面体螺旋における正8面体の頂点がB-C螺旋における正4面体の辺の中点になっているもの,および図 7.2 のようにその正8面体に内接する正20面体でできる正20面体螺旋についてはすでにピアスが気付いていた (Pearce 1978).

一般に,もし同一平面上にない4点とそれらを移した位置が与えられれば,回転や鏡映といったどんなユークリッド変換も一意的に定まる.その簡単な行列形式による説明については,ロードとランガナサン (Lord & Ranganathan 2001b) およびロード (Lord 2002) を参照されたい.また,相互貫入した正20面体によるねじれ柱状立体など,多面体螺旋に関する考え方の拡張も興味深い (図 7.3).

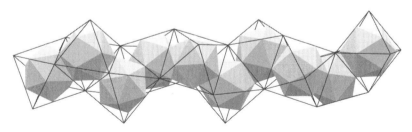

図 7.2 正8面体螺旋に内接する正20面体螺旋.

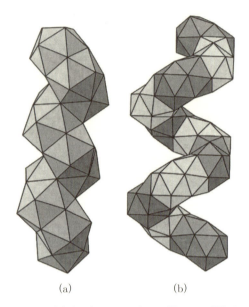

(a)　　　　　　　(b)

図 7.3　(a) 相互貫入する正 20 面体による螺旋立体．(b) 2 重正 20 面体の 5 回回転螺旋変換でできる螺旋立体．

7.3　多面体による環状立体

　ユークリッド変換によって次つぎと生み出される正多面体を，面を共有させながら順に連結した構造については，たとえ自己交差などの立体障害を含むものであっても，除外せずに考察の対象とすべきである．本節では特に，変換が螺旋変換ではなく単なる回転や回転したあと鏡映する回映になっている場合を考え，その回転角が $2\pi/n$（n は整数）からわずかに異なるときにも，構成多面体をわずかに変形させることによって一周して環ができ上がる例を示す．

　面で連結する 5 個の正 4 面体や 3 個の正 12 面体の環についてはすでに触れた．その他にも，図 7.4 のような例がある．(a) の 20 個の正 4 面体環は 2 個の正 4 面体（正 3 角錐）を側面で接合した重正 4 面体（重正 3 角錐）から 10 回回映によって作られ，中心の空隙部分は反正 5 角柱になっている．この場合，環を囲む辺は 1 個の反正 5 角柱と 3 個の正 4 面体で囲まれていて，反正 5 角柱と正 4 面体の 2 面角をそれぞれ θ および $\theta_{\rm T}$ とすると，環を囲む辺のまわりの角度は $\theta + 3\theta_{\rm T} = 349.8°$ になり，ほぼ完全接触の状態に近

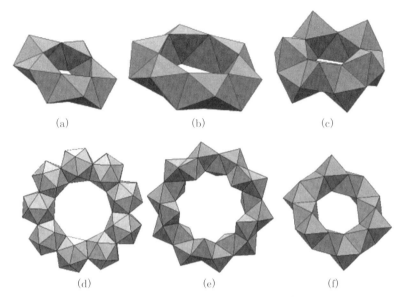

図7.4 正多面体に近い多面体で構成される環状構造の例．(a) 20個の4面体環，(b) 24個の4面体環，および (c) 10個の8面体環．以上はいずれも回映操作で生成される．(d) 回転操作で生成される9個の20面体環．点群$\overline{3}2$で生成される (e) 20個の8面体環，および (f) 12個の8面体環．最後の例 (f) は正確な正8面体で構成される．

い．(b) 24個の正4面体環の場合，$\theta + 3\theta_T = 359.2°$ であり，さらに密着に近くなっている．(d) の9個の正20面体環では面のなす角度の欠損は1.8°にすぎない．それに対してB-C螺旋（図4.7）における連続する6個の正4面体部分に16回回転を施すと，96個のほぼ正確に近い正4面体でできる環が得られることが，ウォルター（Walter 2000）によって発見されたことを，ロード（Lord, 2002）が報告している．

7.4　周期的4面体螺旋

正4面体でできるB-C螺旋は非周期的であって並進対称性をもたない．これは，B-C螺旋を作る螺旋変換の回転角θが$\cos(\theta) = -2/3$を満たして2πの無理数倍になることによる．しかし正4面体を少し変形させると周期的に繰り返される螺旋構造を作ることができる．つまり，$\cos^{-1}(-2/3)/2\pi$の有理数近似は$1/3, 3/8, 4/11, 11/30, ...$であり，たとえば，$8\theta$（約1062.4°）

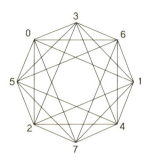

図 7.5 周期的 4 面体螺旋. 数字は頂点の z 座標を表す.

は $3 \times 360° = 1080°$ に近い値をもつため,連続する 8 個の正 4 面体が周期的な構造をもつには,1 個の正 4 面体当たり 2.2° だけ捻ればよい.図 7.5 は,その場合の頂点の回転の様子を螺旋軸に沿って見たものである.こうしてできる周期的な 4 面体螺旋を変形して,図における奇数番目の頂点を少しだけ軸に近づけるようにした 4 面体螺旋 3 個をその 2 個ずつが面を共有して互いに直角をなすように配置することができる(図 7.6).この構造を基に,(図 4.15(c) の円柱を 4 面体螺旋に入れ替えたような) 4 面体螺旋の柱体積みを作ることができる.

　β-Mn の構造を調べた結果によると,マンガン原子はこの特徴ある構造の頂点位置を占めている(Nyman *et al.* 1991).球の配置という観点からすると,この構造には半径が異なる 2 種類の球が配置される.したがって β-Mn

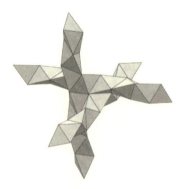

図 7.6 面を共有しながら互いに直角をなす 3 本の 4 面体螺旋.

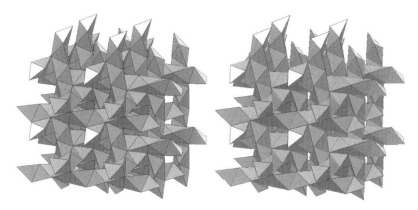

図 7.7　β-Mn 構造の立体視用画像.

は大きさが異なる 2 種類の球からできている二成分合金であるが，2 種類とも同じマンガンである！　図 7.7 に β-Mn の立体視用の図を示す．偶然にも，これ以上頂点を加えなくてもさらに 4 面体をはめ込むことができることに注目したい．

7.5　周期的 20 面体螺旋

図 7.3(b) の構造は 5 回螺旋変換によって作ることができる．これを少し捻ると 6 個の 2 重 20 面体が繰り返される 6 回螺旋変換による周期構造ができる．それに関連して，ここでは，20 面体の中心と頂点が作り出す 2 種類の螺旋構造を考える．頂点を共有し合う 20 面体の（互いに貫入し合わない）周期的螺旋と，面を共有し合う 20 面体の（互いに貫入し合わない）周期的螺旋である．このかたちは，ボストレムとリディンによって解析されたコバルト亜鉛相の構造にきわめて似ていて，図 7.8 のように，頂点に配置された Zn 原子が中心の Co 原子を囲む 20 面体による頂点共有された 2 重螺旋になっている（Boström & Lidin 2002）．

この螺旋は 20 面体ユニットが 6 個単位で繰り返してできている．さらに，この螺旋は図 7.9 のように面を共有し合いながら三つ束になって集まり，$P6_2$ の対称性をもつキラルな結晶相ができる．ここに見られる 20 面体は実は完全な正 20 面体である．しかし，三つの束ができるとき面を共有している螺旋同士を結びつけている 20 面体は，正 20 面体のままでは互いに貫入

し合うため，実際には正20面体から相当ずれている．このようにして，20面体同士が次つぎと結合していく．

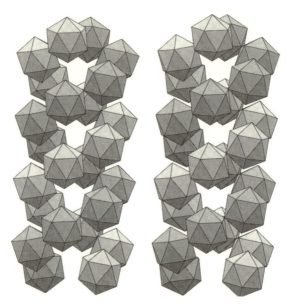

図7.8　δ-Co_2Zn_{15} における20面体2重螺旋の立体視用画像 (Boström & Lidin 2002).

図7.9　20面体2重螺旋同士が面を共有しながら結合する様子を6回螺旋軸方向から見た図．

7.6 螺旋状3角面体

B-C 螺旋の頂点,辺,面は無限多面体を構成する.対称群は螺旋変換と,正4面体の頂点と辺の中点,あるいは2本の辺の中点を通る線のまわりの2回回転対称をもつ.頂点推移的かつ面推移的であるという点では,ほぼ正多面体的である.

この B-C 螺旋の模型を作るには,紙に正3角形による 3^6 タイリングを描き,3角形1個,2個あるいは3個の幅をもつ帯状に切り取って,辺で折って対辺をつなげればよい[*5].

こうしてできる B-C 螺旋は「(1, 2, 3) 螺旋状3角面体」(triangulated helical polyhedron) と呼ばれ,(1, 2, 3) THP と書く.これを一般化することは容易である.図 7.10 に (3, 5, 8) THP を示す.一般に,THP は記号 (l, m, n) で与えられて,整数 l, m, n は $0 \leq l \leq m \leq n = l+m$ を満たす.

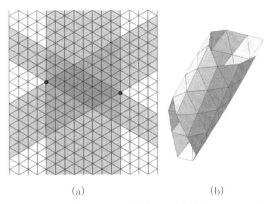

(a)　　　　　　(b)

図 7.10 THP (3, 5, 8) の作り方.(a) 影をつけた3枚の帯を,別べつに,切り抜き,黒丸で示した点が重なるように対辺同士つないで円柱状にする.(b) でき上がった無限多面体の部分[*6].

[*5] 訳注:図7.10の3本の帯を幅が3角形1,2,3個分の帯に置き換え,その帯を別べつに切り取って黒丸印が一致するように円筒形に折り曲げると3角形ばかりでできた同じ筒が3本できる.

[*6] 訳注:3種類のどの帯を用いても同じ THP が得られる.

各辺は螺旋を描くが，幅 l，m，n の帯に見られる螺旋をそれぞれ $\{l\}$型，$\{m\}$型，$\{n\}$型と呼ぶ．

$(0, m, m)$，$(m, m, 2m)$ という特殊な場合を除き，THP はキラルつまり対掌的であり，慣例により，$\{l\}$型と $\{n\}$型が「右手系」，$\{m\}$型が「左手系」となる螺旋を描くものを $(l, m, n)\,R$，その鏡像を $(l, m, n)\,L$ と呼ぶ．

THP の頂点は円柱状の最密球配置の球の中心となり，その計量的な性質は (l, m, n) の整数値の組で定まる（Erickson 1973; Sadoc & Rivier 1999b; Lord 2002）．この円柱状最密配置は，ウィルス，鞭毛，細胞微小管など，さまざまな生物学的微小構造において見ることができる（Erickson 1973）．巨視的には，植物の茎における葉の配列形成も柱状充填によって知ることができる（van Iterson 1970）．この話題については 7.9 節で再び取り上げる．

サドックとリビエはタンパク質に見られる螺旋のうち，$(1, m, m+1)$ THP の $\{1\}$型螺旋について，

$m = 2 : 3_{10}$ 螺旋

$m = 3 : \alpha$ 螺旋

$m = 4 : \pi$ 螺旋

$m = 5 : \gamma$ 螺旋

と区別している（Sadoc & Rivier 1999b）．タンパク質螺旋に関する構造や名称の詳細についてはレーニンジャーらによる（Lehninger *et al.* 1993，邦訳 11）．このモデルの $\{1\}$型螺旋はポリペプチド鎖を表している．THP の他のすべての辺は螺旋配列の基礎になる水素結合に対応する．

7.7　螺旋構造と $\{3, 3, 5\}$

第 3 章の 7 節で述べたように，正多胞体 $\{3, 3, 5\}$（4D 正 20 面体）は 600 個の正 4 面体で構成されている．すべての辺は 5 個の正 4 面体に共有され，すべての頂点には 20 個の正 4 面体が集まっている．すべての辺の長さは等しく，その値が $1/\tau$ のとき，120 個の頂点はすべて超球面 $x_1^2 + x_2^2 + x_3^2 + x_4^2 = 1$，つまり 3D の S_3 上にある．標準的な頂点の直交座標は

$$\frac{1}{2}(\pm 2\ 0\ 0\ 0), \quad \frac{1}{2}(\pm 1 \pm 1 \pm 1 \pm 1) \quad \text{および} \quad \frac{1}{2}(\pm \tau \pm 1 \pm \sigma\ 0) \quad (7.1)$$

の偶置換となる[*7]. τ は黄金数 $\tau = (1 + \sqrt{5}) / 2$ であり,$\sigma = -\tau^{-1} = (1 - \sqrt{5}) / 2$,つまり,$\tau$ と σ は $x^2 - x - 1 = 0$ の解となっている(Coxeter 1963).

この {3, 3, 5} には螺旋構造が含まれていて,E_3 空間に射影するときタンパク質の構造,あるいはタンパク質の折り畳みの性質を明らかにするためのヒントが含まれている(Sadoc & Rivier 1999; Sadoc 2001).これは,E_4 における固定点をもつ等長変換群(いい換えると,S_3 における等長変換群)が螺旋変換を含んでいることの表れである.この群の性質を調べる上で,「四元数」の代数(Hamilton 1853; Tait 1873; Du Val 1964)がきわめて明快な方法を与える.

サドック(Sadoc 2001)によると,四元数の変換によって 1 個の頂点から生成される 30 個の頂点はコクセターの多角形螺旋を構成する.そのうち 4 個の連続する頂点はどれも {3, 3, 5} における正 4 面体胞の頂点になっている.このようにして,30 個の正 4 面体による閉じた B–C 構造が得られる(Coxeter 1985).さらに,どの B–C 構造も,他の三つの B–C 構造と {3} 型螺旋を共有していて,その多胞体内部での構造を射影または展開して E_3 で表現すると,(図 4.8 のように)中心軸に沿ったテトラヘリックスのまわりに捻れながら絡みつく 3 本のテトラヘリックスの形態になる.これは,コラーゲンの構造における α 螺旋の構造に密接に関係している(Sadoc & Rivier 1999; Lord & Ranganathan 2001b).

7.8 ナノチューブ

螺旋状 3 角面体(THP)の双対は円柱面上の 6 角形タイリング 6^3 である.あるいは,$m + n$ が 3 の倍数のとき,(l, m, n) 型 THP における頂点の 3 個に 1 個の割合で頂点を省略することによって,等辺の 6 角形のすべての頂点が円筒面上にあるようなネットに変形できる.図 7.11 にその一例を示す.THP の位相的および計量的性質は,このようにナノチューブの性質と関係している.カーボンナノチューブについていえば,円筒面状に巻いたグラファイト層とみなすことができ(Iijima 1991; Hamada *et al.* 1992; Tanaka *et al.* 2000),単層の場合もあれば,多層の場合もある.そのうち欠陥のな

[*7] 訳注:複号は任意に組み合わせる.1 番目の(±2 0 0 0)の成分は任意の置換をすべてとる.3 番目の(±τ ±1 ±σ 0)については偶置換を施したものをすべてとる.

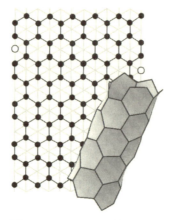

図7.11 ナノチューブの幾何学模型 CHL（円筒六方格子, 7.10 節を参照）における 6 角形の円筒状ネット.

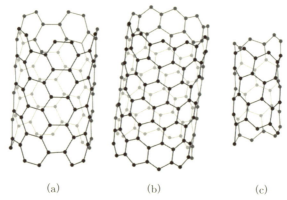

図7.12 ナノチューブ. (a) チェア型 [5, 5], (b)「ジグザグ」型 [0, 10], (c)「キラル」型 [1, 5].

い単層ナノチューブは, 整数の組 [M, N] によって分類することができる. ここで M, N は, 6 角形が辺を共有し合いながらナノチューブのまわりを左回りと右回りに巻き付いている螺旋の数に対応する（図 7.12）. このようなナノチューブは,「チェア」型と「ジグザグ」型を除けばキラル構造をもっている.

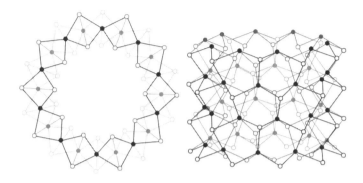

図 7.13 ジグザグ型のジスルフィド・ナノチューブ構造.

　第 2 章でグラファイトシートやフラーレンの 6 角環の間に入り込む 5 角形や 7 角形の欠陥が曲率に及ぼす影響について考えた．同じことがカーボンナノチューブでも起こりうる．簡単な例としては，円筒の開口が欠陥のために閉じた「半フラーレン」（つまり，6 個の 5 角形リングによる半球の形状）状態がある．同数の 5 角形と 7 角形がナノチューブの長さ方向に沿って配列されても円筒のトポロジーには影響はないが，長さ方向に沿って円筒の半径が変化したり（Lord 2002），また円筒が曲がることもありうる（これは，円筒の一方の側において正の曲率，他方の側で負の曲率をもつことによる）．テロネスはグラファイトシートにおける 5 角形，7 角形，8 角形の欠陥が曲率に及ぼす影響を調べ，240 個の炭素原子による環状配列や螺旋状円筒構造など多くの仮説的構造を模型化した（Terrones & Terrones 2003）．これらの構造はカーボンナノチューブにおいて実際に発見されている（Amelinckx et al. 1994）．
　グラファイトの他にも，フラーレンに似た球状構造あるいは円筒状構造を示す層構造物質が知られている．ナノチューブは，モリブデンやタングステンのジスルフィド（Tenne et al. 1992; Margulis et al. 1993; Tenne et al. 1998）や NbS_2（Seifert et al. 2000; Nath & Rao 2001）においても形成されうる．これらの物質における 6 角形シートは 3 層構造をもち，金属層が硫黄原子の二つの相にはさまれている．その構造形態もテロネスによって説明された（Terrones & Terrones 2003）．
　図 7.13 は「ジグザグ」型ジスルフィド・ナノチューブの構造を示してい

る．この構造では金属原子と硫黄原子が交互に並ぶため，構成される環は偶数個の原子によるものだけである．したがって，5角形では円筒端口を閉じることができず，閉じられるのは3枚の4角形が入る場合である．テロネスらは4枚の4角形と1枚の8角形によってチェア型ナノチューブに蓋をすることを試みている（2.11節における$c=3$タイリングの式で$2F_4-2F_8=6$となり正の曲率を作ることで半球が可能になる）（Terrones $et\ al.$ 2004）．

7.9　植物に見る黄金数

　多くの植物の葉は幹のまわりに螺旋を描くように付いていて，幹の生長点で順に大きくなっていく．幹をまわりながら葉が付いていく理由は明らかで，上の若い葉の影が下の古い葉の成長をできる限り邪魔しないように日光を効率よく集めるためである（Cook 1914）．

　螺旋の回転角を$2\pi\alpha$とすると，大多数の植物における螺旋的な配置においてαの値は有理数であり，驚くべきことに，それはフィボナッチ数を一つおきにとった比

　　2/5，3/8，5/13，8/21，...

に等しいことがわかっている（一つおきではなく，フィボナッチ数の隣り合う項の比でも構わない．たとえば，時計回りに角度$2\pi\times(3/8)$回転することは，反時計回りに角度$2\pi\times(5/8)$回転することと同じだからである．）

　植物構造に現れるフィボナッチ数は，いろいろなところに見ることができる（図7.14）．たとえばパイナップルや松かさに見られる螺旋構造では，左巻き5重螺旋，右巻き8重螺旋，左巻き13重螺旋が同時に見られる．ヒナギクやヒマワリの頭花に見られる小花の並びでは，互いに交わる3種類の渦巻きが同時に存在している．すなわち，一方の方向に巻いているF_n重の渦巻き，逆向きに巻いているF_{n-1}重とF_{n+1}重の渦巻きで，これらF_{n-1}，F_n，F_{n+1}はフィボナッチ数列における連続する三つの項を表す．成長したヒマワリでは，$(34, 55, 89)$あるいは$(55, 89, 144)$くらいまでの3項の組み合わせが実際に見られる．

　こうした螺旋の葉序の問題についてはチャーチも詳しく調べていて，その

7 螺旋構造　　137

図 7.14 (a) 松かさにおける反時計回りの 8 重と時計回りの 13 重の螺旋．版権，掲載許可：Istvan Hargittai．(b) ヒナギクの小花における反時計回りの 21 重と時計回りの 34 重の螺旋．掲載許可：Radoslav Jovanovic．(c) (34, 55, 89) パターンを見せるヒマワリの頭花．Thompson, *On Growth and Form*, 1917; 1942 より．掲載許可：Cambridge University Press．

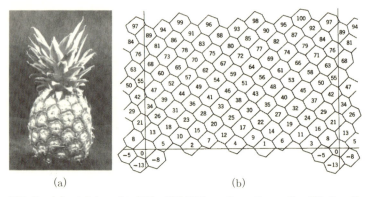

図 7.15 (a) パイナップル表面の単位領域．5重，8重，13重の螺旋状に配置されている．掲載許可：Radoslav Jovanovic (b)「フィボナッチ螺旋」上の点に対するディリクレ領域．*Introduction to Geometry* (Coxeter 1969; 1989, 訳 1) より．掲載許可：John Wiley and Sons Inc.

中で萌芽が成長点（頂端分裂組織）上に空いた隙間を選んで連続して現れるという仮説のもとで螺旋パターンが得られた（Church 1904）．その結果，$2\pi/\tau^2$ という回転角の重要性が示された．

こうした現象は植物学上の謎であり，何らかの数学的な説明が必要となる．

図 7.15 はコクセターの『幾何学入門』（*Introduction to Geometry*, Coxeter 1969; 1989, 邦訳 1）から取ったもので，円筒を母線に沿って切り開いた状態を表す．1, 2, 3, ... で表される6角形は，螺旋状に均等に並ぶ点に対するボロノイ領域あるいはディリクレ領域である．連続する二つの点が円筒の軸のまわりで作る角度は $2\pi\tau^{-1}$（約 222.49°）[*8] あるいは逆回りに角度を取ると $2\pi\tau^{-2} = 2\pi(2-\tau)$（約 137.508°）と考えることもできる．この場合の単一の螺旋を見つけるのは難しいが，5, 8, 13 ずつ離れた数による3種類の螺旋状の6角形の並びは簡単に見分けることができる．したがってこのような数字の書かれた模様はパイナップルの構造を簡単に見ることができる模型となっている．n 番目の点の円筒座標は

$$(\varphi_n, z_n) = (2\pi n/\tau^2, nd)$$

で与えられる．ここで，d は連続する2点の縦座標の差を表す．

こうした螺旋の葉序に対して数学的な説明を初めて試みたのはオーギュス

---

*8 訳注：原著では1周分重複する $2\pi\tau$（約 582.49°）となっている．

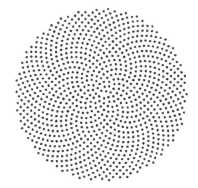

図 7.16　フィボナッチ螺旋（$n \leq 1000$）．

ト・ブラベおよびルイ・ブラベであり，幹のまわりの葉の配置を円筒状の格子として捉え，最初と2番目の螺旋の数の列に関係する無理数によって発散角を定義した（Bravais & Bravais 1837）．

図 7.15 において縦軸方向の尺度 d を変えると，ディリクレ領域の形状も変化する．たとえば，d を少しずつ小さくしていくと，$(5, 8, 13)$ パターンが $(8, 13, 21)$ パターンに遷移し，さらに続けるとこのパターンはさらに変化していく（これは次のように考えると理解し易い．図 7.15 において領域 0 の隣には領域 5, 8, 13 があり，d を少しずつ小さくすると，領域 21 は領域 0 に近づいていき，6 角形は 4 角形に変形していく．さらに進めると領域 21 は領域 0 に接し，領域 5 は領域 0 から離れる）．

コクセターによれば，(F_{n-1}, F_n, F_{n+1}) パターンが現れるのは

$$d = 2\pi/(F_n \tau^n)$$

のときである．そこで，植物の構造でなぜこの特別な角度 $2\pi\tau$（前述したように $2\pi/\tau$ や $2\pi/\tau^2$ でもよい）が現れるのかという謎が生じる．

この謎を解く鍵は，平面極座標

$$(r_n, \theta_n) = (\sqrt{n}, 2\pi n/\tau^2)$$

で表される点列，つまり「フィボナッチ螺旋」，別名「黄金螺旋」にある（図 7.16）．$r_n = \sqrt{n}$ というのは，任意の整数 n について，最初の n 点が半径 $\sqrt{n}$ の円に含まれていることを意味する．つまり一つのディリクレ領域あたりの

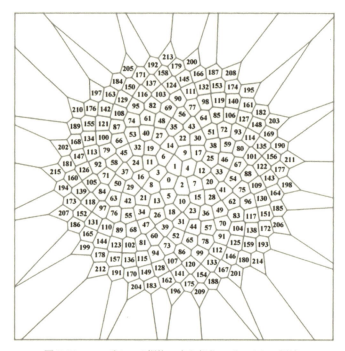

図 7.17　フィボナッチ螺旋の中心部分のディリクレ領域．

面積はほぼ一定となる（図 7.17）（実際の植物では指数関数的な生長が影響して，図 7.14(b) のヒナギクの例のように対数螺旋に近い渦巻きになる）．

　フィボナッチ螺旋の最も顕著な性質は，点分布の一様性である．それは明らかに，同一の単位領域を最も効率よく配置することに相当する．マイケル・ネイラーはこのフィボナッチ螺旋つまり黄金螺旋の性質を明快に説明した（Naylor 2002）．ここではその一部しか紹介することができないが，詳しくは原論文，さらにはマルゼックとカプラフ（Marzec & Kapraff 1983）およびカプラフ（Kapraff 1992）に示されている．それによると，図 7.16 のような黄金角 $2\pi/\tau^2$（$=2\pi(2-\tau)=$ 約 137.508°）で作られる螺旋分布の一様性には，それ以外の角 $2\pi\alpha$ で作られたパターンと比べていちじるしい特徴がある．もし α が有理数で，$\alpha = M/N$ と書けたとすると，$(n+N)$ 番目の点はすべて n 番目の点と同一の動径方向をもち，図 7.18 のように，N 本の放射状のパターンになってしまう．図 7.19 は $\alpha = \pi$ のときの分布を示している．注目すべきは，中心部分の七つの螺旋が π の有理数近似 22/7 に

7 螺旋構造　141

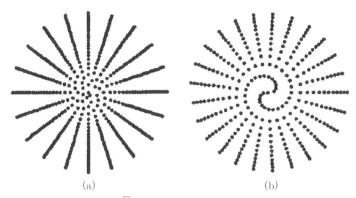

図 7.18 点 $(r, \theta) = (\sqrt{n}, n\alpha)$ の分布．(a) $\alpha = 3/20$ の場合．20 本の半直線上に分布する．中心部に 7 重の螺旋が見られる．これは，3/20 の値が $3/21 = 1/7$ に近いことによる．(b) $\alpha = 12/25$ の場合．25 本の半直線上に分布している．中心部に 2 本の螺旋が見られる．これは，12/25 の値が $12/24 = 1/2$ に近いことによる．Naylor (2002) から著者の許可を得て転載．

図 7.19 角度 $\alpha = \pi$ の螺旋 ($n \leq 10{,}000$)．Naylor (2002) から著者の許可を得て転載．

対応して現れるということである．一般に無理数の漸近近似は，連分数

$$a_0 + \cfrac{1}{a_1 + \cfrac{1}{a_2 + \cfrac{1}{a_3 + \cdots}}}$$

の部分項のかたちで与えられ，π については，$\{a_0, a_1, a_2, a_3, \ldots\} = \{3, 7, 15,$

図7.20 サボテンの螺旋葉序．曲面の座屈現象によると考えられる．写真掲載許可：Magdolina Hargittai．

1, 292, 1, ...} であり，π の近似値は，22/7, 333/106, 355/113, ... となる．113重の螺旋は図では中心から広がる半直線として見ることができる．106重の場合は，図でははっきりわからないが106重が現れるよりも先に113重が優先的に現れている．

黄金角の場合の螺旋上の点が一様に分布することの理由については次のように考えることができる．2.8節で示したように τ の連分数表示においては，$a_0, a_1, a_2, a_3, ...$ はすべて1なので，近似値の列は，(1, 2/1, 3/2, 5/3, 8/5, ...) となる．この列の τ への収束は実はすべての無理数の中でもっとも緩やかであり，このことが点分布の一様性に影響している（τ はこの意味ですべての無理数中で「最も無理数らしい」といえる）．

自然界でこういったパターンがどのように現れるのかをより深く理解するためには，化学的形態形成とその拡散速度の間の相互作用を微分方程式のかたちに取り込んだ動的問題を解くことが必要である．アラン・チューリングはこのような手法によって調査するパイオニアであった（Turing 1952）．チューリングはとりわけフィボナッチ螺旋的な葉序に惹きつけられていた．

チューリングの研究結果は出版には至っていないが，後にジョナサン・スウィントンの解説論文が出版されている（Swinton 2004）．

　シップマンとニューエルは，外殻より内部の方が成長速度の遅い弾性材における凸曲面の座屈をシミュレートして，同じような螺旋パターンの再現に成功している（Shipman & Newell 2004）．図 7.20 のような螺旋を見せる種類のサボテンを調べて，それらに類似するさまざまな 3D パターンを得ている．

　リーらは，酸化銀と酸化ケイ素を混合して，銀の融点以下に冷却することによって得られるナノ粒子のおもしろい構造を見つけ出した（Li *et al.* 2005）．注意深く冷却条件を制御することにより，直径数ミクロンの銀の球を作ったが，その表面には酸化ケイ素の小球体が一様に分布していたのである．驚くべきことには，その中に円錐形状の，植物の螺旋構造にきわめてよく似たフィボナッチ螺旋が含まれていた．

7.10　球面上の点の渦巻き分布

　4.8 節で，球面上において N 個の点を一様に分布させるという問題を考えたが，$N = 12$ の場合の正 20 面体の対称性をもつような極めて特殊な場合を除くと，「一様性」の基準のとり方によって最適解は大きく変化する．多くの文献がこの問題を扱っているが，N が大きい場合の「一様分布」問題に対するさまざまな解法の中で，サフとキラースの試みは興味深い（Saff & Kuijlaars 1997）．

　最適解は「一様性」基準のとり方によって異なるが，N が大きいとき，各点は 6 角形格子状に並ぶ傾向をもち，球面の曲がり方に合わせるためにその 6 角形配列はときには当然のように崩れる．それに対してラカマノフらは比較的簡単なアルゴリズムを開発して，N 個の点を渦巻状に，かつ球面全体に 6 角形パターンが大きくは崩れないように配置できるようにした（Rakhmanov *et al.* 1997）．そのアルゴリズムによって得られた分布のときに，仮定された 2 体間ポテンシャル $1/\log(r)$ のもとでの N 体エネルギーは最小になった．こうして得られた球面上の螺旋パターンは，テイムズ問題の有力解でもあることがゼケリーによって示されている（Székely 1974）．

　ここでは，そのアルゴリズムを少し変形したかたちにして紹介し，それが 7.9 節の平面での点分布としてのフィボナッチ螺旋（図 7.16）を得るアルゴリズムと密接に関係していることを示す．

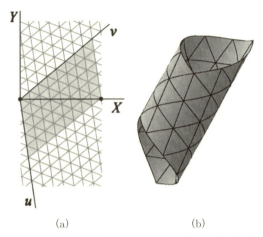

(a)　　　　　　　　　(b)

図 7.21 (a) (3, 5, 8) 型 CHL に対応する平面六方格子．[0, 0] と [5, 8] は同一の点とみなす．(b) (3, 5, 8) 型 CHL．螺旋の作り方は図 7.10 におけると同様である．ただし，図 7.10 では折り目をいれたが，この場合は折らずに円筒状に丸める．

　まず，図 7.10 と同じように，正 3 角形で敷き詰められた平面を用意し，そこから次のような条件を満たす帯を切り取って，それを円筒形に丸める．つまり，正 3 角形の 3 本の辺に対応する 3 組の平行な直線族が，円筒面で互いに 60° で交わる 3 組の螺旋族を作るようにする．その場合，3 組の螺旋族に含まれる螺旋の数が，それぞれの方向に l 本，m 本，n 本ならば，円筒面上の頂点の集合を (l, m, n) 型の「円筒六方格子」(CHL) (cylindrical hexagonal lattice) と呼ぶ．図 7.21 は (3, 5, 8) の CHL を示している．一般的には $0 \leq l \leq m \leq n = l + m$ である (Lord 2002)．

　ところで，平面における六方格子点は，二つの整数の組 $[u, v]$，つまり 120° で交わる軸についての斜交座標で表され，それを三角関数を使って直交座標 (X, Y) に変換すると，

$$X = u\cos\alpha + v\sin(\alpha - \pi/6), \quad Y = u\sin\alpha - v\cos(\alpha - \pi/6)$$

で与えられる．ここで，α は X 軸と u 軸のなす角を表し，$p = \sqrt{m^2 + n^2 - mn}$ として，

$$\cos\alpha = (2m - n)/2p, \quad \sin\alpha = \sqrt{3}\,n/2p$$

と書ける（図7.21(a)を参照）．したがって，

$$X = \{(2u - v)(2m - n) + 3vn\} / 4p, \quad Y = \sqrt{3}\ (un - vm) / 2p$$

となる．ここで格子を丸めて円筒を作ると，円筒の周長がpであるような(l, m, n)型CHLができる．また平面格子の点$[u, v]$が円筒面では円筒座標(ρ, φ, z)で表されるとして，円筒の半径が$\rho = 1$であるように縮尺をとると，

$$\varphi = 2\pi\{(2u - v)(2m - n) + 3vn\} / 4p^2, \quad z = \pi\sqrt{3}\ (un - vm) / p^2$$

となる．ここで，mとnが互いに素であれば，CHLにはz座標の絶対値が（$z = 0$を除き）最小となる点$[\mu, \nu]$が2個存在する．それは

$$\mu n - \nu m = \pm 1$$

の解である（この解は，$\nu l \pm 1 = 0 \bmod n$から求められる）．複号はどちらをとっても構わない．そしてCHLのすべての点は，$[0, 0]$と$[\mu, \nu]$を通る単一の生成螺旋上にある（もしmとnが公約数dをもつとすると，d個の生成螺旋が存在する（Székely 1974））．したがって，CHLを与える式，

$$\varphi_k = 2\pi kA, \quad z_k = kh \quad (k = ..., -2, -1, 0, 1, 2, 3, ...)$$

が得られる．ここでA, hは

$$A = \{(2\mu - \nu)(2m - n) + 3\nu n\} / 4p^2, \quad h = \pi\sqrt{3} / p^2$$

で与えられる．

　以上のような半径1をもつ円筒上の点分布は次のようにして球面上の点分布に射影することができる．半径1の円筒の中心軸上の原点$z = 0$に中心をもつ半径1の球面を考え，円筒上のCHLにおける任意の点kから中心軸に下ろした垂線と球面との交点の分布を求める．球面上に十分な点があれば，球面上の赤道付近の様子は，平面六方格子でうまく近似することができる．この写像はいわゆる正積図（面積を変えない写像）である，つまり球面をz軸に垂直に同じ幅で平行に切り分けていくとき，帯状の部分の面積はどれも等しい．円筒上ではどの点も同じ面積を占め，完全に一様分布しているから，球面上においてもやはり一様分布している．

　ここで，上で与えたhについて，$2/h$が整数かあるいは整数に近ければ，球面上南北の極に点が存在するようにできる．そのとき，$N = 1 + 2/h$は球

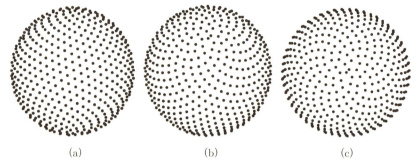

図 7.22 球面上の 850 個の点の螺旋分布．(a) 円筒軸に対し 90°の方向から見た図．赤道に近い部分（例えば図の中心部分）では六方格子の点分布が見られることに注目したい．(b) 軸と 60°の方向から見た図．(c) 軸に沿って見た図．極の付近ではフィボナッチ螺旋の点分布が見られる．

面上に分布する点の個数に等しい．つまり，$h = \pi\sqrt{3}/p^2$ とする代わりに，N を $1 + 2p^2/(\pi\sqrt{3})$ に近い整数とし，$h = 2/(N-1)$ とする．

おもしろいのは，m と n がフィボナッチ数列の隣り合う 2 項であるときである．この場合，南北の極付近でのパターンは「黄金螺旋」（図 7.16）でよく近似できる．N の値としては，$48 (m=8)$，$125 (m=13)$，$326 (m=21)$，$850 (m=34)$，$2225 (m=55)$ などを考えるのが分かりやすい．たとえば，$N = 850$ の場合に，軸から 90°，60°，0°をなす方向から見た分布をそれぞれ図 7.22 に示す．

ここでフィボナッチ数列 $\{F_r\}$ を用いて $(l, m, n) = (F_{r-1}, F_r, F_{r+1})$ と表し，r についての恒等式

$$F_{r-1}F_r - F_{r-2}F_{r+1} = (-1)^r$$

を用いると，$(\mu, \nu) = (F_{r-2}, F_{r-1})$ ととれる．r が十分に大きいとき F_{r+1}/F_r は近似的に黄金数 τ に等しく，A は τ^{-2} で近似できる[*9]．したがって，大きい N に対して，A を τ^{-2} で置き換えたとしても，目立った差は現れない（たとえば，$m = 34$ のとき，$A = 0.381869\ldots$ なのに対して，$\tau^{-2} = 0.381966\ldots$）．したがって，南北両極点付近で黄金螺旋のパターンが現れることになる．

[*9] 訳注：A の式に $m = F_r$, $n = F_{r+1}$, $\mu = F_{r-2}$, $\nu = F_{r-1}$ を代入して，F_{r+1}/F_r, F_r/F_{r-1}, F_{r-1}/F_{r-2} などを τ で置き換えて得られる．

8

3次元ネット

8.1 無限多面体

あらゆる 2D タイリング（2D ネット），多面体，あるいは 3D タイリング（3D ネット），またはその高次元図形，のどの頂点もその頂点に特有の「頂点図形」をもっている．つまりその頂点に辺で結ばれるすべての頂点が作る図形のことである．

3次元ユークリッド空間 E_3 における正多面体の側面はどれも正 p 角形で，その頂点図形はどれも正 q 角形になっている．そのような多面体はちょうど五つしかなく，「プラトンの立体」と呼ばれて，$\{p, q\}$ と表される．ところがコクセターとペトリは，「正」多面体の定義をゆるめると，さらに 3 個の「正」多面体が新たに加わることを示した（Coxeter 1937）．つまり，もし正多面体の頂点図形が平面上の正多角形でなく正「ねじれ」多角形，言い換えると各頂点が回転というよりは回映によって関係している多角形ならば，新たに 3 種類の無限正多面体 $\{4, 6\}$ $\{6, 4\}$ $\{6, 6\}$ が存在する（図 8.1）[*1]．

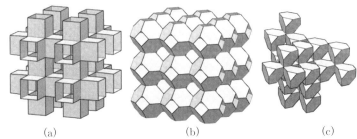

図 8.1 3種類の無限正多面体の部分図．(a) $\{4, 6\}$．各ラビリンス[*2]は空間充填する立方体の 50%ずつを占めている．(b) $\{6, 4\}$．$\{4, 6\}$ の双対で，各ラビリンスは空間充填する切頂 8 面体の 50%ずつを占める．このかたちの頂点と稜から構成される 4 連結ネットはゼオライト骨格 SOD（ソーダライト）に見られる．(c) 自己双対の $\{6, 6\}$．各ラビリンスは空間充填する正 4 面体と切頂 4 面体の 50%ずつを占める．

[*1] 訳注：ねじれ正多面体とか正スポンジともいわれている．
[*2] 訳注：ラビリンスについての詳しい説明がここでは示されていないが，スポンジのように入り組んだ構造という意味をもつ（9.2節を参照）．

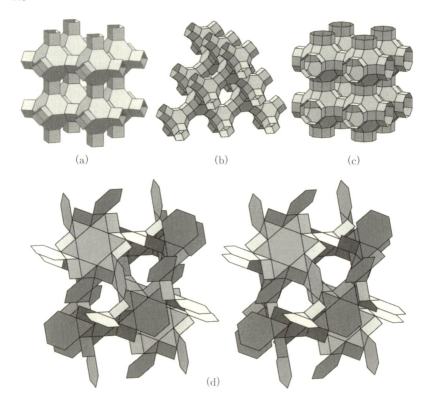

図 8.2 無限アルキメデス多面体の例. (a) $4^2.6^2$. ゼオライト骨格 LTA の構造に見られ, 空間充填 $4^3 + 4.6^2 + 4.6.8$ の頂点と辺からなるネットになる. ラビリンスは, 立方体と切頂 8 面体で構成されるものと, 切頂立方 8 面体から構成されるものの二つある. (b) $4^3.6$. 切頂 8 面体と正 6 角柱からなり, フォージャサイト・ネットワーク (ゼオライト骨格 FAU) の構造になっている. 12 角環の境界をもつ $\{4^{18}, 6^4, 12^4\}$ による大きな「細孔」つまり「かご」と言われる空隙に注目したい. (c) $4^3.6$ のもう一つのかたち. 合同な 2 つのラビリンスからなり, 空間充填 $4^2.8 + 4.6.8$ の構造をもつ. (d) $3.4.3^2.6$ の立体視用画像. 極小曲面「ジャイロイド」[*3] と同じ対称性とトポロジーをもつ.

この 3 種類は, 5 種類の有名なプラトンの立体とは異なり, 3 重周期的に無限に広がって, 対称群は点群ではなく空間群となる. しかもその側面によって E_3 は二つの合同なラビリンス (迷路) 状の領域に分割されるというおもしろい特徴をもつ.

[*3] 訳注:詳しくは第 9 章で説明される.

図 8.3 無限菱面体の二つの単位胞．極小曲面 C(P) と同じ対称性とトポロジーをもつ（第 9 章参照）．

この 3 種類の無限正多面体の構造を深く観察することは，3D ネットの調査・分類という複雑な問題の入門として最適である（またさらに次章で扱う曲面問題への入門としても役立つ）．

無限正多面体の頂点と稜は，どの頂点まわりも同じになる単ノードネットの例にもなっている．このコクセターとペトリの考え方をさらに拡張すると，自然にアルキメデスの立体とその双対から得られる無限アルキメデス多面体に一般化できる（Wachman et al. 1974）．その例を図 8.2 と図 8.3 に示す．

8.2 一様ネット

3 重周期ネットに関する古典的な研究に，ウェルズの『3 次元のネットと多面体』(*Three Dimensional Nets and Polyhedra*, Wells 1977) がある．これは 20 年間にわたる研究の集大成であり，ウェルズが「アクタ・クリスタログラフィカ」(*Acta Crystallographica*) 誌上で 1954 年から 1976 年に「結晶化学の幾何学的基礎，第 1 部から第 20 部」という表題で発表した内容をまとめたものであるが，未発表の結果も含まれている．またいくつかの題材はウェルズの著作の中ですでに発表されていたものである（Wells 1962）．それに含まれなかった 3 連結ネットに関する新しい内容は後に出版される

図 8.4 ウェルズの一様ネット (10, 3) -b における 2 個の単位胞.

ことになる (Wells 1983).

ウェルズは (p, q) 型の一様 3D ネットの概念を導入した. これは, すべての頂点が q 連結であり, 最短の回路が p 角形であるものをいう. もし「すべての」頂点に集まる最短回路が p 角形であるならば, 正多面体 $\{p, q\}$ の概念をトポロジカルに拡張したものとなる. ウェルズは単ノードのネットとして, 1 種類の (12, 3), 7 種類の (10, 3), 3 種類の (9, 3), 15 種類の (8, 3), 4 種類の (7, 3) を発見した. そのうち (10, 3)-a はすでに 4 章で触れたもので, 立方晶の対称性 $I4_132$ または $I4_332$ をもつ. 他方, (10, 3)-b は正方晶の対称性をもつ (図 8.4).

もし E_3 における「正」タイリングを正多面体や正多胞体[*4]の規則性からの類推で定義するならば, つまり, 構成多面体と頂点図形が正多面体であるならば, E_3 における正タイリングは立方体による他にはない. ところが, 面を無視し, 頂点と辺だけで構成された「ネット」に関しては, 「正」であることの定義はゆるめられるべきで, E_3 における正ネットは, 「頂点図形が正多角形または正多面体である単ネットである」と定義される (Delgado-Friedrichs *et al.* 2003). そうすると, 3 次元の正ネットは上記のウェルズの 5 種類になる.

---

*4 訳注: 3 次元の正多面体で構成される 4 次元の正多胞体. 正多面体の頂点図形が正多角形であるのに対して, 正多胞体の頂点図形は正多面体となる. その正多胞体を 3 次元空間内に展開すると正多面体の連結図形が得られる.

8.3 環と配位系列

3重周期3Dネットはさまざまな「位相不変量」によって特徴づけられる.また頂点の並べ替え操作とその結果としての辺の入れ替え操作から成る「位相的対称群（TSG）」(topological symmetry group) をもつ（空間群は E_3 に現実に存在する頂点の配置に作用し，距離と角度を保存する．つまり，TSGの部分群になっている）．TSGのもとで同等ではない頂点の集合の数は，明らかな位相不変量であり，したがって3重周期3Dネットを単ノード，2ノード，3ノードなどと区別して呼ぶことができる．同等でない辺の数や頂点の連結数も位相不変量となる.

ウェルズは，そこへ，x と y という不変量を導入した．x は，任意の頂点についてその頂点を含む「環」（最小の長さの回路）の数であり，y は，任意の辺についてその辺を含む環の数である．図8.5は（単ノード，4連結）ダイヤモンド・ネット（Dネットと略す）の29個の頂点を含む部分を示していて，図の中心付近にある一つの頂点についてはそのすべての環が描かれている（ある頂点のすべての環を含んでいる部分的単位は「局所クラスター」といわれ，非常に広い範囲に広がっていることもある (Hobbs et al. 1998)）．この場合，図の中心の頂点は12個の6角環に共有されているから $x = 12$ となる．また図を注意深く調べると $y = 6$ であることがわかる．図4.5に示したウェルズの (10, 3)-a の場合，環はすべて10角形で，$x = 15$,

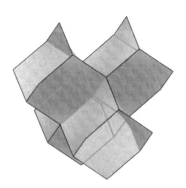

図8.5 鞍形多面体による空間充填の一部として表したDネット[*5].

---

*5 訳注：図8.22を参照.

$y = 10$ である（これは，3連結ネットにおける最大の値である）．「図を注意深く調べる」ことはいつも簡単にできるわけではなく，また確実にできるわけでもない．そのため，環を確実に見つけ出すアルゴリズムが開発されている（Goetzke & Klein 1991）.

3重周期3Dネットでは，対称性で区別できるそれぞれの頂点に，その頂点が含まれる環の特性を表す「頂点記号」を次のように割り当てることができる．いま4連結ネットを例にとって，ある頂点での4本の辺に1, 2, 3, 4の記号をつけるとする．4本の辺のうち2本ずつの組は6組あり，その6組ある辺の対のそれぞれに対して，その一対の辺が含まれる最小の環の長さを書き出し，さらにその数に対してその最小の環の個数を付記する．たとえば，6組の辺の対 14, 23, 24, 31, 34, 12 に対して，$3.4.8_3.9_4.8_3.9_4$ のように6個の記号の列で与えられる「頂点記号」ができる．この記号は，それぞれの辺の対を含む最小の環が1個の3角環，1個の4角環，3個の8角環，4個の9角環，… であることを示す．この記号は4連結ネットでは広く用いられていて，『ゼオライト骨格型図表集』（*Atlas of Zeolite Framework Types*, Baerlocher *et al.* 2001）[*6] では既知のゼオライト骨格における頂点の型を表す記号として用いられている．上の例における辺の対の分け方のとき，最小環記号列を三つに分けて AaBb.CcDd.EeFf と書いたときの3組の順序は重要ではなく，またそれぞれの部分記号列における（Aa と Bb のような）二つの間の順序も意味をもたないことは明らかである．4連結ネットの頂点に一意的に頂点記号を割り当てようとすれば，AaBb.CcDd.EeFf を（十分大きな基数での記数表示で）12桁の数と考えてその値が最小になるような順序を採用すると定めればよい（O'Keeffe & Brese 1992; O'Keeffe & Hyde 1997）.

たとえば，D（ダイヤモンド）ネットの頂点記号は $6_2.6_2.6_2.6_2.6_2.6_2$ であり，（2ノードの）氷XIIのネット（図8.10）では $7_2.7_2.7_2.7_2.8_4.8_4$ および $7.7_3.7_2.7_3.8_4.8_4$ である（O'Keeffe 1998a, b）.

他方，ネット内の頂点を「配位系列」という数列によって表すこともある（Meier & Moeck 1979）．その最初の数 n_1 はその頂点の連結数であり，n_j はその頂点から最短距離（最小の辺の数）j で到達できる異なる頂点の数を表す．たとえばDネットの配位系列は 4, 12, 24, 42, 64, 92, ... であり，また

[*6]　訳注：以下ではアトラスと略称する．詳細については次節参照.

図 8.6 「ロンズデーライト」もしくは「ウルツ鉱」のネットの部分図．ロンズデーライトはダイヤモンドの特異形であり，隕石の中で発見された．ウルツ鉱は閃亜鉛鉱 ZnS の一種である．

それに関連性が深い図 8.6 のネットの配位系列は 4, 12, 25, 44, 67, 96, ... である．ネットを指定するデータから配位系列を計算するアルゴリズムはすでに開発されている．配位系列は，分類という観点からすると，他の手段では混同されてネットを区別できないようなときに有用である．

8.4 頂点連結 4 面体

ケイ酸塩やアルミノケイ酸塩の基本構造単位には，ケイ素（またはアルミニウム）原子を中心とする正 4 面体の頂点に 4 個の酸素原子が配列されている (Liebau et al. 1986; Higgins 1994)．その正 4 面体は他の 4 個の正 4 面体と頂点を共有して連結することができる．2 価の酸素原子の結合角は（平均値である約 140° のまわりに）広い範囲で変わることができるために，4 面体の配置は多様な形状をとりうる．図 8.7 の β クリストバライトはそのうちでも単純なものの一つであり，また図 7.1 に示された β 石英も一つの例である．

ゼオライトは基本的に，4 面体ネットが形作る骨格構造をもつアルミノケイ酸塩である (Dyer 1988; Baerlocher et al. 2001)．その骨格の部分をなす細孔（トンネル）と空隙（かご）に他の原子や小さな分子を取り込むことができる点は，化学工業にとって機能的に重要である．最も簡単なゼオライトの一つであるソーダライトの構造を図 8.8 に示す．ゼオライトはクラスレー

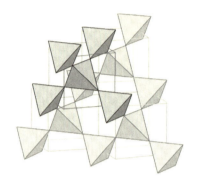

図 8.7 対称性 Fd$\bar{3}$m をもつケイ酸塩としての β クリストバライトの単位胞．SiO$_4$ の正 4 面体から構成される D ネット構造．

図 8.8 ソーダライトの二つの単位胞を重ねたもの．交互に並ぶ濃い影と淡い影の 4 面体はそれぞれ SiO$_4$ と AlO$_4$ を表す．単位胞の中央の大きな「かご」には Cl と Na 原子が含まれる（図では省いてある）．

トハイドレート（包接化合物）として知られる物質の一種である．その中でもかご状の構造をもつ重要な物質の種類としてガスハイドレート（気体水和物）がある．たとえば塩素ハイドレートは，図 3.23 における頂点と辺に配置された水分子の 4 連結ネットとなっていて，塩素原子は大きな 14 面体形状のかごに入りこむ．この入り組んだ外見の結晶構造は，ライナス・ポーリングによって 1950 年代に解明されたもので，実は文明の運命を決定づけるような計り知れない重要性をもっている．というのは，海底ではメタン分子が水分子の氷のような結晶構造中に閉じ込められていて，その量は炭化水素の巨大な貯蔵タンクとみなすことができ，貯蔵量は世界の石油資源に匹敵するほどである．もちろん，燃料としてのメタンガスに戻すためにはいくつかの困難を伴う．ロシアには発掘可能な永久凍土中に，巨大なメタンハイドレート資源が存在している．しかし，メタンは温度と圧力の変化で飛散してしまう可能性もあり飛散すれば地球の気象に重大な影響を及ぼしかねない．

ここで，頂点連結された 4 面体が 3 重周期的に配列され，それぞれの 4

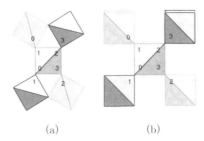

図 8.9 単ノード 4 面体構造の基本単位．
(a) β石英．(b) βクリストバライト．

面体が空間群の対称性に基づく操作によって区別できる p 種類のグループに分けることができるとする．そのとき，p 種類それぞれの 4 面体における 4 個の頂点の一つひとつにどの種類の 4 面体が，どの向きに連結されるのかを指定すれば，3 重周期の配列全体が完全に定められる．この方法はホッブスらによって調べられ，得られた周期的構造のデータから配列の再現が可能になった (Hobbs *et al.* 1998)．連結の方向を指定するにはいろいろな方法があるが，ホッブスらは 3 本の座標軸のまわりに順に回転させる角度を指定する方法を用いている．

いま簡単な例として単ノード ($p = 1$) の β石英（図 7.1）のネットを取り上げる．標準的な位置に置かれた基本的な 1 個の 4 面体があるとして，その 4 個の頂点に 0 (−1 −1 1)，1 (−1 1 −1)，2 (1 1 1)，3 (1 −1 −1) とラベルをつける．全体の構造は図 8.9(a) から再現することができる．つまり頂点 0，1，2，3 はそれぞれ隣接する正 4 面体の頂点 1，0，3，2 に重なり，4 個の隣接正 4 面体は基本正 4 面体をそれぞれ z 軸の回りに 60°，−60°，60°，−60° 回転させたものになっている．こうして，β石英の構造は記号列 1 0 3 2 60 −60 60 −60 のように記号化できる．同様に，β クリストバライト（図 8.7）は 1 0 3 2 90 −90 90 −90 と表すことができる（図 8.9(b)）．p ノードの 4 面体構造では，p 個の記号列が必要で，それぞれが 4 個の頂点に連結する 4 面体の状態を指定する記号をもつ．この問題に関する詳しい解説は，ホッブスらによる原著論文を参照されたい．

この方法は，純粋に「局所的」規則による自己集合に基づくモデル構築アルゴリズムの例として興味深いものであり，さらに広範囲のネットワーク構造を取り扱えるように一般化できるはずである．

8.5 4連結ネット

　4連結ネットは結晶化学において特別な位置を占めている．ここまでの節で述べた4面体構造では，簡単のために，酸素原子を4面体の頂点位置にあるとみなし，（酸素原子の中心である）頂点同士が正4面体の辺で結ばれているように表した．たとえば図8.8のソーダライトの構造は，切頂8面体による空間充填図形の頂点と辺で構成された4連結ネットを表している．この4連結ネットの表示方式は，前述した「アトラス」で採用されている．アトラスは国際ゼオライト学会構造委員会（IZA-SC）によって編集され，継続更新されていて，インターネット上で閲覧できる．この事業は，1970年に知られていた27種類のゼオライトタイプの詳細を掲載することから始まって，現在では天然と人工を合わせて130種類以上が収録されている．それぞれの骨格型は，それぞれのゼオライトの名称を短縮したアルファベット3文字の識別コードで表される．

　アトラスには，ネットのサブユニット（2次構造単位SBU）（secondary building unit）による構成の詳細がまとめられている．たとえば，「A型ゼオライト」（LTA）の表し方では，SBUとして切頂8面体をとり，それを[1 0 0]方向にそって辺で連結すれば，図8.2(a)に示す4連結ネットになる．同様に，フォージャサイト（FAU）の骨格は，図8.2(b)のようにLTAと同じSBUを[1 1 1]方向に沿って連結して得られる．MTT骨格を表す4連結ネットは，図3.22のように12面体と16面体による充填の頂点と辺で構成される．

　ここで述べたゼオライト骨格はすべて単ノードネットである．既知のゼオライトのうち14種類が単ノードとなっている．ゼオライト骨格の対称性が同一なノードの種類は，単ノードから16ノードまである．このようにゼオライト構造の多様性と複雑性には驚くべきものがある．

　アトラスは，既知のゼオライトを表現するために4連結ネットのみを用いている．それに対して，もっと理論的な観点から，あらゆる可能性のある3重周期4連結ネットについて調べて分類し，新材料の合成においてそれを適用して，さらにクラスレート構造としてあり得る4連結ネットを探し当てるということももちろん興味ひかれることである．これは，実はウェルズの先駆的な業績の動機になっていた．オキーフとブレーズは24種類の4連

8　3次元ネット　　　157

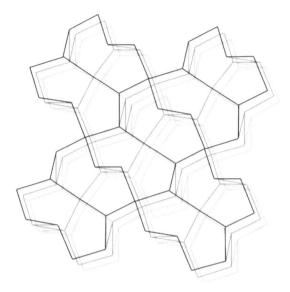

図 8.10　氷 XII の構造を示す 4 連結ネット．正方晶軸の
方向にそって見た図．7 角環と 8 角環から構成される．

結単ノードネットのうち 3 角環，4 角環を含まないものについて，詳細な
データ（対称性，頂点配置，配位系列，密度）を示した（O'Keeffe & Brese
1992）．その 24 種類のうち 16 種類は未知のものであった．オキーフはさら
に 3 角環をもつ 19 種類の 4 連結単ノードネットについて同様のデータを示
し，「その多くは未知のネットに関するデータである」と記している
(O'Keeffe 1992)．

「氷」のさまざまな相の結晶構造も 4 連結ネットで表現できる．水分子は
どれも他の 4 個の水分子と水素結合で結合されていて，ネットの頂点は酸
素原子によって占められ，水素の原子核（つまり陽子）はネットの辺上にあ
るとされる（Runnels 1966）．一般に氷の相は図 8.6 に示されるような六方
晶系である．それに対して氷 XII は例外的に準安定な正方晶系の相を見せ
（図 8.10），ネットを構成する最小の環構造は 7 角形となっている（O'Keeffe
1998a)．

クラスレート・ハイドレートもまた，氷と同じで水素結合によって互いに
結合する水分子の 4 連結ネット構造であり，大きな籠の中に原子や小規模
の分子が取り込まれている（Pauling 1960，邦訳 17）．たとえば，塩素ハイ

ドレートのネットは図 3.23 のような多面体の空間充填における 4 連結ネットになっていて，塩素分子は 12 面体に入り込むには大きいので 14 面体を占有し，12 面体は余分の水分子によって占められている．

8.6　クランク連鎖，ジグザグ連鎖，ノコギリ連鎖

　主要な 4 連結 3D ネットの多くは，3 連結または (3, 4) 連結の平坦あるいは凹凸状の 2D ネットの層から成り立っている．そのような 3D 構造は，2D 層の間に架かった辺によって連結される．ここではそうしたネットのうち，クランク連鎖，ジグザグ連鎖，ノコギリ連鎖といわれるものについて見ていく．

　まず最も簡単な例として図 8.11 に示された蜂の巣状の 2D ハニカム・タイリングを調べる．黒丸の頂点は下層の頂点と連結し，白丸の頂点は上層の頂点と連結している．こうしてでき上がる 3D ネットはロンズデーライト型ネット（またはウルツ鉱型ネット）（図 8.6）である．2D パターンにおけるそれぞれの辺はクランクシャフトのかたちに辺が上下に連なっている．これを「クランクシャフト連鎖」という．

　次に，図 8.12(a) において，太線の辺は紙面に垂直な方向に伸びる「ジグザグ連鎖」を表す．できあがる 3D ネットはゼオライト骨格 CAN に見ることができる．このジグザグ連鎖の様子は図 8.12(b) の中に簡単に見られる．

　同じように図 8.13 はウェルズの 3 連結ネット (8, 3)-c を表したもので，2D の (2, 3) 連結パターン[*7]をジグザグ連鎖で連結してできる様子を示す．

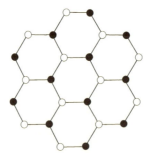

図 8.11　図 8.6 の 3D ネットの 2D 表示．

[*7]　訳注：2D 表示では太線と細線の境界が 2 連結点で，3 枚の正 6 角形の共有点が 3 連結点．3D 表示ではすべて 3 連結点．

8 3次元ネット 159

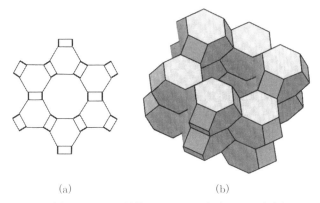

図 8.12 (a) ゼオライト骨格 CAN の 2D 表示,および (b) その 3D ネット (上下に伸びる辺のジグザグ連鎖に注目).

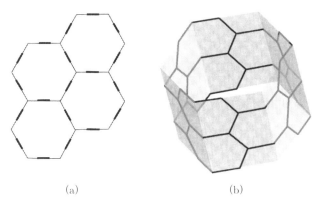

図 8.13 (a) ウェルズの (8, 3)-c ネットの 2D 表示,および (b) (8, 3)-c の六方晶単位胞(正 6 角柱の各面は鏡映面となっている).

図 8.10 における氷 XII の構造においても(紙面に垂直方向に進む)ジグザグ連鎖が見てとれる.ところで,正方晶軸に沿って見たこの図では,図 2.4 で見たのと同じ 5 角形によるタイリングがあるように見える.ところが,この場合の 5 角形パターンは,2D パターンによって 3D 構造を表したために起こる見かけ上のものである.それを正確に表すためには,頂点の z 成分を指定することが必要で,図 8.10 では示されていないが,図 8.14 に示してある.したがって 3D ネットには 5 角環は存在せず,環はすべて 7 角環と 8

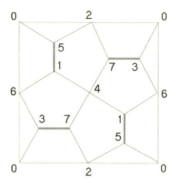

図 8.14 氷 XII ネットの単位胞．数字は $c/8$ を単位とした頂点の高さを表す．

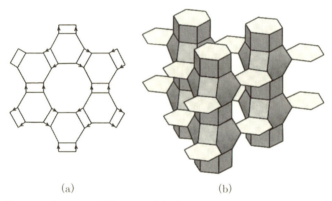

図 8.15 ゼオライト骨格 OFF．(a) 矢印で示されたノコギリ連鎖をもつ 2D タイリング，および (b) その 3D ネット．

角環なのである[*8]．

　残る「ノコギリ連鎖」は，「ジグ辺，ザグ辺，まっすぐの辺」の 3 辺が繰り返してできる連鎖を表す．簡単な例を図 8.15 に示す．ノコギリ連鎖は 2D 表示（図 8.15(a)）では矢印を付けた辺で示され，その 3D ネット（図 8.15(b)）では上下に連なる様子が見て取れる．図は 2 ノードのゼオライト骨格 OFF を表す．カンクリナイト・ユニット[*9] が上下に 6 角柱で連結されてい

[*8] 訳注：たとえば 14725 の 5 角形について，51 の太線部分がジグザグで 2 重になっているとみなすと，ひとまわりが 14725'1'51 つまり 7 角形になる．

[*9] 訳注：側面は歪んだ鞍形状の 6 角形と正方形で構成されている．

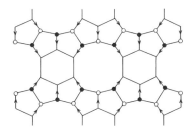

図 8.16 ゼオライト骨格 FER.

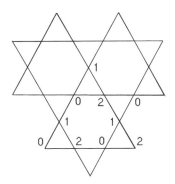

図 8.17 カゴメ・パターンから導かれる β 石英ネット.

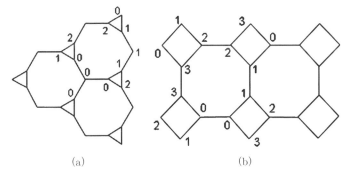

図 8.18 2D 表示されたウェルズの (10, 3)-a ネット. (a) 3 回軸方向から見た図. 数字は頂点の高さを $c/3$ を単位として表したもの. (b) 4 回軸方向から見た図. 頂点の高さは $c/4$ を単位として表したもの.

る柱が，横方向に六角形面で連結されたものである．図8.16は，ゼオライト骨格 FER において，クランク連鎖とノコギリ連鎖が組み合わさっている様子を表す．

ここまで見てきた2D タイリングと3D ネットの関係の例から，多様な結晶構造を系統的に調査，分類する問題が数多くあることが推測できるであろう．ハンとスミスは，上に述べた3種類の連鎖手法によって2D タイリングから導くことができる3D ネットを広範囲に検討した（Han & Smith 1999）．そこには，数百にわたる3D ネットが（環や多面体サブユニットなどの）詳細なトポロジカルなデータと共に記され，既知のゼオライト骨格などの結晶構造に対応させることに成功している．その研究の出発点となった2D ネットはシカゴ大学でデータベースを管理している理論骨格コンソーシアムのカタログから取られた．

2D タイリングから3D ネットを導く方法には，ここで記したものの他に，タイルを多角形螺旋とみなす方法もある．たとえば β 石英（図7.1）は「カゴメ」パターン（ケプラーの3.6.3.6）から図8.17のようにして得ることができる．図8.17の数字は $c/3$ [*10] を単位とした頂点の高さを示す．図8.18は，同じようにウェルズの（10, 3)-a（図4.5）を3回軸および4回軸方向から見た図である．

8.7　回位ネットワーク

4次元空間における正多胞体の中の600個の正4面体が集まる正600胞体 $\{3, 3, 5\}$ は正4面体ばかりが各頂点まわりに同じ状態で集まる「完全」な複合4面体で，すべての辺のまわりを5個の正4面体が隙間なく囲み，すべての頂点には20個の正4面体が隙間なく集まっている（3.7節参照）．ただしこの構造は E_4 における超球面空間 S_3 においてのみ存在できる．もし E_3 において5個の4面体が辺を共有して隙間なく集まるとすれば，これら5個の4面体の規則性が損なわれ，もしその状態で E_3 全体を充填すれば変形は非常に大きくなる．だからこそ，この場合の構造は，E_4 空間に潜り込んで $\{3, 3, 5\}$ を形成しようとすることになり，E_3 における複合4面体構造では，

---

* 10　訳注：cは高さ方向の単位長さ．

「6個」の4面体が1本の辺を共有するように集まって欠陥を補うことになる.

サドックとモッセーリは $\{3, 3, 5\}$ にその欠陥を取り入れて空間の曲がり（曲率）を縮小することを考えた（Sadoc & Mosseri 1999）. その極限として得られるのが, 平坦な空間である E_3 における複合4面体構造である.

たとえば, 標準的なフランク-カスパー相において見られる欠陥として, 5個ではなく6個の4面体に共有される辺で構成される「負」の回位が見られる[*11]. 回位はすべての辺が5個の正4面体によって共有されている $\{3, 3, 5\}$ の曲がりを防ぐために必要なのである. この場合の複合4面体構造における回位線はけっして終点をもつことはできない. E_4 ではすべての辺に5個の正4面体が集まるためである. つまり回位線はネットワークを作る.

回位ネットワークには単純で分かりやすいものもある. たとえば, β-W では, 回位ネットワークのすべての頂点は2連結であり, そのネットワークは交差をもたない互いに垂直な3種類の直線族から構成される. 図3.23の重なった14面体の正6角形を貫く直線の族がそれにあたる. フリオーフ-ラーベス相（図3.17）では, 回位ネットワークはDネットを形成する. しかし, フランク-カスパー相での回位ネットワークは, これらに比べずっと複雑である.

「非標準的」なフランク-カスパー相になると, 変形の度合いが極端に大きくなり, 共通の辺のまわりに4個の4面体が面を接して集まるものも見られる. これは「正」の回位である. 正の回位が存在している非標準の配位多面体については, サドックとモッセーリ（Sadoc & Mosseri 1999）の付録A6で考察されている. こうした配位多面体において回位が生じている数を N_4 と N_5 とすると $2N_4 + N_5 = 12$ が成り立つ（これは2.11節における（$c = 3$ のときの）公式を双対多面体に適用したもの）. 配位数13（$N_4 = 1$, $N_5 = 10$, $N_6 = 2$）の例としては γ 黄銅がある. γ 黄銅に存在する15配位原子の配位多面体もまた非標準な型に属する（$N_4 = 2$, $N_5 = 8$, $N_6 = 5$）. 正の回位は（6.5節で見た）α-Mn でも見られ, α-Mn における14配位原子の配位多面体は非標準のフランク-カスパー型である.

―――――――――――――――――――――

[*11] 訳注：回位については3.6節参照.

8.8 タイリングのトポロジカルな分類

　ここまでで，鞍形多面体による空間充填について少し触れてきたが，ここではその話題をもう一度取り上げる．3D タイリングの大きな魅力は面にではなく頂点と辺で構成されたネットにある．タイリングの面はネットの環（最小の回路）にあたる．

　フェロとフォルテスは，フェドロフがすでに考察していた空間充填問題を再び取り上げている（Ferro & Fortes 1985）．ただし問題を拡張して，凸多面体による充填という条件を取り外して（ねじれた面をもつ）非凸多面体による E_3 タイリングを考えた．それに先立って，シュレーゲル・ダイヤグラム（多面体の辺と頂点のトポロジカルな配置を表す 2D グラフ）を，14 面をもつ切頂 8 面体（4 連結ネットを与える唯一のフェドロフの平行多面体）から始めて無限の 3D タイリングのタイルにも使えるように一般化し，空間充填多面体である 16 面，18 面，20 面そして 26 面の多面体にも応用している．ただし，そのうちのいくつかは，以前からすでに，切頂 8 面体による空間充填（図 3.2）にトポロジカルな変換を施すことによって提案されていた（Smith 1953）．

　オキーフは，フェロとフォルテスの多面体が，対応するネットが同一半径の球の配置と同等な 4 連結であるような，等長の辺の多面体として E_3 で実現可能であることを見つけ，そのうえ新種の多面体も発見した（O'Keeffe 1999）．そのいくつかの例を図 8.19 に示す[*12]．

　ネットのトポロジカルな性質に関する情報は（頂点記号，配位系列などの）位相不変量によって記号化できる．その代表が，デラネイ記号（Dress 1983, 1987）であり，これは（E_n, S_n, あるいは H_n における）どのようなタイリングに関しても，したがってそのタイリングに対応したどのようなネットに関しても，「完全な」トポロジカルな情報を記号化できる位相不変量となっている．

　任意のタイリングのデラネイ記号は，タイルの 3 角形分割を示す記号の組み合わせで構成される．以下に示すように，デラネイ記号を書き下すのは容易であるが，しかし，逆にデラネイ記号からタイリングを構成することは単純ではない．この問題はネイチャーに掲載されたすばらしい論文によって

[*12] 訳注：ふつう平行多面体の側面は平行多角形に限られるが，ここでの平行多面体はそれを一般化している．

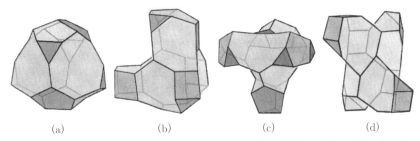

図 8.19 空間充填多面体の例（O'Keeffe 1999）．それぞれの平行多面体の名称とその面の構成は，(a) K16 {$3^4.5^8.8^4$}，(b) K18 {$3^4.4^6.6^2.7^4.10^2$}，(c) K20-1 {$3^8.5^6.9^6$}，(d) K20-3 {$3^4.4^4.7^4.8^2.10^2$}．

解決された（Delgado-Friedrichs *et al.* 1999a）．その解はきわめて精緻な方法によったもので，デラネイ記号を「無機遺伝子」と呼びながら，群論，トポロジー，組合せ論，コンピューター検索アルゴリズムを駆使して，E_3 におけるさまざまな型の単ノード，2ノード，3ノードのそれぞれの4連結ネットを列挙，分類している．

2Dタイリングの場合のデラネイ記号は次のように定める．まず，すべての辺の中央と，すべてのタイルの中央に点を一つずつ置き，頂点，辺の点，タイルの点にそれぞれ 0，1，2 の記号をつけると，各タイルは 012 の記号を付けた3角形のタイルに分解でき，対称性が異なる3角形タイルごとにその型を A，B，C，などの記号で分類する．次に，たとえば A 型の3角形に対して，頂点 0 の対辺（辺 12）を共有する3角形，頂点 1 の対辺を共有する3角形，頂点 2 の対辺を共有する3角形のそれぞれの型を順に並べると3文字の列になる．これに二つの数字 m_0 と m_1 を順に付け加える．ここに，$2m_0$ は3角形 A の辺 01 に相対する頂点（点 2）を囲む3角形の数であり，$2m_1$ は辺 12 に相対する頂点（点 0）を囲む3角形の数になっている（いい換えると，3角形 A を含むタイルが m_0 角形，そのタイルの頂点の頂点図形が m_1 角形になっている）．このような記号付けを B 型の3角形，C 型の3角形，などにも繰り返す．2D についての操作をいくぶん回りくどく示したが，それは，3D あるいは高次元の場合にすぐに応用できるような書き方をしたためである．図 8.20 の簡単な例（ケプラーのタイリング 4.8^2）の場合，タイリングの「遺伝子」は，AAB43 BCA83 CBC83 となる．

同様にして，3D タイリングの場合は，立体タイルの頂点，辺，面，胞

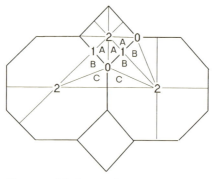

図 8.20 正方形と正 8 角形によるタイリングの 3 角形分割と，デラネイ記号の生成．

（の中心）に 0, 1, 2, 3 と記号付けをすると，タイルは 4 面体 0123 に分割でき，それぞれの 4 面体の型に対して，その 0 型の頂点に対する面を共有する 4 面体の型，1 型の頂点に対する面を共有する 4 面体の型，などの 4 面体の型を四つ並べた文字列を作ることができる．この文字列の後に三つの整数 m_0, m_1, m_2 を続けて付加する．ここで，m_0 は 01 に相対する辺（辺 23）を囲む 4 面体の数，m_1 は 12 に相対する辺（辺 30）を囲む 4 面体の数，m_2 は 23 に相対する辺（辺 01）を囲む 4 面体の数である．たとえば，多面体充填 $Fd\bar{3}m$: $3^3 + 3.6^2$ のデラネイ記号は AAAB334 BBCA334 CCBC634 となる．高次元への拡張も容易で，たとえば，正多胞体 $\{p, q, r\}$（S_3 におけるタイリング）のデラネイ記号は AAAAApqr である．特定のタイリングでは，文字列つまり「遺伝子」は文字 A, B, ... の並べ替えや他の文字を使うことを除いて一意的に決まる．

当然ではあるが，一見してデラネイ記号のような文字列すべてが規則に合致しているというわけではない．文字列は組合せ論的に正しい基準を満たさねばならない．その中には自明な基準もある．たとえば，もし A が B と辺（または面）を共有するとき，B は A と辺（または面）を共有していることなどである．他方，自明ではない基準もある．デルガド-フリードリッヒスらは 3D タイリングの正しいデラネイ記号が，E_3 におけるタイリングを指すのか，あるいは S_3 か H_3 におけるものなのかを定める問題を解いて，E_3 におけるタイリングの型を列挙するアルゴリズムを開発した．そして，その列挙アルゴリズムを特に単ノード，2 ノード，3 ノードの 4 連結ネットをもつ E_3 タイリン

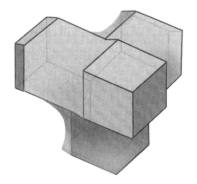

図 8.21 平行多面体 K18-2{$4^{12}.8^4$}. 正 4 面体の対称性をもち,デルガド‐フリードリッヒスら (Delgado-Friedrichs *et al.* 1999a) のネット 3-175 を構成する.

グに適用した.その際,ネットの環がタイリングの面に一意的に対応しているわけではなく,ネットがいくつかのタイリングに同時に関係していることがあるので,ネットを列挙するためには,ネットを特定する方法が必要になる.このダブルカウントを避ける方法として,なおかつネットがゼオライト骨格などの既知のものであるかどうかを見分けるために,配位系列が用いられた.

あるタイリングにおける 4 連結頂点は,その頂点図形 (S_2 のタイリング) が 4 面体であるか 4 面体でないかによって,「単純」または「準単純」に区分することができる (たとえば,図 8.5 に示されたダイヤモンド・ネットは,1 個の頂点を共有するどの 2 辺も 2 枚の 6 角形の面に同時に属していて,頂点図形は 4 面体ではなく「準単純」である.つまり,頂点図形は「2 角形」の面ももっているため,$V=4$,$E=12$,$F_2=6$,$F_3=4$ となる).E_3 では,単ノードの 4 連結タイリングに対して 9 種の単純タイリングと 285 種の準単純タイリングが特定されていて,トポロジカルに区別できるネットが少なくとも 154 種類知られている.また 2 ノードの単純 4 連結タイリングが 117 種類,3 ノードの単純 4 連結タイリングが 926 種類確認されている.

デルガド‐フリードリッヒスら (Delgado-Friedrichs *et al.* 1999a) によるネイチャーの記事には珍しい形状のタイリングの例が 6 通り紹介されているうえ,デルガド‐フリードリッヒスのウェブサイトではさらに多くの例を見ることができる.それらは風変わりな美しさをもっていて,たとえば対称性 P$\bar{4}$3m をもつ 3-175 と番号付けされたネットは単一の「平行多面体」(図 8.21) で構成されている (ちなみに,この立体はオキーフによって提起され

た二つの問いに対する反例になっている（O'Keeffe 1999）．その問いの一つ
は，このような平行多面体はかならず3角形の面を持っているのであろう
か，もう一つの問いは，フェロとフォルテスおよびオキーフによって見つ
かった例は16面，18面あるいは20面の平行多面体をすべて尽くしている
かどうか，というものである）．

　これに関連して，「単一図形」タイリングの辺で構成される4連結ネット
に関するおもしろい問題がある．それは，面の数が与えられ，各頂点に3
本ずつの辺が集まるような，空間充填可能な多面体タイルを列挙し分類する
ことである．デルガド-フリードリッヒスとオキーフは面数が14のとき23
種類の多面体があることを示した（14面は可能な多面体のうち最小の面の
数である）（Delgado-Friedrichs & O'Keeffe 2005）．その最も単純な例は，
「ケルビンの多面体」（切頂8面体）である．15面の場合は136種類，16面
では710種類ある．

　タイリングとデラネイ記号についての詳細は，論文ではDress *et al.* (1993)，
Delgado-Friedrichs & Huson (1998)，Delgado-Friedrichs *et al.* (1999a, b)，
あるいはDaniel Husonのウェブサイトで見ることができる．

8.9　織り込みネット

　2重ダイヤモンド構造（図8.22）は，二つのダイヤモンド・ネットが同じ
3D空間に置かれながら互いに他方の環を通過し合うように織り込まれてい
ることで知られている．この場合，二つのネットは互いに（1/2, 1/2, 1/2）
だけ平行移動したものになっている．このような二つのネットによる織り込
みネットのうちでも特に重要な3重周期曲面のラビリンス・グラフについ
ては第9章で詳しく扱う．たとえば「平衡」曲面の場合は，二つのラビリ
ンス・グラフは図8.22の二つのネットのように合同になる．この織り込み
ネットは「D曲面」のラビリンス・グラフを表している．

　ウェルズは二つ以上の合同なネットが「相互貫入」あるいは「織り込み」
になっている興味深い例を数多く見出した（Wells 1977）．

　次に示す例は，ハイドとラムスデンによるもので，木構造を極小曲面へ写
像したものである（Hyde & Ramsden 2000b）．（ハイドとラムスデン（Hyde
& Ramsden 2003）ではさらに3Dネットと2D双曲空間のおもしろい関連

8　3次元ネット　　169

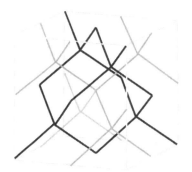

図 8.22　織り込み D ネット.

図 8.23　三つのウェルズの (8, 3)-c が織り込まれたネットの単位胞.

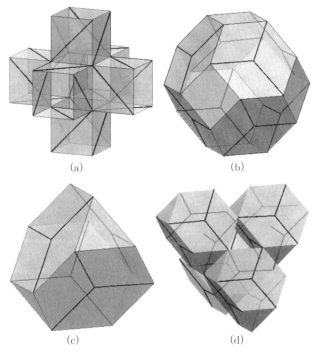

図 8.24　織り込まれたウェルズの (10, 3)-a ネット．(a) は無限正多面体 {4, 6} の表面に描かれた八つの織り込みネット．多面体の頂点はネットの頂点に一致している．(b) は (a) におけるネットと同じ八つのネットを，多面体 {6, 4} の表面に描きなおしたもの．この場合の多面体の頂点は，ネットの辺の中点に一致している．(c) および (d) はともに，多面体 {6, 6} の表面上に配置された四つのウェルズの (10, 3)-a ネット．

性についても示されている).図 8.23 は三つのネットによる織り込み 3 連結ネットの六方晶系単位胞を示していて,三つの合同なウェルズの (8, 3)-c ネットが織り込まれている.ハイドとラムスデンによるこのネットは,シュワルツの H 曲面 (Schwarz 1890) 上に描かれたネットをトポロジカルに描き直すことによって得られた.ハイドとラムスデンはさらに,四つの (10, 3)-a そして八つの (10, 3)-a による織り込みネットも発見している.それらの織り込みネットは,コクセターとペトリの無限多面体 {4, 6}, {6, 4}, {6, 6} の表面上に描くと分かりやすい (図 8.24).

8.10 切頂操作

ネットに操作を加えて複雑なネットに変換するための最も容易な方法は,多面体の切頂操作をネットにも適用することである.3 連結ネットの頂点を切頂したネットでは頂点位置に 3 角形が新たに加わる.4 連結ネットの切頂では 4 角形または 4 面体が加わる.もとのネットの N 角環は,切頂されたネットでは $2N$ 角環に変わる.ヘーシュとラーベスはこの考えを応用して,低密度球配置の問題を考察した (4.4 節参照) (Heesch & Laves 1933).

その他の例を紹介する.図 8.25 は 4 連結 NbO ネットを示している (頂点に NbO の 2 種類の原子が交互に位置している).これは 4 連結ネットの中では異色のネットで,一つの頂点に集まる 4 本の辺は,通常の 4 面体の中心から四つの頂点に向かう方向とは異なって,同一平面上にある).この

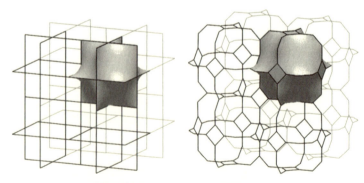

図 8.25 NbO ネットとその切頂ネット.

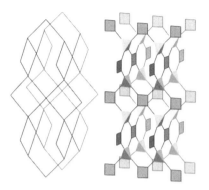

図 8.26 PtS ネットとその切頂ネット．

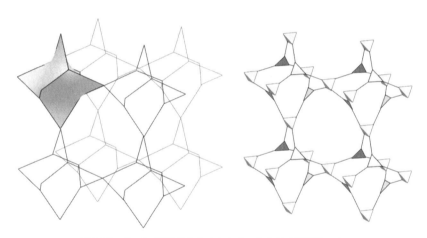

図 8.27 (3, 4) 連結ボラサイトのネットとその切頂ネット．

ネットは切頂によって正方形と 12 角形の環からなる 3 連結ネットに変換される．

次に，2 ノード 4 連結 PtS ネットを見ると，平坦な 4 連結ノードと 4 面体状の 4 連結ノードの 2 種類のノードがある．その切頂ネットは (3, 4) 連結ネットになる（図 8.26）．

図 8.27 は 2 ノード (3, 4) 連結ネットとその切頂で，ボラサイト（方硼石）に見られるネットである（頂点はホウ素原子で占有され，各辺には 2 価の酸素原子が配置される．このように辺上に原子を配置する表し方は，す

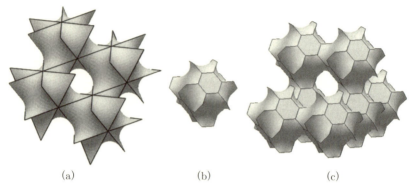

図 8.28 (a) 6連結ネット．正4面体と正8面体のペトリ多角形から成る鞍形多面体の3Dタイリングで構成される．(b) 切頂で得られる鞍形多面体 6.8.12．(c) (b) の切頂多面体を配置したもの．これはウェルズ (Wells 1977) が考えた3連結ネットつまりウェルズの 6.8^2 である．

でにケイ酸塩やゼオライト骨格のネットで用いた）．材料科学では，複雑な構造をもつ物質のネットが，比較的簡単なネットから切頂することによって表現できる場合が多いために，ネットとその切頂の関係は重要視される．新素材の合成を計画するとき，仮説的にネットの切頂を応用することも多い．この問題についてはオキーフらにおいて見事にまとめられていて，ここまでの三つの例もそこから採用した (O'Keeffe *et al.* 2000)．

最後の例は，図 8.28(a) の鞍形多面体のタイリングでできる単ノード6連結ネットで，一つの鞍形多面体はねじれ6角形とねじれ4角形（正8面体と正4面体のペトリ多角形[*13]に一致）で構成される（図 9.23(d)）．頂点に集中している6本の辺は同一平面上にあり，ネットの切頂によって12角形，8角形，6角形の環で構成される3連結ネットに変換される．これはウェルズの 6.8^2 ネットと呼ばれている（図 8.28(c)）(Wells 1977)．

8.11 多面体ネットとラビリンス・グラフ

多くの複雑な結晶性材料は多面体配置とそれに関連するネットによって理解することができる (Brunner 1981; Senechal & Fleck 1998; O'Keeffe

---

[*13] 訳注：側面上の2辺ずつを通って正多面体を2等分する折れ曲がった多角形をペトリ多角形という．本来多辺形というべきであるが，本訳書では多角形に統一する．

1998 などを参照).

　たとえば，図 8.2(b) のゼオライト骨格 FAU は無限多面体の辺で表されるが，無限多面体はラビリンスの形態を示していて，籠（切頂 8 面体）がトンネル（正 6 角柱）で連結されている．これはトポロジカルには「ラビリンス・グラフ」の特徴をもっていて，無限多面体の籠の中心にグラフのノードが位置し，無限多面体のトンネルの中心に沿ってグラフの辺が通っていると考えられる．図 8.2(b) のラビリンス・グラフが構成するネットは実はダイヤモンド・ネット（D ネット）である．第 9 章で見るように，ラビリンス・グラフは曲面をトポロジカルに表現する重要な方法の一つになる．

　「多面体ネット」あるいは「ポリネット」というのは，あるネットのノードに多面体の中心が位置し，多面体どうしが面同士でまたは多面体のトンネルによって結合されている構造を意味する．この多面体ネットの例は本節までにいくつか示されていて，図 6.1 における $MoAl_{12}$ や図 6.20 における α-Mn はこの多面体ネットによって表されている．いずれもそのラビリンス・グラフは 8 連結の体心立方（bcc）ネットとなっている．$MoAl_{12}$ の場合，ラビリンス・グラフのノードは正 20 面体であり，辺は正 8 面体である．α-Mn の場合，ノード，辺ともに切頂 4 面体となる．図 8.2(a)（ゼオライト骨格 LTA）も多面体ネットの例であり，切頂 8 面体のノードが立方体のトンネルによって結合されていて，ラビリンス・グラフは 6 連結となる．

　コクセターとペトリの無限正多面体（図 8.1）のラビリンス・グラフは，{4, 6} と {6, 4} の場合はいずれも基本立方格子（P ネット）の 6 連結ネットであり，{6, 6} の場合はダイヤモンド・ネット（D ネット）である．{4, 6} ではトンネルとノードはともに立方体であり，{6, 4} ではトンネル多面体がないことに注意したい．多面体ネット {6, 6} では，ノード多面体は正 4 面体と切頂 4 面体であり，それらが交互に並ぶ．2 種類の原子が交互に並ぶ閃亜鉛鉱 ZnS のようなものである．

　ウェルズは無限正多面体に近い無限多面体の構成に多面体ネットを用いている（Wells 1977）．コクセターとペトリの無限正多面体（図 8.1）では，側面はすべて合同な正多角形であり，頂点図形もすべて合同で規則的になっている．ただし頂点図形は平坦ではない．ところが，ウェルズによる拡張された無限多面体では，定義を緩めて，側面はすべて合同な正多角形でも，頂点図形は合同でさえあれば規則的でなくてもかまわないとなっている．特に

図 8.29　正 8 面体による D ネット．

興味を引く無限多面体の多くはウェルズによって発見された．たとえば，図版 XI（口絵参照）はウェルズの無限多面体 {3, 7} の一部分を表している．この図形のラビリンス・グラフは D ネットになっていて，正 20 面体が D ネットのノード，正 8 面体がトンネルを表す．このように，D ネットをラビリンスとしてもち，正多面体や半正多面体を籠やトンネルにもつ構造はたくさん知られている．図 8.29 はその例で，パイロクロア型構造で見られ，ノードの多面体およびそれらを結合しているトンネルは共に正 8 面体である．

8.12　パイロクロア・ユニットによる多面体ネット

パイロクロア鉱石の構造は 2 種類の D ネットが織り込まれたものと考えられる．2 種類のうち，主となる D ネットは正 8 面体が正 4 面体の骨格形状に連結したネットであり（図 8.29），副次的な D ネットは頂点を共有する正 4 面体によるネットである（図 8.7）．それらが絡み合って図 8.30 の構造になる．正 8 面体の頂点には O 原子または F 原子が配置される．正 4 面体骨格の辺上にある正 8 面体の中心には Nb または Ti が配置されるが，骨格の頂点に位置する正 8 面体の中心には原子が入っていない．正 4 面体の頂点には Na または Ca が配置され，中心には O または F が入る．ニーマンらによれば，さまざまな結晶性材料にはこれと似た構造をもつものが多い（Nyman et al. 1978）．たとえば，図 8.31 の W_3Fe_3C の正 8 面体ネットの頂点には W

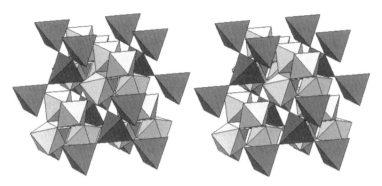

図 8.30 正 8 面体による主 D ネットと正 4 面体による副次的 D ネットから成るパイロクロア構造の立体視画像.

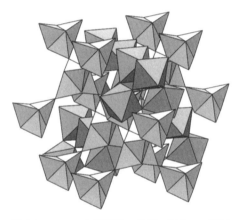

図 8.31 W$_3$Fe$_3$C 型構造.星形 4 面体の 1 辺は正 8 面体の辺の 4/5 倍.

が位置し,その中心には C 原子が入る.図 8.30 のパイロクロア構造における副次的なネットの正 4 面体は図 8.31 の場合「星形 4 面体」[*14] に代っていて,星形 4 面体の頂点には Fe 原子が配置されている(図 8.31)[*15].

ただし,一つの物質の構造に対して,幾何学的に何通りかのいろいろな解釈をすることもできる.たとえば,ニーマンとアンダーソンによって調べられた図 8.31 の拡張パイロクロア構造は,γ 黄銅型クラスターによる D ネットとみなすこともできる.図 8.32(a) は 6.4 節で考えた 26 原子の γ 黄銅ク

[*14] 訳注:正 4 面体の 4 側面に正 4 面体が載った星形.
[*15] 訳注:パイロクロア・ユニットは図 6.23 に示されている構造をいう.

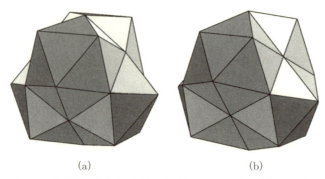

図 8.32 わずかにかたちの違う 2 種類の γ ユニット. (a) γ 黄銅における γ ユニット. (b) ニーマンとアンダーソンの拡張パイロクロア型構造における γ ユニット. ねじれ 6 角形は点対称をもつ.

図 8.33 D 型多面体ネットを作る 5 個の γ ユニットの配置.

ラスターであり,この「γユニット」の中心にある星形 4 面体の辺を少し短くすると,図 8.32(b) のように白い 3 角形でできる捩れ 6 角形を点対称にすることができ,それによって「γユニット」の 6 角形同士が噛み合った多面体 D ネットを作ることができる(図 8.33).得られる D ネットは図 8.31 における主 D ネットと同等である.この場合の副次的多面体ネットは正 8 面体による D ネットであり,γユニットと正 8 面体による空間配置の結果は図 8.34 のようになる.この構造は他にも,「Ti_2Ni 型」合金において多く見ることができる.Ti_2Ni では,中心の星形 4 面体の最内側に位置する正 4 面体の頂点をニッケル原子が占め,その他の頂点をチタン原子が占める.結

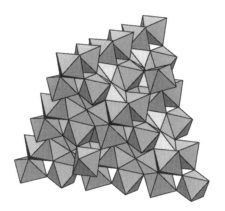

図 8.34 γユニットとパイロクロア・ユニットの配置.

局,立方晶単位胞あたり 96 個の原子が含まれる.

　ニーマンとアンダーソンによって調べられた非常に美しい $Mg_3Cr_2Al_{18}$ 構造も多面体ネットで表すことができる (Nyman & Andersson 1978). この複雑な構造について,表し方が異なる相補的な二通りの模型が考えられている.第 1 は図版 XII(口絵参照)で示されているように,多面体ネットにできている空隙部分は,それと合同な多面体ネットが入り込むのに十分な大きさであり,図版 XIII(口絵参照)のように二つが接触することなく織り込まれることができる.ニーマンとアンダーソンが考察したように,MgCrAl 相の空隙部分は図版 XIV(口絵参照)のように驚くほど正 20 面体に近い形状をもつ.

　$Mg_3Cr_2Al_{18}$ 構造の第 2 の表現は次のようになる.6.7 節でクライナーとフランゼンによって L ユニットと呼ばれた構造について紹介した (Kreiner & Franzen 1995). これは頂点を共有する 4 個の 20 面体のクラスターと 5 個の 8 面体のクラスターによって構成され,正 4 面体の対称性をもつ(図 6.24). MgCrAl 構造は,ラーベス相の正 4 面体同士のように,L ユニット同士が頂点を共有しあっている D ネットであるとも解釈することができる(図版 XV(口絵参照)).

　金属間化合物には,「星形 4 面体」を基本的な構成ブロックとする骨格構造をもつものが数多く存在する (Haüssermann et al. 1998). 星形 4 面体は

構造ユニットとして広い用途をもつ．その一つの例に$NaZn_{13}$がある．図版XVI（口絵参照）のように星形4面体と正20面体が2枚の面を共有しあっているが，じつは面と面は正確には接しないので正多面体をすこし変形して面が接するようにする必要がある（これは，バーグマン・クラスターの複合4面体構造での変形と同様である）．結局，2個の20面体が1個の星形4面体によって結合させられながら，基本立方格子の格子点に星形4面体で連結された正20面体が位置することになる（図版XVI（口絵参照））．$NaZn_{13}$の結晶では，この多面体ネットの各頂点と20面体の中心をZn原子が占有し，立方格子の中心の大きな籠に1個のNa原子が入る（Haüssermann *et al.* 1998）．その結果，Na原子は24個のZn原子に配位している．その配位殻は半正多面体4.3^4，つまりケプラーのねじれ立方8面体（図2.16の2段目右端）となり，全体としては，正4面体，正20面体，ねじれ立方8面体による空間充填と考えることができる（図版XVII（口絵参照））．ただし各正多面体と半正多面体は少し変形する必要がある．

8.13　ネットの拡大

　ここまでの二つの節で，複雑な結晶構造が比較的簡単なネットを用いて理解できることを示し，ネットの頂点や辺が，単に原子や結合を表すだけではなく，より込み入ったサブユニットの場合もあることを示した．これについてシンドラーらは「頂点は，単一の原子，二重体（dimer），配位多面体，原子のクラスター，さらに配位多面体から構成されるクラスターなどを表す．辺は，単一の結合あるいは複数の化学結合の組み合わせを表す」と述べている（Schindler *et al.* 1999）．多くの複雑な結晶性物質はそれを構築している骨格にそれらの構成要素が組み合わせられているのであるが，それを表すにはほとんどの場合最も単純な3連結，4連結あるいは（3, 4）連結のネットで充分なのである．

　複雑な合金や他の結晶性物質の構造に対応する単純なネット構造を同定できると，その結果，互いに関係しない構造が，実は互いに密接に関係していることもわかる．

　第6章で考察したように，多くの複雑構造合金は入れ子状の多面体のクラスターで構成されている．これらのクラスターは互いに原子を共有して結

8　3次元ネット　　　179

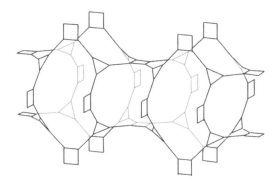

図 8.35　Pt$_3$O$_4$ ネットの切頂で得られるネット構造.

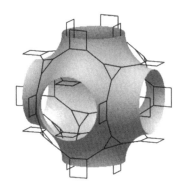

図 8.36　切頂 Pt$_3$O$_4$ ネットを二つ
織り込んだネット.

合しあって，骨格，ネット，そしてさらに複雑なクラスターを形成する．γ
黄銅（6.4節）および α-Mn（6.5節）はそれを顕著に示す例である．

　リーらおよびチェンらは，極めて大きな細孔をもち大量の気体や有機溶媒
を吸収できる MOF-14 材料の合成について報告した（Li *et al.* 1999；Chen
et al. 2001）．3連結および4連結の頂点からなる Pt$_3$O$_4$ ネットを切頂すると
図 8.35 のようになるが，このネットを二つ織り込んだものが MOF-14 の構
造を表す．図 8.36 は，二つの切頂 Pt$_3$O$_4$ ネットを織り込んで，P 曲面の二
つのラビリンスを表したものである．実際の材料では，各頂点は一つの原子
ではなく分子ユニットに対応し，織り込みの効果でかなりの安定性をもつよ
うになる．ゼオライトが工業において重要性をもつのはこうした多孔性に

よっていて，実際に安定な多孔質の材料の設計と合成が，その応用性の高さからも期待されている（Ferey 2001; Davis 2002）．

　クラスターで構成されるネットを基礎にして，複合した構造を理解し表現する方法は，たとえば，Andersson（1978），Nyman & Andersson（1978; 1979），Hellner & Koch（1981），Chabot *et al.*（1981），そして Nyman & Hyde（1981）によって進展を遂げている．

9

3重周期曲面

9.1 極小曲面

この章では空間群の対称性をもつ連続的で滑らかな「3重周期曲面」について考える．この曲面に関する文献の多くは，自然の中にもそのかたちを見ることができる「3重周期極小曲面（TPMS）」（triply periodic minimal surface）について広範囲に調べている．TPMSはたとえば液体二重膜やジブロック共重合体などの界面の形態に見られるという報告がある（Mackay 1990; 1993; Gozdz & Holyst 1996）．また，結晶質における原子配列とTPMSの間の幾何学的な関連性も非常に興味深い（von Schnering & Nesper 1987; Hyde *et al.* 1996; Klinowski *et al.* 1996; Ozin 1999; Hyde & Ramsden 2000a, b; Hyde & Ramsden 2003）．

そうしたことを説明するにあたって，この最初の節では，周期性の問題については扱わず，おもに極小曲面の基本的性質について，入門編としてまとめる．本書が扱う範囲を超えている数学的理論については，オサーマンがすばらしい案内書を書いており（Osserman 1986），またニッチェは複雑な項目について詳細にわたって解説している（Nitsche 1989）．

もう少し具体的にいうと，針金の輪に張られた石けん膜のように，閉曲線の境界をもつ領域における曲面の最小面積を数学的に求めることは古くから「プラトーの問題」として知られている（Plateau 1873; Almgren 2001; Brakke 2001）．その基礎になる微分幾何学については，たとえばコクセター（Coxeter 1969；1989，邦訳1），ロードとウィルソン（Lord & Wilson 1984），ハイドら（Hyde *et al.*, 1996）が参考になる．いずれにしろ基本的に留意すべきことは「極小曲面とは平均曲率がゼロの曲面」ということである．E_3における曲面上の点において，二つの主曲率k_1とk_2を用いると，ガウス曲率と平均曲率は$K = k_1 k_2$および$H = (k_1 + k_2) / 2$となる．

実はプラトーによる問題提起の1世紀前にはすでに二つの極小曲面が知られていた．「懸垂面」と「常螺旋面」（それぞれ円筒座標で$\rho = \cosh(z)$お

よび $z = \phi$) であり，ラプラスとムーニエによってそれぞれの極小性が示された．

またワイエルシュトラスは，E_3 における極小曲面と複素解析関数の間に次のような驚くべき対応があることを見つけた (Weierstrass 1866)（ワイエルシュトラスの公式に関する微分幾何についてはハイドとアンダーソン (Hyde & Andersson 1985) あるいはハイド (Hyde 1989) による．）．それによれば $F(w)$ を複素変数 $w = u + iv$ の解析関数とすると，パラメーター表示 $\mathbf{r}(u, v)$ と $\mathbf{r}'(u, v)$ で表される曲面，

$$\mathbf{r}(u,v) + i\,\mathbf{r}'(u,v) = \int_\omega F(w)\mathbf{n}(w)\,\mathrm{d}w, \quad \mathbf{n}(w) = (w - w^2,\, i(w + w^2),\, 2w)$$

は極小曲面である．ここで 2 枚の曲面 $\mathbf{r}$ と $\mathbf{r}'$ は「共役」(adjoint) といわれる．ある極小曲面が与えられたとき，ワイエルシュトラス関数 F に対して変換 $F \to e^{i\theta}F$ を適用することによって，つまり「ボンネ変換」(Bonnet 1853) によって，無数の極小曲面族が得られる．そのうち $\theta = \pi/2$ のときを共役極小曲面という．このパラメータ θ を 0 から $\pi/2$ まで動かして得られる曲面族の次のような性質に注目したい．連続的に変形する間，曲面はどれも「計量的」に同等でありながら，曲面の曲がりが変化していく．そして曲面上の各点での法線方向は固定していて，どの点の近傍も法線のまわりにボンネ角 θ だけ回転をしている．たとえば，「懸垂面」と「常螺旋面」は互いに共役な曲面対になっている．図 9.1 にボンネ変換によってこの二つが互いに変換される様子を示す．

極小曲面上での「測地線」(2 点間の最短経路) のうち特別な 2 本は，曲

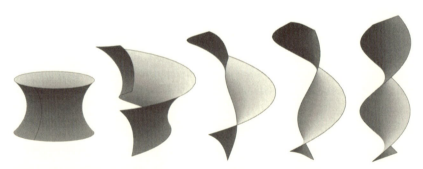

図 9.1 ボンネ変換で得られる曲面．左から，懸垂面 ($\theta = 0$)，$\theta = \pi/8$，$\theta = \pi/4$，$\theta = 3\pi/8$，常螺旋面 ($\theta = \pi/2$)．

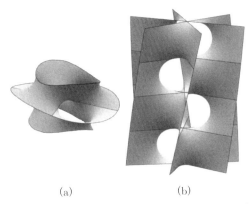

図 9.2 自己交差のない極小曲面．(a) コスタの曲面の中心部 (Costa 1982; 1984; Hoffman 1987)．この場合は 2 本の 2 回軸をもつが，埋め込まれている 2 回軸の数によって異なるかたちが存在する．この曲面は懸垂面が平面と交わる円を「トンネル」に置き換えたようなかたちになっている．(b) ケルヒャーによる極小曲面 (Karcher 1989b)．3 枚の常螺旋面が，トンネルに置き換えられた共通の軸にそって交わったものと考えられる．交差する一対の平面に同様の操作を施したものが，より単純なシャークの一重周期極小曲面となる (Scherk 1834)．

面の対称性と次のような関係をもっている．一つ目は，極小曲面のパッチ（曲面のつぎはぎ部分）の境界が直線の一部分である場合，その直線は極小曲面全体に含まれ，その曲面はその直線を軸とする 2 回回転対称性をもつ．二つ目は，極小曲面がある平面と直交するならその極小曲面はその平面について鏡映対称である．しかも，これら 2 種類の特別な測地線，つまり極小曲面上の直線と，極小曲面と平面の交線としての曲線は，極小曲面とその共役な極小曲面では互いに入れ替わる．

任意のワイエルシュトラス関数 $F(w)$ から得られる極小曲面は通常自己交差している．E_3 において解析的に無限に広げることのできる極小曲面の中では自己交差しないものが特に注目される．懸垂面と常螺旋面はこれらの例であるが，ただしそれらの中間の曲面はその例にはならない．図 9.2 に，自己交差をもたない極小曲面の例を示す．現在では，非常に多くの自己交差のないものが知られている．それについて考えるのが以下の節の主要なテー

マとなる.

9.2 シュワルツとネオヴィウス

シュワルツは，内角がすべて 60° の等辺ねじれ 4 角形（正 4 面体のペトリ多角形）[1] を境界とする極小曲面に対するワイエルシュトラス関数を見つけ，この極小曲面についてのプラトーの問題を解いた（このときのワイエルシュトラス関数は $(1 - 14w^4 + w^8)^{-1/2}$）(Schwarz 1890). この曲面の辺を軸にして 180° の回転を繰り返すことによって得られる自己交差のない 3 重周期曲面は，E_3 空間を合同な二つの領域，つまり一対のラビリンス（迷路）に完全に分割する．ラビリンスのトポロジカルな配置はラビリンス・グラフによって表すことができる．この一対のラビリンス・グラフからなるネットは「2 重ダイヤモンド」ネット（図 8.22）になっていて，曲面は D 曲面と呼ばれる．その一部を図版 XVIII（口絵参照）に示す．これはラビリンス・グラフの各ノードを囲む部分であり，18 個のシュワルツ 4 角形で構成されている．つまりシュワルツ 4 角形は，D 曲面を作るパッチ（曲面要素）となる．一般に TPMS のパッチは直線の辺を境界にもつ曲面であり，したがって曲面全体は辺を 2 回回転軸とする反復によって作られる．D 曲面の生成パッチを図 9.3 に示す．

さらにシュワルツは P 曲面を発見した．その単位胞を図 9.4 に示す．この P 曲面の最小のパッチは内角として $\pi/2$ を二つと $\pi/3$ を二つもつ．それを基に反復生成されたいくつかのパッチを図 9.5 に示す．

図 9.6 はその他の例であり，シュワルツによって発見された 2 種類の TPMS，およびシュワルツの学生ネオヴィウス（Neovius 1883）による 1 種類の TPMS を示している．

シュワルツとネオヴィウスによる先駆的な研究の後，TPMS の発展は長い間閉ざされていたが，ステスマンは，シュワルツの手法を用いて 4 角形のパッチをもつ TPMS に対するワイエルシュトラス関数を導いた (Stessmann 1934). その結果，ちょうど 6 個の TPMS が見つかった（それはシェーンフリースによって立証されている）．そのうちの二つは D 曲面と

---

[1]　訳注：ペトリ多角形については 8.10 参照.

9　3重周期曲面　　185

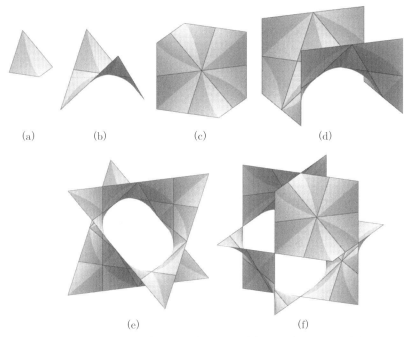

図 9.3 D 曲面の生成パッチ．(a) 最小生成パッチ，(b) 正 4 面体のペトリ多角形を境界とするシュワルツのパッチ，(c) 立方体のペトリ多角形状のパッチ，(d) 8 角形状のパッチ，(e) 二つの正 3 角形の境界の間に張られる懸垂面状のパッチ，(f) D 曲面の単位胞．

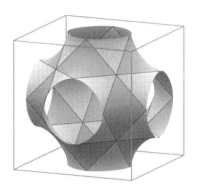

図 9.4 P 曲面の単位胞．境界の立方体の側面は鏡映面となっている．

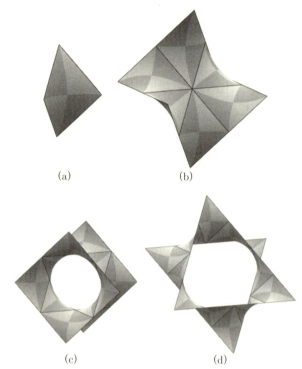

図 9.5 P 曲面の生成パッチ．(a) 最小生成パッチ．(b) 等辺ねじれ 6 角形状のパッチ．隣り合う辺のなす角はすべて $\pi/3$（正 8 面体のペトリ多角形）．(c) 正方形状に切り取られた懸垂面の形状をもつパッチ．(d) 正 3 角形状に切り取られた懸垂面の形状をもつパッチ．

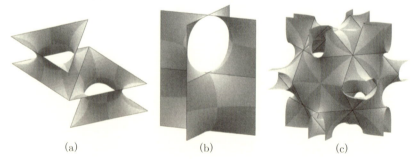

図 9.6 (a) シュワルツの H 曲面の単位胞．パッチは 2 枚の正 3 角形状に切り取られた懸垂面状．(b) シュワルツの正方晶曲面 CLP の単位胞．(c) ネオヴィウスの曲面 C(P)（P 曲面の「補完曲面」）の単位胞．埋め込まれている直線のネットワークは，図 9.4 の P 曲面のネットワークと同じ．

P 曲面であり，他の四つは直線状の自己交差をもつものである．

また自己交差をもたない TPMS にはシュワルツとネオヴィウスによる 5 種類の TPMS しかないと考えられていたが，アラン・シェーンが新たに 12 種類を発見した（Schoen 1970）．

9.3 シェーンの曲面

直線状の境界をもつパッチからできる TPMS は必ず「平衡」曲面である．つまり曲面に埋め込まれた直線についての 2 回回転操作によって二つのラビリンスは入れ替わることから，二つのラビリンスは合同である（Molnár 2002）．それに対してシェーンは鏡映面で切り取られたパッチを考え，「平衡でない」TPMS を発見することができた．その曲面は E_3 を二つの異なったラビリンスに分割する．図版 XIX（口絵参照）はその例を示していて，立方体に収まるパッチを，立方体の面を鏡映面として鏡映操作することによって得られる．そのうち I-WP という名称は，シェーンによって与えられたもので，I は空間群 $Im\bar{3}m$ を意味し，WP は一つのラビリンス・グラフが NbO ネット（図 8.25）のように「包装された荷物」(wrapped package) に似ていることを意味する．I-WP についてのワイエルシュトラス関数は

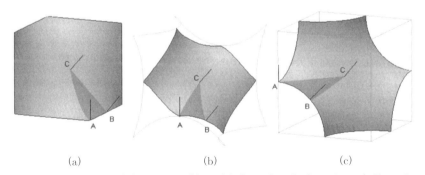

図 9.7 D 曲面にボンネ変換を適用した様子．(a) ($\theta = 0°$) D 曲面における 6 角形パッチ．基本 3 角形 ABC の頂点での法線を線分で示してある．(b) ($\theta = 38.015...°$) ジャイロイド（G 曲面）の 6 角形パッチ（薄い線で示した大きな 6 角形は単位胞の 1/8 の部分，つまり図版 XX（口絵参照）の立方体の右上前側の 1/8 部分，に含まれる部分曲面）．(c) ($\theta = 90°$) P 曲面における 6 角形パッチ．A, B, C における法線の方向は不変であり，曲面は法線のまわりに角度 θ 回転している．鏡映対称面上の直線あるいは曲線が (a) と (c) の間で移り替わっていることに注目．

リディンらによって得られている（Lidin *et al.* 1990）．

シェーンの発見のうちでも最も有名なものは G 曲面とか Y* 曲面と呼ばれているジャイロイドである．図版 XX（口絵参照）にその単位胞を示す．ジャイロイドは「埋め込まれた直線をもっていない」TPMS であるにもかかわらず「平衡」曲面である．二つのラビリンスは互いに鏡像体であり，曲面上の中心に関する変換 $\bar{3}$ と $\bar{4}$ によって互いに重なる．それぞれのラビリンス・グラフはウェルズの (10, 3)-a で表される．D 曲面と P 曲面は互いに共役な極小曲面であることはすでに述べたが，ボンネ変換による単一パラメータ θ による曲面族において，D 曲面（$\theta = 0°$）と P 曲面（$\theta = 90°$）の間の $\theta = 38.015...°$ のときがジャイロイドにあたる（図 9.7）．

9.4 生成曲面パッチ

フィッシャーとコッホは，著名な一連の論文において，それまで未知であった多くの曲面を詳細な写真付きで発表した（Fischer & Koch 1987; 1989a, b, c; 1996; Koch & Fischer 1988;1989a, b）．それは，自己交差を含まない 3 重周期極小平衡曲面 TPMBS [*2] を導くための生成曲面パッチあるいは生成パッチを系統的にまとめたものだった．TPMBS の対称性は二つの空間群によって指定される．一つは表裏二つの面（つまり二つのラビリンス）を入れ替える操作も含めた曲面そのものの対称群 G と，もう一つは片方のラビリンスのみの対称群 H であり，H は G の指数 2 の部分群になっている．曲面に埋め込まれる直線で構成される骨格は，H ではなく G に属する 2 回回転軸の集まりである．コッホとフィッシャーは TPMBS の存在に矛盾しない G-H 対のすべての可能性を列挙した（Koch & Fischer 1988）．全部で 547 個ある．

たとえばシュワルツとネオヴィウスによる TPMBS の G-H 対称性は，D: $Pn\bar{3}m$-$Fd\bar{3}m$，P および C(P): $Im\bar{3}m$-$Pm\bar{3}m$，H: $P6_3/mmc$-$P6m2$，CLP: $P4_2/mcm$-$P4_2/mcm$ である（最後の例では，「無限」群 G の真部分群 H は G に同型であるという特徴がある）．ジャイロイドは対称性 $Ia\bar{3}d$-$I4_132$ をもつ．

このように考えると，新しい極小曲面を探す方法は，2 回回転軸の骨格を

---

*2　訳注：TPMS との違いに注意．

調べて，曲面が生成パッチを基にしてどのように張られているのかを知るということになる．生成パッチはトポロジカルには「円盤」と同じ場合がある．たとえば図 9.3(a)–(d) に示される D 曲面や図 9.5(a), (b) の P 曲面の多角形状のパッチや，図 9.6(b) の CLP 曲面の 4 分の 1 の部分に見られるパッチなどに見られる．あるいは D 曲面，P 曲面，H 曲面などの正 3 角形の対によって張られるパッチはトポロジカルには「懸垂面」と同等であ

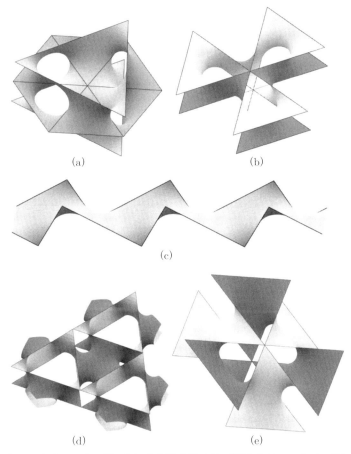

図 9.8 生成パッチの例．(a) 分岐懸垂面 BC1（対称性 $P6_522$-$P6_3$）．(b) 多重懸垂面 MC1（$P6_3/mcm$-$P\bar{6}_2m$）．(c) 無限帯 ST1（$P6_222$-$P6_422$）．(d) シェーンの C(H) 曲面に対する 3 種類の出口付き懸垂面（$P6_3/mmc$-$P\bar{6}m2$）．(e)「MC」型の変形（Lord 1997）．MC1 曲面と同じ 2 回回転軸層をもつ．曲面全体の対称性は $P\bar{3}1m$-$P\bar{3}1m(2c)$．

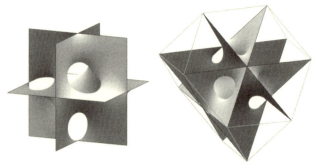

図 9.9 鞍形多面体の辺による骨格に張ることによって得られる独特のパッチ例.

る．他にも，「分岐懸垂面 (BC)」，「多重懸垂面 (MC)」，「出口付き懸垂面」，あるいは「無限帯 (ST)」なども考えられる (図 9.8).

そんな中で，フィッシャーとコッホによって二つのきわめて興味深い TPMBS が見つかった (Fischer & Koch 1987). 対称性 $Ia\bar{3}$-$Pa\bar{3}$ をもつ $\pm Y$ と $C(\pm Y)$ である．これらは鏡映対称性をもたず，埋め込まれた 2 回回転軸は 3 組の互いに垂直な平行線の族を構成して，互いに交わることがなく，したがってこれらの直線による閉じた回路は存在しない．これら二つの曲面の生成パッチは，必然的に曲線部分と直線部分を同時にもち，曲線部分の境界は測地線になるように取ることができる．フィッシャーとコッホでは，円盤様の 18 角形の生成パッチが与えられている (Fischer & Koch 1987; 1989c). 図版 XXI (口絵参照) にはそれとは別の 9 角形と 9 角形懸垂面のパッチを示す．この図は，立方体状単位胞の 8 分の 1 の部分となっている．したがって，図の立方体の 8 個の頂点は，曲面上に存在している曲面の反転中心 (つまり，$\bar{3}$ の対称性の中心) となる．

S 曲面 (Fischer & Koch 1987) の生成パッチの境界である 12 角形は別にして，立方体の対称性をもつ TPMS に巡らすことが可能な直線でできる有限の骨格は限られていて，図 9.23 に示されている鞍形多面体の辺の配列のみである．そこに示される多面体の面は，次のような TPMBS の生成パッチになっている：P 曲面と C(P) 曲面は 9.23(a) から生成され，D 曲面とシェーンの C(D) 曲面は 9.23(b)，D 曲面は 9.23(c)，D 曲面と P 曲面は 9.23(d) から生成される．さらに複雑な方法を用いれば，他の TPMS も鞍形多面体の辺を張り巡らして得ることが可能である (図 9.9).

9.5 基本曲面パッチ

3 章で述べたように，『結晶学に関する国際表』（Hahn 1995）は，それぞれの空間群 G に対して群の操作を繰り返すことによって E_3 を充填することができる「非対称ユニット」を定めている．3 重周期ネットあるいは 3 重周期曲面の分類は，この非対称ユニットの構造を調べることによって可能になる．ただしネットの場合にはあまりこの手法は用いられていないようである（Schoen 1967; Goetzke & Klein 1991）．

3 重周期曲面は，非対称ユニット内の基本曲面パッチあるいは「基本パッチ」を指定することによって定めることができる．この非対称ユニットの境界面は，鏡映面かあるいは 2 回軸を含むような面であることが多い．その場合 TPMS の基本パッチは，2 回軸と鏡映面内の測地線をその境界にもつ多角形となる（Fogden 1994; Fogden & Haeberlein 1994; Lord 1997）．たとえば図 9.3-9.6 の基本パッチは生成パッチを作っている 3 角形である．

ケン・ブラッケによって開発された「Surface Evolver」は，作者のウェブサイトから無償でダウンロードでき，極小曲面の構造を調べることが可能な汎用的なソフトウェアである（Brakke 1992; 1996; Mackay 1994）．とりわけ，直線と鏡映面によって切り取られた極小パッチを（有限要素法を用いて）求め，得られた曲面を広範囲に表示することが可能である．そのため多くの TPMS 研究に用いられている（Karcher & Polthier 1996; Lord 1997; Mackay 2000; Lord & Mackay 2003）．

フォグデンとハイド（Fogden & Hyde 1992a, b; 1993）はシュワルツの方法を拡張して多くの TPMS を解析し，新しいさまざまな TPMS を発見した（Fogden 1994; Fogden & Haeberlein 1994）．その方法は，まず直線と鏡映面で切り取られた基本パッチの頂点における法線と内角について知ることから始まる．以下にその方法の概略を示す．

E_3 における曲面は，曲面上の各点 p を，単位球面上の位置ベクトル $\mathbf{n}$（$\mathbf{n}$ は点 p が曲面上でもつ単位法線ベクトル）をもつ点に写像することができる．これは「ガウスの球面表示」と呼ばれる．その単位球面を平面にステレオ投影すると，平面上の点は複素平面上の点 $\omega = u + iv$ とみなすことができる．例として，図 9.7 における D 曲面，G 曲面，あるいは P 曲面の 6 角形パッチについて示したものが図 9.10 である．極小曲面上の 6 角形パッチの外周に

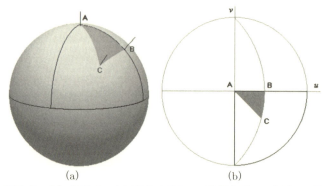

図 9.10 (a) 曲面パッチに関するガウスの球面表示．P 曲面，G 曲面，D 曲面の三つとも，曲面法線ベクトルが同じであり，同一の図で表される．(b) ガウスの球面表示のステレオ投影．D 曲面（または G 曲面あるいは P 曲面）のワイエルシュトラス関数は点 C に分岐点をもつ．

沿った回路は，球面上では半球の 4 分の 1 である 3 角形状領域の外周に沿った回路の二回り分として表される．同時に，3 角形状基本パッチの点 C における角度 $\pi/6$ は球面上の点 C においては $\pi/3$ になる．このことは，極小曲面での点 C が「平坦点」つまりガウス曲率がゼロである点であること，そして図 9.10(b) における点 C がワイエルシュトラス関数の「分岐点」であることを反映している．極小曲面での平坦点の次数はワイエルシュトラス関数の分岐点の次数に一致するので，TPMS のワイエルシュトラス関数を求めることは，その平坦点とそこでの法線ベクトルを特定し分類することに他ならず，ある位置のある次数の分岐点をもつ解析関数を構築することでもある．

9.6 直方晶，菱面体晶，正方晶の変形体

ボンネ変換は，ある極小曲面を出発点にして，極小曲面の単一パラメータ θ による曲面族を生成する．得られる曲面は，三つ組の極小曲面 D, G, P のような例外を除き，きわめて複雑な自己交差をもつ．それでも，TPMS とその共役曲面 ($\theta = \pi/2$) の基本パッチの境界線の間には興味深い関係がある．つまり，辺の長さは保持され，直線の辺は鏡映面上の辺に移動し，鏡映面上の辺は直線の辺に移る．ケルヒャーは，互いに共役な基本パッチがもっているこれらの性質を調べ上げ，自己交差をもつ共役曲面の場合も含め

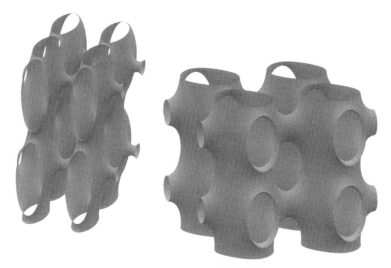

図 9.11 P 曲面の直方晶変形体.

て，極小曲面に関する有用な計量的性質を求める方法（共役境界法）を開発した（Karcher 1989a, b; Karcher & Polthier 1996）．

それとは別種の曲面族も，単位胞の軸方向の比率を変化させることによって現れる．この方法で得られる TPMS では，トポロジカルな性質が同じでも，計量的な性質に違いが出る．P 曲面における直方晶変形体の例を図 9.11 に示す．

一方，正方晶系，三方晶系，六方晶系の対称性をもてば，どんな TPMS にも基本格子（図 3.1）の c/a 比の値によって無数の変形体が存在する．ただし c/a にはある臨界値があって，その値を超えると，二つの境界面が離れすぎて懸垂面状の曲面を架けられなくなり，極小曲面が存在しなくなる（Lidin 1988）．それに対して c/a が臨界値より小さいならば，同じ空間群の対称性とトポロジーをもつような，計量的に異なる二つの TPMS が存在する．その場合，懸垂面状のトンネルが細くくびれているほど不安定になる．

また，「立方晶系」の対称性をもてば，どんな TPMS も二つの無限曲面族に同時に属する．格子を［１００］方向に拡大・縮小することによって得られる正方晶系の曲面族と，［１１１］方向に拡大・縮小することによって得られる菱面体晶系の曲面族である．たとえば，D 曲面の図 9.3(e) と P 曲面の図 9.5(d) において，一対の正 3 角形の間に架かる懸垂面状のパッチを見てわかることは，D 曲面と P 曲面が一般には菱面体晶の対称性をもつ TPMS

図 9.12 ジャイロイドから D 曲面（あるいは P 曲面）の菱面体晶変形体に変形していく過程．基礎となる六方晶系格子単位胞内の曲面の部分を示す．

の二つの特別な場合だということである．これは，対称性 $R\bar{3}m$-$R\bar{3}m$(2c) をもつ曲面族 rPD となる．この特殊な D 曲面と P 曲面の c/a の値はそれぞれ $1/\sqrt{6}$ および $\sqrt{2}/4$ である．

ジャイロイドが属する菱面体晶 TPMS の曲面族 rG（あるいは rY*）が見せる現象には興味深いものがある (Fogden *et al.* 1993)．図 9.12 に（6 角座標系での）単位胞の中身が変化する途中経過を示す．図からわかるように，この単位胞における c/a の値が増えるに従って，平面 $z=0$ および $z=1/2$ による曲面の切り口の曲線が直線に近づき，最終的に，平面内の正 3 角形ネット間に架かる懸垂面による曲面になる．いい換えると，二つの曲面族 rPD と rG は共通の要素をもつ．このように，D 曲面，G 曲面，P 曲面は，基本格子のボンネ変換とは全く異なる連続的な変形によって相互に転換可能なのである．その場合，変形途中の中間状態の曲面はすべて自己交差をもたない．

ボンネ変換をシュワルツのH曲面に適用すると，さらにおもしろい現象が起きる（Lidin & Larsson 1990）．あるc/aの値に対して，ボンネ変換による曲面族が，曲面族rGに含まれる曲面を含むのである．

典型的なTPMSや，正方晶および菱面体晶のTPMS曲面族の相互関係に関してはフォグデンとハイドにおいて詳しく論じられている（Fogden & Hyde 1999）．

9.7 極小曲面と双曲面

TPMSは双曲面H_2に等角写像することができる．図9.13は双曲群 *642の基本領域によるH_2のタイリングをポアンカレ表示したものである（Coxeter 1989, 邦訳1）．H_2のポアンカレ表示は等角的である（つまり角度は正しく表示される）．この図から明らかに正多角形タイリング6^4と4^6を見分けることができる．

H_2におけるこの基本3角形領域が基本パッチに写像されるようにすると，H_2を極小曲面D, G, Pに等角的に写像することができる（Sadoc & Charvolin 1989）．TPMSに関する多くの研究でこの写像が用いられている（Hyde 1991; Oguey & Sadoc 1993; Hyde & Ramsden 2000a, b; Hyde & Ramsden 2003）．

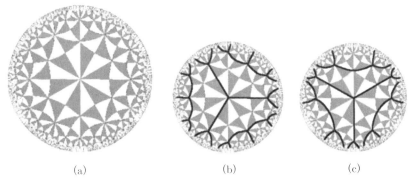

(a)　　　　　　　　(b)　　　　　　　　(c)

図9.13 (a) 双曲面におけるタイリング$(6, 4)^{*3}$に対する対称性の基本領域．対称群はオービフォールド記法（2.2節）で *642．(b) および (c) 双曲面での3連結木の二通りの配置．

---

*3　訳注：6角形が四つ集まる頂点でできている．

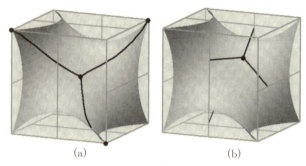

図 9.14 (a) ジャイロイドでの曲線状の (10, 3)-a ネットの部分図．I4₁32 の単位胞の 1/8 が示されている．二つの織り込まれたネットを含む単位胞全体は，図の立方体表面に書き入れられている軸についての半回転を組み合わせて得られる．(b) ジャイロイドのラビリンス・グラフの一部．

　双曲面から TPMS への写像は多対一である．極小曲面におけるある種の有限対称性（分かりやすい例では P 曲面の 4 回回転対称性）は，双曲面では双曲的な並進で表される．D 曲面，G 曲面，P 曲面の対称群（それぞれ $Pn\bar{3}m$, $Im\bar{3}m$, $Ia\bar{3}d$）は，図 9.13(a) に示されたタイリングの双曲的対称群の商群である．

　H_2 から TPMS への写像が多対一であるという性質は，ハイドとラムスデンによる織り込まれた 3D ネットの発見に活かされた（Hyde & Ramsden 2000b）．図 9.13(b) と (c) は（$2\pi/3$ の角をもつ）合同な 3 連結木が無限に伸びている様子を示す．いずれのパターンでも木は交差せず，すべての 6 角形タイルの中心は木の頂点になっている．そのうち (b) の木構造を D 曲面に写像すると，「四つ」の織り込まれた (10, 3)-a ネットが得られ，(c) の木構造を P 曲面に写像すると，「八つ」の織り込まれた (10, 3)-a ネットが得られる．これらは図 8.24 に示されているコクセター–ペトリ多面体の表面上に描かれているネットと同じものである（多面体 {6, 6} は D 曲面と同じ G-H 対称性とトポロジーをもち，多面体 {6, 4} と {4, 6} は P 曲面と同じ G-H 対称性とトポロジーをもつ）．

　図 9.13(b) の木構造をジャイロイド上に写像すると奇妙な図形が得られる．曲線の辺でできた二つの 3D ネットが織り込まれているのである（図 9.14）．頂点にできている角度はどれもウェルズの (10, 3)-a におけるよう

に $2\pi/3$ である.ただし,頂点を動かすことなく辺を引っ張って伸ばすと,できる角は正4面体に見られる $109.5°$ になる(これは2重ダイヤモンド配列(図 8.22)における4本の辺のうち1本を規則立てて取り去ることによって得ることができる).織り込まれた二つの (10, 3)-a ネットはまったく合同で,ともに右手系かともに左手系となっている.これはジャイロイドで二つの鏡像ラビリンスが織り込まれているのとは対照的である.同じような方法を用いると,三つの織り込まれた (8, 3)-c ネット(図 8.23)を H 曲面上に作図することができる(Hyde & Ramsden 2000b).

9.8 自己交差をもつ3重周期極小曲面

ステスマンによって分析された六つの TPMBS のうちの四つには自己交差線がある(Stessmann 1934).ところが,ステスマンはこの興味深い性質に注目していなかった.自己交差する TPMBS について最初に考察したのはシェーン(Schoen 1970)であり,不思議な形態をもつ「向き付け不可能」な(つまり単側の)曲面が発見された(図 9.15).それに対して,コッホとフィッシャーは,徹底した系統的調査によって,直線の自己交差をもつ 70 種類以上の TPMBS を発見している(Fischer & Koch 1996b; Koch & Fischer 1999; Koch 2000).

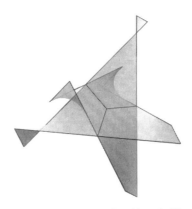

図 9.15 シェーンの向き付け不可能な曲面の断片.6 枚の5角形パッチから成る.直線はすべて対称群 I4,32 の2回軸.

極小曲面に埋め込まれている直線は，事実上，2回回転対称軸である．したがって，曲面が自己交差している部分の直線の近傍では，曲面の2枚の分岐部分が互いに交差していて，交差の角度が$\pi/2$のときその自己交差直線は4回回転軸になり，曲面の3枚の分岐部分が互いに$\pi/3$で交差するときは6回軸になる．また自己交差直線が対称群の鏡映面上にあるときは，曲面の分岐部分の枚数は2倍になる．

さらに，極小曲面が，3本の自己交差直線が互いに$2\pi/3$の角度をなして分かれる「分岐点」をもつ可能性も考えられる．シェーンの向き付け不可能な曲面はこれにあたる．この曲面は5角形のパッチをもち，その内角の一つは$2\pi/3$である．この場合，自己交差直線が分岐点を終点としている様

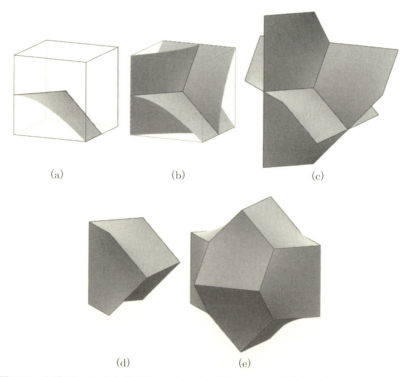

図9.16 曲面 WI-00．(a) 単位胞の1/8の中の基本パッチ．立方体の面は鏡映面となる．(b) 6枚の基本パッチによってできる分岐点．(c) 6枚の5角形による生成パッチ．5角形における$2\pi/3$の内角の対辺もまた自己交差直線になっている．曲面全体は (d) と (e) の2個の多面体タイリングで構成される．

子に注目してほしい（図9.15）．自己交差直線の全体は（10, 3)-a ネットを構成している．

自己交差がない場合，TPMS は E_3 を二つのラビリンス領域に分割するが，自己交差直線をもつ場合は，豊富な図形的可能性をもっている．たとえば，空間は二つ，四つ，あるいは八つの3重周期ラビリンスに分割される．あるいは空間に単一周期的な管構造や2重周期の層構造が構成される．あるいは有限の小胞に分割されたりそれらが組み合わせられたりする．以下にその例を二つ紹介する（Fischer & Koch 1996b)．

図 9.16 に作り方を示す曲面 WI-00 は，5 角形のパッチをもち，(d) と (e) のような5角形の面からなる2種類の鞍形多面体によるタイリングによって構築される．大きい方のタイル（図 9.16(e)，変形 5 角形による 12

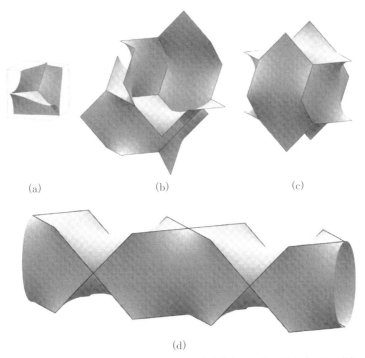

図 9.17　曲面 WI-10．(a) 鏡映面でできた立方体中の 6 枚の基本パッチ．(b) 分岐点を囲む 6 枚の（8 角形の）生成パッチ．(c) WI-10 による空間の分割に含まれる有限の小胞，および (d) 無限に続く管状領域（管状領域は互いに垂直な 3 方向に平行な 2 回軸に沿って平行に走る）．

面体) の中心は格子複合体 I の頂点に位置し，小さい方のタイル (図 9.16 (d)) の中心は格子複合体 W の頂点に位置する (3.5 節を参照). フィッシャーとコッホによって，これらのタイルは，$CrSi_3$ 構造における Si と Cr の位置にそれぞれ対応していることが示された．

図 9.17 に示す曲面 WI-10 は WI-00 と密接に関係している．その生成パッチは 8 角形であり，空間は有限の大きさをもつ 2 種類の小胞と管 (チューブ) で構成されている．小胞は，図 9.25 における 2 種類の 8 角形の面を含む 3D タイリングにおける 2 種類の鞍形多面体の一つに一致する．この曲面には次のようなおもしろい性質がある．つまり，図 9.25 における一方の種類のタイルの 8 角形をすべて取り除くと，残りの部分は P 曲面になり，他方の種類のタイルの 8 角形をすべて取り除くと WI-10 曲面が残るのである！

WI-00 と WI-10 はともに対称性 Pm$\bar{3}$n をもち，WI-10 は向き付け可能であるが，WI-00 は向き付け不可能である．

エルザーは，空間群 Ia$\bar{3}$d の 3 回軸の集合に張られる極小曲面の興味深い配置について考察している (Elser 1996). まず 3 回軸を互いに交差しないようにとる (つまり図 4.15(b) に示されている空間に配置された円柱の中心軸に一致するようにとる). この軸は，それを通って曲面が広がるのでは

図 9.18　現代の 3 重構造アルキメデス・スクリュー．アルキメデス自身が使用したものを模したもの．シチリアの塩工場博物館所蔵．

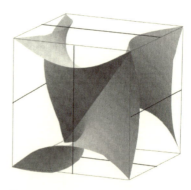

図 9.19　エルザーの「アルキメデス・スクリュー」における，Ia$\bar{3}$d の単位胞の 1/8 部分．

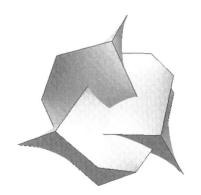

図 9.20 相互貫入する三つの鞍形多面体．織り込まれた三つの（変形）Dネットの一部分．

なく，極小曲面の泡が集まるように，$2\pi/3$ の角度で交差する 3 枚の曲面の境界線になっているとする．そうすると曲面は E_3 を三つの 3 重周期ラビリンスに分割する．この曲面は 3 回軸のまわりにねじれていて，その様子はちょうど揚水用装置におけるアルキメデス・スクリュー（図 9.18）に似ている．図 9.19 は Elser の「アルキメデス・スクリュー」配置に対する単位胞の 1/8 の部分を示している．曲面全体は，図に示してある立方体面上の 2 回軸まわりの回転を繰り返すことによって得られる．図版 XXII（口絵参照）は 3 回軸の方向から見た単位胞の立体視用画像である．

　三つのラビリンスのそれぞれに対するラビリンス・グラフは，D ネットを正方晶的に（1 本の $\bar{4}$ 軸方向に $1/\sqrt{2}$ 倍になるように）変形したようになっている．図 9.20 は三つの D ネットを織り込んだものであり，4 枚のねじれ 6 角形でできた相互貫入する 3 個の鞍形多面体で表されている．

9.9　3 重周期曲面のタイリング

　TPMS 上のタイリングのうち，ほんのわずかな例についてはすでに紹介した．その中で，3 重周期曲面の生成パッチは曲面を生成するというだけではなく，曲面の単一図形タイリングを作り出すことも見てきた．とりわけ，D 曲面，G 曲面，P 曲面上の (10, 3)-a ネットは，2D 双曲面における配置として解釈できる 3D ユークリッド空間における構成例であり興味深いもの

である.

　第2章で，種数 g の曲面におけるタイリングについて，すべての頂点の連結状態が同じものに共通するトポロジカルな性質を紹介した．その性質を3重周期曲面で考えるには，曲面の種数を定義する必要がある．その場合，単位胞に含まれる曲面の部分を考えると定義のしかたがはっきりする．この部分に含まれる任意のタイリングから，種数は $g = 1 - \chi / 2$，$\chi = V - E + F$ に従って計算できる．格子の基本単位胞を用いると都合がよいので，「平衡」曲面の場合は部分群 H（ラビリンスの対称性）の基本単位胞を用いる．これはフィッシャーとコッホが採用した方法である．

　結局，D，G，P の各曲面の種数は3であり，これらの曲面の3連結タイリングに対して，

$$3F_3 + 2F_4 + F_5 - F_7 - 2F_8 \cdots = 6(2 - 2g) = -24$$

が成り立つ．この式から，（グラファイトシートのような）3連結ネットを構成する6角形の間に，基本単位胞あたり「12個の8角形」が混入できることがわかる（Mackay & Terrones 1991）．その例として，図2.21にP曲面の二つ並んだ単位胞の上のタイリングの様子を示した．

　ウェルズ（Wells 1977）は多面体 {7, 3} についていろいろな図を紹介した．その中に，P曲面，G曲面，D曲面の3種類の7角形タイリングが示されていて，基本単位胞あたり24個の7角形を含んでいる．それらは図9.21に示されている H_2 平面のタイリングからの写像として得られた．図9.21の7角形による H_2 タイリングは，図9.22の正7角形による H_2 タイリング 7^3 とは異なることに注意したい．図9.21のタイルはすべて合同であり，すべての角度は $2\pi/3$ であるが，（双曲面上の）辺長のすべてが等しくはなっていない．D曲面上の双対多面体 {3, 7} は，20面体ノードが8面体のトンネルで結合されたかたちをしていて，その面は7枚の正3角形がすべての頂点に集まっている形状をもつ（図版 XI（口絵参照））．ゼオライト骨格とこの H_2 のタイリングとの関係はブラムらによって示されている（Blum *et al.* 1988）．ハイドとアンダーソンは，自然界に見られる多くのネットワーク構造，たとえばゼオライト，ケイ酸塩（シリケート），クラスレート・ハイドレート（包接水和物）などの構造に対して，TPMSのタイリングを独創的に表現している．こうして曲面上のタイリングは次つぎと双曲面のタイリン

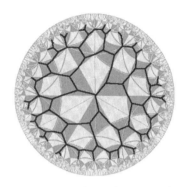

図 9.21 双曲面での 7^3 タイリング．正方形タイリング 4^6 と重ねてある．4角形を D 曲面，G 曲面あるいは P 曲面の基本パッチの対に写像すれば曲面上の7角形タイリングが得られる．

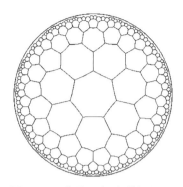

図 9.22 双曲面の正7角形タイリング 7^3．

グに関係させられている（Andersson & Hyde 1984; Hyde & Andersson 1985; Hyde 1991; Hyde & Ramsden 2000a, b）．

9.10 鞍形多面体

多面体のうち，辺は直線であるが，面が平面でなく曲面になっているものを鞍形多面体という（Schoen 1968）．面となる曲面としては，たとえばねじれ多角形状の枠に張られた極小曲面を選ぶことができる．ウィリアムズはプラトンの立体やアルキメデスの立体から鞍形多面体を作り出す方法を提案した（Williams 1979）．たとえば，多面体の各辺の中点を多面体の中心に向かって一律に移動させて p 角形の面をねじれ $2p$ 角形に変えるのである．

鞍形多面体のうちでも，組み合わせて E_3 タイリングができるものが重要であり，その中でも，2種類あるいは1種類の鞍形多面体による E_3 タイリングについて，特におもしろい例を図 9.23〜図 9.25 に示す．

図 9.23(a) の2個の多面体の大きい方（下部）の辺で構成される骨格は，切頂8面体を構成する正6角形の対角線であり，構成面はねじれ4角形とねじれ8角形となっている．この2種類の多面体で空間充填ができる．4角形面は P 曲面（図 9.4）の生成パッチであり，8角形面は C(P) 曲面（図 9.6

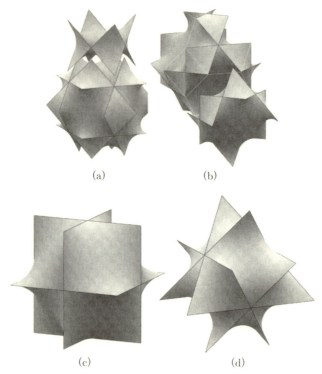

図 9.23 鞍形多面体による E_3 タイリング．(a) 空間充填する 2 種類の鞍形多面体．P 曲面を構成する 4 角形パッチと C(P) 曲面を構成する 8 角形パッチから構成される．(b) 空間充填する 2 種類の鞍形多面体．4 角形パッチは D 曲面を構成し，12 角形パッチは C(D) 曲面を構成するものに等しい．(c) 空間充填する多面体．面は D 曲面の 6 角形パッチである．(d) P 曲面の 6 角形パッチと D 曲面の 4 角形パッチによるタイル．このタイルは組み合わせ方によって，P 曲面のラビリンスと D 曲面のラビリンスの，異なる対称性をもつ二通りのラビリンスを構成できる．それらのラビリンスはともに空間を 2 等分する．

(c)) の生成パッチに等しい．

図 9.23(b) の 2 種類の鞍形多面体でも空間充填が可能である．大きい方の鞍形多面体の辺は，切頂 8 面体の 6 枚の正方形の対角線と 4 枚の正 6 角形の対角線となっている．2 種類の多角形面はシュワルツの D 曲面とシェーンの C(D) 曲面の生成パッチに等しい．

図 9.23(c) の鞍形多面体における 6 角形は立方体の「ペトリ多角形」で

あり，その面は D 曲面のパッチに等しい．

図 9.23(d) の鞍形多面体を構成する面は，D 曲面のパッチである 4 角形（辺は正 4 面体のペトリ多角形）と，P 曲面のパッチである 6 角形（辺は正 8 面体のペトリ多角形）である．この鞍形多面体の辺は切頂 4 面体における正 6 角形の対角線になっている．

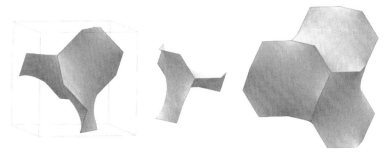

図 9.24　おもしろい形状をもつタイル．ねじれ 10 角形の面でできている 3 面体（左，中）を三つ組み合わせたクラスター（右）．これらを組み合わせてできる E_3 タイリングの辺は，ジャイロイドのラビリンス・グラフになっている（ウェルズの (10, 3)-a ネット）．

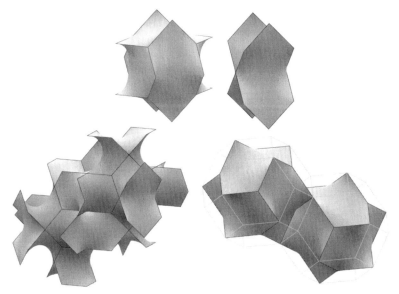

図 9.25　おもしろい 2 種類の空間充填．それぞれ 2 種類のねじれ 8 角形の面で構成される．頂点と辺でできるネットは Pt_3O_4 ネットになっている．

図 9.23 の 4 種類のタイリングはすべて，ピアス（Pearce 1978）において論じられている．また，これら 4 種類の空間充填タイルの辺は，極小曲面である P 曲面，D 曲面，C(P) 曲面，C(D) 曲面に埋め込まれている直線に重なるために，TPMS の理論では特に重要視されている（Lord & Mackay 2003）．特におもしろいのはこれらによるラビリンスは空間をただ半分だけタイリングすることによって得られるということである[*4]．図 9.24 と図 9.25 も鞍形多面体による空間タイリングの例で，これらからも鞍形多面体による空間タイリングの多様性がうかがわれる．

ステファン・ハイドは鞍形多面体（および極小曲面）による 3D タイリングと物質構造における原子配置の関連性について興味深く論じている（Andersson & Hyde 1984; Hyde *et al.* 1984; 1996）．

9.11　いろいろな 3 重周期曲面

TPMS の特徴は空間群の対称性とトポロジーによって与えられ，それと同じ対称性とトポロジーをもった非極小の曲面を考えることもできる．その明らかな例としては，いろいろな種類の多角形面をもつ 3 重周期曲面がある．あるいは，滑らかな曲面だけを考えるなら，TPMS つまり平均曲率がゼロの曲面の次に，平均曲率が一様の曲面を考えるべきであろう．たとえば「プラトーの問題」のような境界の曲線の間に張られる「石けん膜」において，膜の両側の気圧が異なるときに曲面は一様平均曲率をもつ．

理論的には，すべての極小曲面 S は，一様平均曲率をもつ単一パラメータ曲面族に属する，つまり div $\mathbf{n} = 0$ を満たし S 上で S の法線に一致する向きの単位ベクトル $\mathbf{n}$ のベクトル場に垂直な曲面族に属する．この手法は単純そうに見えるのであるが，実際の問題ではきわめて扱いにくい．ところで，Surface Evolver ソフトウェアは，極小曲面を調べるのには向いていないのであるが，ラビリンスに体積拘束条件を課すことによって，一様平均曲率をもつ 3 重周期曲面を容易に扱うことができる．その例として，図 9.26 は「2 重ダイヤモンド構造」をもつ曲面を表している．二つの枝は極小 D 曲面によって隔てられていて，それぞれのラビリンス・グラフを囲む二つの

[*4]　訳注：つまり空間を 2 等分する．

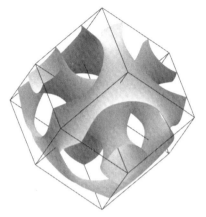

図 9.26 一様平均曲率をもつ2重ダイヤモンド曲面．境界面である菱形12面体の各面は鏡映面になっている．

管構造配置になっている．

3重周期曲面の重要な例としては，他に，金属のフェルミ面（Harrison 1961; Mackintosh 1963）や，イオン結晶材料のように規則的に並んだ正負の電荷の3重周期配列によって作られる等電位面などをあげることができる．たとえば，CsCl構造のように $(0, 0, 0)$ と $(1/2, 1/2, 1/2)$ にある2種類のイオンが作るゼロポテンシャル面はP曲面によく似ている．同じように，NaCl構造が作る「等ポテンシャル面」はネオヴィウスの曲面 C(P) と似ている．

3重周期曲面を生成する方法はさらに発展していて，ブロック共重合体 (block copolymer) で見られる分離面，つまり2個の物質が占める二つの領域が示すラビリンスの構造を理論的にシミュレートすることにも適用されている．それには，古くから結晶研究に用いられ，X線結晶学のフーリエ変換で使われる「構造因子」が応用される．こうして得られる「節曲面」と「等位曲面」については次節で紹介する．

9.12 節曲面と等位曲面

x, y, z を結晶の格子点の座標とすると，関数

$$F_{hkl} = \cos(hX + kY + lZ - \alpha) \qquad (X = 2\pi x,\ Y = 2\pi y,\ Z = 2\pi z)$$

は (hkl) の方向の平面波を表す．これを単位胞内の，空間群に関して等価な (x, y, z) の位置にあるすべての同種原子についてそれぞれ加える．さらに，異種原子についてそれぞれの重みを付けて加えることによって，(hkl) 平面からの反射によってできる回折パターンの振幅と位相が得られる．

3 重周期曲面を求めるために，関数 F_{hkl} を対称性の等価な h, k, l の値について加えたものを $f_{hkl}(x, y, z)$ として，それによって $f_{hkl} = 0$ で与えられる「節曲面」とそれに付随する $f_{hkl} =$ 一定 で与えられる「等位曲面」が定義される（von Schnering & Nesper 1991; Schwarz & Gompper 1999）．

h, k, l の値が小さいときは，同じ空間群の対称性をもつ既知の極小曲面に極めて近い節曲面が得られる．近似的な極小曲面が D 曲面，G 曲面，P 曲面になるとするときの近似の精度がランベルトらによって単位体積あたりの面積値の形式で見積もられている（Lambert *et al.* 1996）．f_{hkl} の値が大きいときは大きい種数をもつ複雑な曲面になる．フォン・シュネリングとネスパーは有名な極小曲面に対応させることができる関数を一覧表にした（von Schnering & Nesper 1991）．その一部を次表に示す．

類似の TPMS	空間群 H	hkl	$f(x, y, z)$
D	Fd$\bar{3}$m	111	$\cos X \cos Y \cos Z + \sin X \sin Y \sin Z$
G($=$ Y*)	I4$_1$32	110	$\sin Y \cos Z + \sin Z \cos X + \sin X \cos Y$
P	Pm$\bar{3}$m	100	$\cos X + \cos Y + \cos Z$
C(P)	Pm$\bar{3}$m	100	$\cos X + \cos Y + \cos Z$
		111	$+ 4 \cos X \cos Y \cos Z$
IWP	Im$\bar{3}$m	110	$2(\cos Y \cos Z + \cos Z \cos X + \cos X \cos Y)$
		200	$-(\cos 2X + \cos 2Y + \cos 2Z)$

関数の概形を図示するのにはマセマティカ（Mathematica）が最適であろう．図版 XXIII（口絵参照）のおもしろいかたちをした節曲面は，ジャイロイドと同じ G–H 対称性をもっているが，もう少し複雑なトポロジカルな構造をもっている．

すべての節曲面はある一つの等位曲面の族に属する．極小曲面を近似する節曲面について，その随伴等位曲面は平均曲率が一定の随伴曲面の近似曲面

になっている．図版XXIV（口絵参照）はジャイロイドに対応する節曲面 Y^{**} の随伴等位曲面を示す．

　ウォールゲムートらは関数の1次結合の形式を用いて，節曲面と等位曲面の系列を求めることを試みて，たとえば，シェーンのOCTOに対応する節曲面は，P曲面とIWP曲面にそれぞれ対応する曲面と同じ単一パラメータ族に属することを示した（Wohlgemuth *et al.* 2001）．このようにパラメータを連続的に変えることによって，1枚の節曲面を別の節曲面に変換することができる．これはレオニとネスパーによって鉱物のネットワーク構造の解明に応用されている（Leoni & Nesper 2000）．

　ゴズツとホリストは，マイクロエマルションに対するランダウ-ギンツブルグ・ハミルトニアンの極小値として3重周期曲面を得た（Gozdz & Holyst 1996a, b, c）．その中に，大きい種数をもち対称性がIa3dである曲面の族があり，その初期曲面がシェーンのジャイロイドであった（採用されている種数の定義は基本単位胞ではなく，立方晶単位胞に基づいていることに注意したい）．シュワルツとゴンパーは，フーリエ級数法を用いて節曲面を近似し，ガウス曲率と平均曲率を計算している（Schwarz & Gompper 1999）．

　柱体配置と周期的節曲面の関係についてはフォン・シュネリングらによって興味深い報告がなされている（von Schnering *et al.* 1991）．同じように，エルザーは3重周期曲面と球配置についての相互関係についても調べている（Elser 1994）．

　一方，ネスパーとレオーニは節曲面の上に美しいタイリングと模様付けを行った（Nesper & Leoni 2001）．それは，構造因子の低次の項に加える高次の項の値を変化させて得られた．

10

金属の世界に見る新しい原子配列

　原子の幾何学的な配列の多様性を考える場合，金属の構造が重要な位置を占める．金属の構造が，物性に大きな影響を与えるとともに，生命の構造からするとまったく性質を異にするためである．

　そこでまず，金属原子がどういった性質を有していて，どのような力で結合しているかを考える．

　金属原子は自由電子により結合している，つまり金属結合しているため，最密充填構造をとる傾向にある．セラミックスなどの無機材料は，共有結合やイオン結合により原子が結合しているので，原子の配列に多様性がある．そのため，金属学者はこの原子配列の多様性に羨望の眼差しを向けていた．しかし，この数十年の間に，非平衡プロセスにより準結晶相やアモルファスが形成されることが見いだされ，それらは無機材料に匹敵するほど複雑な構造を有していることが分かってきた．これらの研究によって，金属間化合物の構造，クラスレートの構造，ならびに生物材料の螺旋構造の三者の間に密接な関係があることが明らかになった．

10.1　歴　史

　古代ギリシャ人はとりわけ幾何学に魅了され，完璧な立体を追究して，5種類のプラトンの立体（正多面体）を見いだした（図 2.15）．それには正 4 面体，正 6 面体（立方体），正 8 面体の 3 種類が含まれていて，これらを外形とする結晶も数多く見つかっている．また，それらには見られない 6 本の 5 回回転軸，10 本の 3 回回転軸，15 本の 2 回回転軸をもつ正 12 面体と正 20 面体もプラトンの立体に含まれる．

　球の最密充填に関する研究も古くからあって，インドの天文学者アーリヤバタにまでさかのぼる．アーリヤバタは，著書『アーリヤバティーヤ』の中で，球をピラミッド状に積み上げるのに必要な球の数を定式化している（Shukla 1976）．この最密充填に対する興味は，天文学者ヨハネス・ケプ

ラーにより復活した．ケプラーはプラトンの立体に魅了され，その中に惑星規模の調和を見た．ケプラーの関心は宇宙論から微視的宇宙の世界に移行し，雪片が6角形の形状を呈するのは，原子配列の対称性に由来すると考えた（Kepler 1611，訳9）．この考え方は，無機物や有機物の形態が何に由来するかを数学的に説明した最初の一歩であると受け入れられている．その後，結晶学者の間では原子の周期的配列の解明が大きな関心事となって，14のブラベ格子，32の点群，および230の空間群があることが証明された．

またケプラーは，球で空間を充填するには立方最密充填構造（ccp）が最も効率よいと推測していた（Kepler 1611，邦訳9）．数学的な証明は未完了であったにもかかわらず，ケプラーの推測は広く知れわたり，ロジャーズは1958年に「多くの数学者が信じ，そしてすべての物理学者が知っている事実」と表現した（Rogers 1958）．1900年，ヒルベルトはこの推論を，（有名な23の未解決問題の中の）18番目の問題として取り上げている．結局この推論がヘイルズにより数学的に証明されたのは5世紀近く後の1997年のことであった（Hales 1997）．

10.2 純金属

ほとんどの元素は金属である．いまだ発見されていない残りの元素もすべて金属であると予想されている（Rao & Gopalakrishnan 1997; Cottrell 1998）．金属結合は，自由電子が金属原子同士を結び付けるため結合に方向性がないことに特徴がある．したがって，純金属は最密充填構造をとる傾向がある．最密充填構造には，面心立方格子（fcc）として球が配置される立方最密充填（ccp）および六方最密充填（hcp）の二つがあり，どちらも配位数（CN）は12，充填率は 0.74048（$= \pi / \sqrt{18}$）である．これら二つの構造における配位多面体は立方8面体と反立方8面体（立方8面体の双子立体，図10.1参照）である．このほかに，多くの純金属で見られる単純な原子配列として体心立方格子（bcc）が挙げられる．この構造の配位数は8であり，充填率は 0.68017（$= (\pi \sqrt{3}) / 8$）となって少し低い．ストーラーによれば，金属元素のうち58種が最密充填構造（ccpまたはhcp），23種がbcc構造である（Steurer 1996）．

金属学者は，これら三つ（ccp, hcp, bcc）の単純構造を熟知しているが，

図 10.1 変形立方8面体.

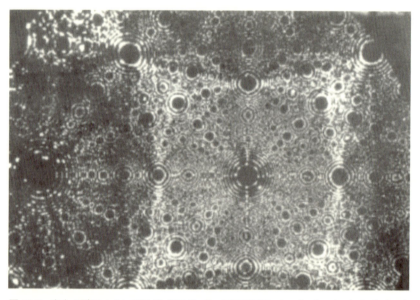

図 10.2 白金の電界イオン顕微鏡 (FIM) 像. 回折強度は (111), (200), および (220) 面の順になっている.

これら以外の結晶構造を有する純金属も存在する. また, 高圧を負荷すると他の構造へ相転移する, いわゆる多形性を示す金属も少なからずある. さらに, 気体または液体から急速冷却すると, より複雑な構造を呈するものもある.

金属および合金の原子配列は, 回折法 (X線, 電子線, 中性子線) と顕微鏡法 (電界イオン顕微鏡, 高分解能透過型電子顕微鏡 (HRTEM), 高角度環状暗視野走査透過型電子顕微鏡 (HAADF-STEM)) によって研究されてきた. 原子1個の分解能を有する電界イオン顕微鏡により撮影した白金の写真を図10.2に示す (Hren & Ranganathan1968; Mueller&Tsong1969).

この電界イオン顕微鏡像から，白金が fcc 格子構造を有していることが分かる．回折斑点の強度は (111)，(200)，(220) の順になっていて，これはデバイ-シェラーX線回折装置で観測されるX線強度の順と同じである．すなわち，ムーアとランガナサン（Moore & Ranganathan 1967）が最初に指摘したように，原子面間隔が回折強度を決める重要な要素であることを示している．

　いくつかの金属には，ccp, hcp, bcc 以外の構造を取るものもある．また，多形を有する金属もあり，高圧下で多形性を示すものはさらに多く存在する．この構造変化は電子配置と関連する．遷移金属および貴金属においては，sd 電子の混成により結合に方向性が生じるため，強結合近似を用いる必要がある．6.5 節に示した α-Mn は，複雑構造を有する金属の好例である．これは単位胞に 58 個の原子を含む立方晶であり，同じ原子でありながらサイズの異なる3原子から構成される構造となっていて，同一元素により合金化した3元系金属間化合物の構造と見なすことができる．

　一般に金属原子の性質は，原子半径と電気陰性度，すなわち集団電子雲に自由電子を提供し得る度合いで決まる．そうした金属の諸特性は多くの書籍でまとめられている．最も金属的な性質といえる電気伝導性は自由電子によって発現するが，量子力学的考察を用いることなしに金属の優れた物性を適切に取り扱うことはできない．電子のみならず全ての物質は，波と粒子の両方の性質をもっている．しかしながら，多くの場合金属は，負に帯電した電子雲の内部に，正に帯電した球状の原子が最密に充填した構造をとることが多い．

　その一方，金属液体を超高速急冷するとさまざまな複雑構造を有する相が形成することが近年明らかになってきた．その好例が準結晶である．

　原子間結合には，共有結合，電子結合（あるいはイオン結合），金属結合，水素結合がある．共有結合は結合の方向性が強く，原子間距離は結合に関与する原子の性質に依存する．イオン結合は，正電荷を帯びた原子と負電荷を帯びた原子を結ぶ線に沿って結合力が作用していることを除けば，結合に方向性はなく，古典静電気学の範囲で説明できる．金属結合はもっと弱い結合であり，他の結合と同様に量子力学で記述される．基本的に方向性はなく，原子が最密に充填するよう全体的に圧縮力として作用していて，それにより原子固有の半径が決まる．原子配列が熱履歴に応じて変化する場合もある．

これは熱振動が不十分であるため，安定な原子配列に遷移するために乗り越えなければならないエネルギー障壁を越えられず，エネルギー的に不安定な構造に捕捉された状態と理解される．

　通常，原子の配位数（CN）は最近接原子数に等しいが，いくつかの結晶においては，結合（共有結合）した原子と単に距離的に近い原子とを区別する必要がある．隣接原子種に応じて配位数が変化する原子も存在する．

10.3　合　金

　合金化により金属の構造はさらに多様となる．規則構造を有する化合物が形成されることもあるが，その多くは単純構造の派生構造として理解することができる．しかし，過去40年間にわたる研究によって，新たな金属相（安定相・準安定相）の形成が確認された．複雑構造を有する金属間化合物や非晶質，ならびに準結晶相がそれに該当する．これにより，金属における原子配列の多様性が大幅に拡大した．そこでは，互いに異なる原子配列の間に興味深い関連性がある．また複数の特性を両立させる組織制御も可能となる．こうした金属間化合物の構造に関しては様々な観点に基づく解説論文が出版されている（Pauling 1960, 邦訳17; Samson 1968 ;1969; Kripyakewitsch 1977; Villars & Calvert 1986; Nesper 1991; Ranganathan *et al.* 1997; Cottrell 1998; Watson & Weinert 2001）．旧来より，ランダム構造や最密構造形成時の幾何学的フラストレーション[*1]は未解決の問題とされてきたが，それに対する斬新で洗練された理論枠組みが構築されてきている（Nelson & Spaepen 1989, Venkataraman *et al.* 1989, Sadoc & Mosseri 1999）．

10.4　固溶体

　多くの金属は，互いに固溶して固溶体を形成する．溶質原子が溶媒原子よりも大幅に小さい場合，格子間に侵入型固溶する．二つの原子の大きさが同程度であれば，置換型の固溶体が形成される．ヒューム-ロザリーは，高濃度固溶体が形成するための経験則を体系化した（Hume-Rothery 1926）．高

[*1]　訳注：ここでは角度の不足問題を意味する．3.6節参照．

い固溶度が期待できるのは，構成原子の直径の差が 15 ％ を超えないとき，電気陰性度の差が小さいとき，溶媒原子の価数が溶質原子の価数よりも小さいとき，結晶構造が同じときである（Cu-Ni，W-Mo，Ti-Zr および Si-Ge は二元系で連続固溶体を形成する）．ただし，溶媒原子と溶質原子の価数に関する第 3 のルールには例外が多い．これらの条件が満たされない場合，金属間化合物，準結晶，複雑構造金属間化合物，金属ガラスなどが形成する可能性がある．どの元素を組み合わせればどのような構造が出現するかは，未だに解明されていない．

ヒューム-ロザリー相と呼称される金属間化合物の結晶構造は，電子濃度に支配される．組成の異なる合金が類似した構造をとるとき，価電子数と原子の数の比（e/a）が等しい可能性がある．たとえば，CuZn，Cu_3Al，Cu_5Sn などの β 相は，すべて bcc 構造と見なすことができ，e/a はすべて 3/2 に等しい．hcp 構造を有するヒューム-ロザリー相では e/a が 7/4 である．γ 相は，広い組成域で安定であるものの 26 原子で構成される「γ 黄銅クラスター」が bcc 状に並んでいる構造と考えることが可能であり，e/a は 21/13 である．

10.5 金属間化合物

金属元素を合金化すると金属間化合物が形成されることがある．ポーリングは，X 線回折法を用いて金属間化合物の結晶構造を解析した最初の科学者であり，Mg_2Sn が蛍石構造を有することを報告した（Pauling 1923）．金属間化合物は便宜上，ジントル相，ヒューム-ロザリー相，ラーベス相，そしてヘッグ相の四つの型に分類される．これらは，ヒューム-ロザリー則（固溶体形成に関する法則）が満足されないときに形成する相である．

構成原子間の電気陰性度の差が十分大きいときは，化合物の形成は通常の原子価則に従う．このような化合物は，「ジントル相」または原子価化合物と呼ばれる．Mg_2Sn，Mg_2Si，Mg_3As_2，MgSe などがその例である．図版 VI（口絵参照）の上段左図に示す通り，Mg_2Sn において Sn は fcc の格子位置を占有し，Mg は 4 面体の隙間に入る．ジントル境界とは周期表において正電荷原子と負電荷原子を分ける境界であり，その境界の両側に位置する原子から構成される原子価化合物はオクテット則に従う．金属間化合物における原子の結合は，電気陰性度の差に応じてイオン結合や共有結合になる．ま

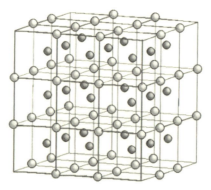

図 10.3 γ黄銅構造（ヒューム-ロザリー相）．立方体ユニットを 3×3×3 に積み重ねた構造．

た，多原子アニオンと多原子カチオンから複雑な構造が構成される場合もある．ジントル相の研究は，近年急激に増えている．

ヒューム-ロザリーは，卓越した想像力により CuZn, Cu_5Zn_8, $CuZn_3$ などの金属間化合物は原子価則に従わず，固有の e/a をとることを見いだした (Hume-Rothery 1926). そのような化合物は電子化合物と呼ばれる．e/a が 3/2 のときは bcc 構造，21/13 のときは γ 黄銅構造（複合的立方晶系，6.4 節参照），7/4 では hcp 構造となる．

またブラッドリーとシュウリスは，γ 黄銅構造が，立方晶の単位胞 27 個（すなわち bcc 格子が 3×3×3）が積み重なった構造であることを示した (Bradley & Thewlis 1926). 頂点と中心のサイトには原子がないため，単位胞は 52 個の原子で構成される（図 10.3）．γ 黄銅構造は，正確には図 10.3 の幾何学モデルから外れて歪んだ構造であり，原子位置は bcc の積み重ねにより構成される格子位置からずれている．ブラッドリーとジョーンズは，この構造が，空席のサイトを中心とした同心の多面体殻の集まりとして記述できることを示した (Bradley & Jones 1933)（図 10.4）．1 番目の殻は 4 個の原子から構成される正 4 面体殻である．この正 4 面体殻は，4 枚の面それぞれの上方に位置する 4 原子から構成される少し大きな 2 番目の正 4 面体殻に囲まれている．3 番目の殻は 6 個の原子から構成される正 8 面体であり，1 番目の殻の各辺の上方に原子を 1 個ずつ配置したものである．4 番目の殻は立方 8 面体で，12 のサイトがある．（最外殻の立方 8 面体は，アル

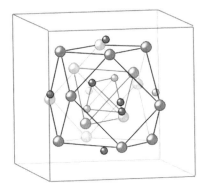

図 10.4　γ黄銅クラスター．多面体の入れ子構造として表現．

キメデスの立方 8 面体における正方形の面を，黄金長方形に近い長方形で置き換えたものになっている．このクラスターが bcc 格子状に並ぶ．）第 6 章で説明したように，この 26 原子クラスターは 4 個の正 20 面体が相互貫入した複合 4 面体構造と考えることができる．

金属間化合物であるラーベス相では，原子サイズの違いが重要である（図 3.17 参照）．ラーベス相は AB_2 の化学量論組成を有し，一定の原子半径比 ($r_A / r_B = \sqrt{(3/2)} \sim 1.225$) のときに形成される．A 元素と B 元素は，周期表において互いに離れていても，隣接元素でもよい．$MgCu_2$, $MgZn_2$, $MgNi_2$, $CaZn_2$ などがそれにあたる．原子サイズの差がさらに大きい場合はヘッグ相（格子間化合物または侵入型化合物とも呼ばれる）が形成され，H, B, C, N, O などが格子間位置を占有する．水素は 4 面体間隙（TiH）に入り，炭素は 8 面体間隙（TiC）に入る．純 Ti は bcc および hcp 構造をとるが，TiC は fcc 構造である．

ペティフォーは，金属間化合物の構造を支配する新たな化学因子を導入した．サイズ，電気陰性度，価数などの因子を個別に考慮する代わりに，これら因子の効果と結合軌道の効果を併せた化学変数を導入したのである．ペティフォーは，この化学変数に基づいてそれぞれの元素に固有の整数を割り当て，メンデレーエフ数と命名した（Pettifor 1984）．二元系の金属間化合物では，メンデレーエフ数を用いることで異なる構造を区別することができる．強力なコンピューターの出現により，構造および状態図の第一原理計算が猛烈なペースで進んでいるが，ヒューム-ロザリー則の直観的な解釈やペ

ティフォーによる現象論的アプローチの魅力は色褪せていない.

10.6 準結晶

1982 年に, シェヒトマンは, 逆格子空間において 5 回対称軸を有する Al と Mn の合金を発見し, これまで信じられてきた多くの仮説に疑問を投げかけた (Shechtman *et al.* 1984). 正 20 面体対称性を見せるこの相によって, これまで予期されなかった規則配列が初めて確認されたのである. これらの物質は, 格子上に原子が配列した「真の結晶」と区別するために「準結晶」と命名された.

すべての結晶は, 230 ある結晶学的空間群のいずれかに属し, 三つの独立した方向に対して周期性を有する. すなわち, 3 次元格子において並進対称性を有する単位胞 (パターンの一つあるいはそれ以上の単位を含む胞) が定義できる. 2 回, 3 回, 4 回および 6 回回転 (反転軸や螺旋軸を含む) の対称性は存在するが, 他の回転対称性は禁止される. 特に, 5 回回転軸が存在しないことは, オイラーによって数学的に証明されていた. したがって, 結晶の回折パターンが 10 回対称を示すことは決してないと信じられてきた (対称中心は回折過程で出現する).

それに対して, 結晶集合組織では, 数多くの微結晶が統計的分布をしており, 任意の対称性を示すことが可能である. 事実, 微結晶集合組織の回折パターンが, 10 回対称を示すことはありうる. 雪片 (雪の結晶) のように多重双晶を示す結晶が 10 回対称を示すことは, 1 世紀以上前から知られている. 双晶を有する自然銅の結晶が 5 回回転対称性を示し得ることも知られている. 近年 (1960 年から) の電子顕微鏡の高性能化に伴い, 金の正 20 面体形状の微粒子が観測されていて, それは fcc 構造をもつ金の微結晶 20 個から構成されることが解明されている. このとき, 20 個の 4 面体構造を有する金微結晶を配置して正 20 面体構造を形成するためには, 正 4 面体構造を少し歪ませる必要がある. そのような構造体は, 微粒子のサイズが十分に小さければ, 表面張力を小さくする力により安定化される. 回折実験や電子顕微鏡による直接観察により, この金微粒子は, それぞれ違う 20 通りの方向を向いた金微結晶で構成されていることが分かってきている.

一方, 準結晶は結晶と同様に不連続な回折斑点を示すので, 双晶とは容易

10　金属の世界に見る新しい原子配列　　219

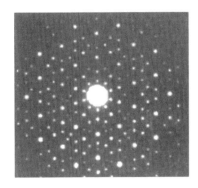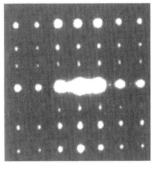

図 10.5　10 角形準結晶からの電子回折パターン．

に区別できる．この準結晶の回折像は，通常の結晶格子からの回折像とは一致しなかったため，この発見を公表するまでに 2 年もの時間を検証に費やした．それが結晶ではないとすれば一体何なのか？　そのような材料が「準結晶的」なものとして知られるようになり，20 面体構造を有する物質は「準結晶」と呼ばれるようになった．

といっても準結晶は，正 20 面体構造以外の対称性をもつこともある．特に，正 10 角形（10 回対称），正 8 角形（8 回対称）および正 12 角形（12 回対称）を見せる準結晶は盛んに研究されてきた．これらの準結晶は一つの回転対称軸をもち，それに垂直な平面内で準周期的であり，「2D 準結晶」として知られている（Ranganathan et al. 1997）．そのうち正 10 角形準結晶は 2D 準結晶の中で最も注目されている．図 10.5 は Al-Mn 合金の正 10 角形準結晶からの電子線回折パターンを示している（Chattopadhyay et al. 1985a）．

準結晶発見の実験結果は 1984 年に公表されたが，そのまだ前，予兆ともいうべき数々の理論的発展があった．自然界で見られる繊維や集合組織などに見る，より一般的な規則性を，古典的な結晶学を拡大あるいは一般化することで説明しようという試みがあったのである．特にウィリアム・アストベリー（「分子生物学」という用語の名付け親）は，ウール，コットン，筋肉などの素材は結晶ではないにもかかわらず回折現象を起こすので，何らかの情報を含んでいることを認識していた．ガラスは（「クリスタル」と呼ばれるにもかかわらず）X 線回折において明確な回折斑点や回折バンドを示さずに散漫散乱を示すだけであるので，原子配列の情報をほとんどもっていな

い．しかし，羊毛は複雑なパターンを示すので，（解析の手がかりがあれば）より高度な情報を含んでいるといえる．螺旋構造からの散乱理論は，羊毛やポリエチレンなどのポリマー構造から発展した．

5回対称性の研究は，準結晶の発見前から盛んに行われていた．その理由の一つは，先述の金の20面体双晶粒子が発見されたためであり，もう一つの理由はJ. D. バナールとF. C. フランクによって液体とガラスが取り得る構造が提案され，13原子で構成される正20面体クラスターを形成すると結晶の規則配列が妨げられることが示されたためである．これは，大域的規則性よりも局所的規則性が優先された結果と理解される．正20面体対称性を有するウイルス粒子も注目を集めていた．この場合，粒子は局所的規則性と大域的規則性の折り合いをつけながら凝集し，結晶になったと考えられる．

関連研究としては下記のようなものが挙げられる．

1) クラマーにより提案された，正20面体を7種類の3Dタイルに分割する独創的手法．7種類の3Dタイルは，それぞれ同じかたちのさらに小さな3Dタイルに分割される．「階層構造」という，格子周期性以外で固体が取り得る構造の一例を示した（5.6節参照）．

2) ロジャー・ペンローズは，格子とは異なる方法，すなわち非周期に並べて平面を形成する，（ジグソーパズルのような）局所的結合ルールに従うタイルの組合せを探索した．その結果，同じ模様が繰り返されることはまったくない細い菱形と太い菱形の2種類のタイルの組合せを発見した（図2.9参照）（ペンローズや他の数学者は，非周期的模様を見せる，2種類に限らず多種類のタイルから構成されるタイルの組合せを，すでに複数見つけていた）．その模様はジグソーパズルのように生成されるが，ピースの置き方は一通りではないので，さまざまな段階で多くのタイルを取り除いて別の方法でやり直す必要がある．ペンローズはまた，無限に大きな模様が自己相似的に生成されるよう，ピースをより小さなピースに分割する規則を見いだした．

3) ロバート・アンマンは，コワレフスキー（Kowalewski 1938）が見つけだしていた扁長菱面体と扁平菱面体から構成される2種類の多面体タイルを組合せれば3次元空間を非周期的に分割できることを示した．

4) スタインハートらはさまざまな球充填を試し，正20面体クラスター形成の確率を定量評価した（Steinhardt *et al.* 1983）．

5) アラン・マッカイは，格子に代わる階層構造を探した．正5角形のタイルを並べたときに生じる隙間を埋める方法はデューラーやケプラーによってすでに研究されていて，マッカイが見つけた方法は実質的にはペンローズ・タイリングと同じであった（Mackay 1982）．このタイリングは回折パターンを形成することが示され，後にその回折パターンは合金のそれと類似していることが分かった．バナールのいう「結晶学の拡張」は，伝統的な結晶だけではなく，広範囲の秩序構造を含めようとする意図で提唱されたものであり，マッカイの理論はその趣旨に沿っていたといえる．ここでの階層パターンで用いられる軸は，2次元では5方向，3次元では6方向の重複した各方向の軸の集合であり，対応する点同士は擬似格子を座標軸として決められる整数座標によって関係づけられる．この軸の重複性は，方向は同じで目盛りの異なる軸が2つあることを意味する（太陽（年）と月（月）の周期はその要因が異なり，暦の編集に困難をもたらす原因になっていることに似ている）．

6) ド・ブルーインは，「多重グリッド」による2次元，3次元，更に大きい次元でのタイリング手法を示した（de Bruijn, 1981）．多重グリッドの交点での交わり方の特徴によってタイルの並び方が定まる．ペンローズ・タイリングはその特殊な例である．

　理論的な下地はすでに構築されていたので，レヴィンとスタインハートは（シェヒトマンらの）実験結果が発表された直後にそれがペンローズ・タイリングと同一であると認識でき，その物質を準結晶と呼んだ（Levine & Steinhardt 1984）．

　正20面体準結晶の原子配列は，6D格子を有界投影（有限の厚さにスライスした形に投影）することで理解できる（Kramer & Neri1984）．ただし，これをN次元の幾何学と関連づけて考えると，準結晶が局所的秩序と大域的秩序の妥協により形成するという物理的根拠を理解することはできない．ペンローズ・タイリングはきちんとした回折像を与えるが，合金の側からすればペンローズの規則に従おうとした訳ではなく，単に原子間に作用する力の帰結としてその構造が生起したのである．

　準結晶は並進移動の周期性はもたないが，「準周期的」並進対称性を有している．この準周期性の概念は，2.8節で紹介したように，1Dのフィボナッチ数

列によって説明できる．金属学的な 1D 準結晶の例は，チャトパディアイらにより Al-Cu-Ni 系において最初に指摘された (Chattopadhyay *et al.* 1987).

1 種類のタイルを用いた空間充填 (2 次元では 10 角形 (Gummelt 1995), 3 次元では菱形 30 面体 (Lord *et al.* 2000; 2001)) は，疑単位格子と見なせる 2 種類のタイル (鋭角と鈍角の菱形あるいは菱面体) によるタイリングからの大きな進歩である．ただし，タイルの重なりを許さなければならない．これは，内部構造がどうしても必要であることを意味するうえ，1 種類とはいえ部分的な重なりを許すタイルの配置は，2 種類のタイルを使う場合の配置と一致する必要性があるために，並べ方に制約が課されることになる (図 2.14 を参照). スタインハートらはグンメルトの 10 角形パターンを発展させて 10 角形準結晶への適応性の高いモデルを考察した (Steinhardt *et al.* 1998; Abe *et al.* 2000; Lord & Ranganathan 2001a). これらのモデルは局所的秩序に重点を置いたものであるが，局所的秩序からどのように大域的秩序が生じるかを説明することができる．

ところで，準結晶相の高分解能電子顕微鏡像 (図 10.6) から，準結晶の構成モチーフを決定することができる (Hiraga *et al.* 1985). 準結晶は，過去 20 年間で最も研究されている金属間化合物であり，周期構造を有する結晶の研究で用いられてきたすべての実験技術が，準結晶の研究にも用いられている．初期の研究は，電子線回折や顕微鏡観察に重点が置かれていたが，大

図 10.6 5 回対称性を示す正 20 面体準結晶の高分解能電子顕微鏡像 (平賀氏のご厚意による).

きな単結晶（単準結晶）が作製できるようになってからは，高度な X 線回折法や中性子回折法を用いることが可能となった．しかし，「原子は準結晶中のどこにあるのか」という疑問に対して，説得力のある結論は未だ出ていない．

この準結晶の研究は，平衡状態図に記述される安定な準結晶が見いだされたことにより，さらに前進した．Al-Pd-Mn 系，Al-Cu-Fe 系，および Al-Ni-Co 系がそれに該当する．凝固速度を遅くすることで，数センチメートルの大きさの，欠陥の少ない高純度な単準結晶も作製可能となった．準結晶が最初に発見されたのは，アルミニウム―遷移金属（Cr，Fe，Mn）系であった．その後，研究対象が三元系，四元系合金に急速に拡大し，Li，Ga，Mg，Cd，Ti，Zr および Hf を含有する多くの系で準結晶の形成が報告された．これらの準結晶は，安定な準結晶と準安定な準結晶の二つに分類できる．そのうち正 20 面体準結晶は，a_R/d 比（a_R は準結晶の格子定数，d は平均原子直径）によって，「マッカイ型」と「バーグマン型」に分類できる．前者は a_R/d 比が 1.65 で，後者は 1.75 である．

準結晶の発見は，固体状態での原子配列の理論にパラダイムシフトをもたらし，結晶の定義は根本的に変更された．1991 年に国際結晶学連合は，「結晶」という用語を，「本質的に離散的な回折像を与える固体」と再定義した．結晶は，原子スケールで並進周期性を有する「周期的結晶」と，それを有さない「非周期的結晶」とに区別されることになったのである．

もともと鉱物学は，いろいろな鉱物の色やかたちを観察することで発展してきた．その中で結晶学の基礎は，結晶の外形を観察し，それを内部の原子構造と関連づけることによって築き上げられた．特に重点的に研究されたのは結晶の晶癖である．したがって，準結晶がどのように成長してどのような外形をとるのか，というのは当然の疑問である．結晶の外形は，その結晶構造が属する点群を反映するが，これは準結晶にも当てはまる．正 20 面体構造でいえば，正 12 面体（図 10.7），菱形 30 面体，またはそれらの切頂立体の外形を呈して成長する．さらに内部構造の対称性がデンドライト（樹枝状結晶）のかたちの中に反映されることもある．

こうした準結晶の理解は，準結晶が価電子濃度に支配され，ヒューム-ロザリー相と本質的には同じであることが分かって大きく進み，「マッカイ型」の準結晶は e/a が 1.75 で，「バーグマン型」は e/a が 2.1 で形成されること，

図10.7　12面体形状に成長した Al-Cu-Fe 準結晶．

新しい Cd および Zn ベースの準結晶は e/a が 2 で形成されることなどが明らかになった．この規則は，準結晶を形成する新たな合金系の発見に役立っている（Tsai *et al.* 1990）．

過去 30 年間で準結晶に関する論文発表が爆発的に増え，その数は 1 万編を超えている．また準結晶が形成する合金系は 100 を超え，さまざまな種類の準結晶が発見されている．

10.7　複雑構造金属間化合物

ポーリングは，Mg_2Sn の構造を報告した論文の中で，$NaCd_2$ の結晶構造についても言及している（Pauling 1923）．これら二つの化合物は，化学量論組成が単純かつ同じであるが，原子配列は全く異なる．これらの X 線回折パターンは非常に複雑で，当時はその構造を解明できなかった．ポーリングが，$NaCd_2$ の格子定数が 3 nm で単位格子中に 1152 個以上の原子をもつ立方晶であることを解明したのは 1955 年のことである（Pauling 1955）．この化合物は，複雑構造を有する金属間化合物の好例といえる．こうした複雑構造を有する金属間化合物の構造解析が再び注目されることになったのは，準結晶の研究によるところが大きい．この研究分野は広大であり，成長途上にある．本節では，この分野の特色を簡単に紹介するため，バーグマン化合物，フランク-カスパー相（Frank & Kasper 1958），γ黄銅構造，マッカイの有理近似結晶，およびフランクの立方六方晶のクラスター化合物など

を例示する.

1958 年, フランクとカスパーは 12, 14, 15, 16 のような高い配位数 (CN) をもつ多くの化合物を同定した (図 3.19). 配位数 12 は, 原子の周囲が正 20 面体環境にあることに対応する. ラーベス相 $MgCu_2$ においては Mg 原子の配位数は 16 であり (図 3.17), Cu 原子は正 20 面体配位をもっている.

ここで, 6.2 節に示した $Mg_{32}(Zn, Al)_{49}$ (Bergman *et al.* 1952, 1957) や R 相 Al_5CuLi_3 (Audier *et al.* 1988, 1989) における原子クラスターに注目する. このクラスターは, 中心を共有する一連の多面体殻として理解できる. ここで多面体殻は, 内側から 20 面体, 12 面体, 二つ目の 20 面体, および切頂 20 面体である. 最後の, 原子 60 個から構成される切頂 20 面体殻は, 60 個の原子からなるサッカーボールあるいはフラーレンの構造としてよく知られている. このクラスターは, 図 6.10 に示すような 104 個の原子から構成され, Li や Mg などの s-p 元素で形成する準結晶の重要な構成要素である. 準結晶相 T2 相は, 結晶相 R 相の構造と密接に関連している (Audier *et al.* 1988; Lord *et al.* 2000; 2001). 結晶性材料において 20 面体配位の構造が観察されたことは, ラマチャンドラ・ラオとサストリーが準結晶を合成する基礎的枠組みを築く一助となった (Ramachandra Rao & Sastry 1985). クオのグループ (Zhang *et al.*, 1985) は独自に類似の推論を立てて, 立方品化合物の Ti_2Ni と類似したチタン基準結晶の製造に初めて成功している.

黄金数 τ は無理数ではあるが, 連続するフィボナッチ数列の隣接項の比 (1/1, 2/1, 3/2 など) で近似できる. 数論におけるこの比は, 黄金数に対する有効な有理近似となっているが, 準結晶の研究にも用いることができる. すなわち, 大きな単位胞をもつ一連の結晶は, 準結晶を有理近似したもの, つまり近似結晶と見なすことができる. これらの近似結晶からの電子線回折像は周期的であるが, 高輝度斑点の分布は準結晶の対称性に類似している.

中でも 20 面体準結晶においては二つの構造が重要である. その 1 番目の構造は α-Al-Mn-Si 結晶に含まれる 55 個の原子からなるクラスターであり, 中心原子の位置が共通の三つの殻 (内側の正 20 面体, 12 面 20 面体, 外側の正 20 面体) から構成される. これはマッカイ 20 面体として知られていて (Mackay 1962), アルミニウム−遷移金属系の準結晶における重要な構

成要素となっている（図6.16）．2番目の構造は，バーグマン・クラスターがベースとなった一連の化合物である．これについて田村（Tamura 1997）は，原子サイズの重要性に注目して，多数の複雑な金属間化合物を調査した．クライナーとフランゼンは，この分野における重要な貢献をして，20面体が相互に結合する様式を検討し（図6.4参照），三つの20面体が結合したi3クラスター（図6.3）が重要な構造ユニットであることを明確にした（Kreiner & Franzen, 1995）．

　上記の例を含む複雑な結晶構造を有する金属間化合物の一部には，明確な共通点が存在する．その共通点とは，金属原子のクラスターがbcc格子状に配列した構造と捉えられることである．クラスター内部の原子配列に注目する論文が多く発表されているが，実際にはクラスター間の結合はクラスター内部の結合と釣り合っており，構造はまさに3次元のネットワークを組んでいると理解できる．

　驚くべき偶然の一致で，1981年のアクタ・クリスタログラフィカに三つの論文が掲載された．これらの論文は，α-Mn，γ黄銅，Ti_2Ni などいくつかの金属間化合物の構造には強い類似性があることを示していた．クラスターには22から29個の原子が含まれているが，それらはすべて正20面体配位の形成が優勢だったのである（Chabot $et\ al.$ 1981; Hellner & Koch 1981; Nyman & Hyde 1981）．

　1965年にフランクは，4D立方体からの射影により，特定のc/a比（$\sqrt{(3/2)}$）の六方格子の点を再現するという，斬新なアイデアを考えた．フランクは，これを立方六方格子と呼んだ．それは，面を表すミラー・ブラベ指数（逆格子空間）が，面に垂直なベクトルと同じ指数（実格子空間）で表現される点が，立方晶と共通しているからである（Frank1965）．c/a比が異なる六方格子についても，立方六方格子をアフィン変形することで構成できる．

　クライナーとフランゼンは，ラムダ相 λ-Al_4Mn が三方晶構造を有し，単位胞あたり568個の原子を含む複雑な金属間化合物であることを構造解析により明らかにした（Kreiner & Franzen 1995）．またランガナサンらは，μ-Al_4Mn，λ-Al_4Cr，Mg-Zn-Sm，ならびに20面体の集合体という特徴をもつ多くの金属間化合物は，フランクの立方六方晶相であることを見いだしている（Ranganathan $et\ al.$ 2002）．特に，Al-Mn，Al-Cr および Mg-Zn-

Re 系における六方晶は，準結晶との関連が深い．その計量的な特徴はフリオーフ多面体（切頂 4 面体）と正 20 面体の連結構造によって決められる一方，六方準結晶，六方晶，ならびに直方晶の派生構造やさらに対称性の低い構造とも関連している．

10.8　金属ガラス

ターンブルは，水銀が $0.67 T_m$（T_m は融点）まで過冷されることを示した（Turnbull 1952）．それをもとにフランクは，液体は正 20 面体配位の構造をもっているため最密構造への結晶化が困難であるというアイデアを提唱した（Frank 1952）．この考えから始まって，フランクとカスパーは，複雑な金属間化合物の構造を正 20 面体あるいはさらに高配位の多面体を用いて記述するという方向性を見つけた（Frank & Kasper 1958）．他方バナールは，ランダムな最密構造を有する液体構造のモデルを提唱した（Bernal 1959）．このような 10 年にわたるアイデアの連鎖は，金属の構造に対する金属学者の理解に多大な影響を及ぼした．

金属ガラスの性質は大変魅力的であったため，金属学者たちは酸化物ガラスと同様に低い冷却速度でもバルクのガラスを形成する合金の開発を夢見ていた．この夢は，1988 年から始まった井上らの先駆的な研究によって現実のものとなった．仙台を所在地とする彼の研究グループは，多様な合金系において，ガラス科学のすべてを網羅する論文を多数発表し，この分野での抜きん出た存在となった（Inoue 1998; 2000）．その他に，カルテック（カルフォルニア工科大学）のジョンソンの研究グループもいくつかの重要な成果をあげている（Johnson 1999）．カルテックはかつてデュエ（Duwez）による金属ガラスのパイオニア的な研究が行われた場所である．最初の合金はランタノイドであったが，他にも主成分となる元素が数多く見つかっていて，今日ではバルク金属ガラス（BMG）を形成する主成分金属元素が 10 以上発見されている．デュエらは，ガラス状態および過冷液体状態の特性の研究を，従来は不可能と考えられてきた時間的・空間的規模で行った．まったく予想外の結果は，ガラスの結晶化によりナノ結晶を作り出し，バルクナノ材料への道を開拓したことである．こうしていくつかの成分系では準結晶が形成されて，バルクナノ準結晶材料となり，また特定のガラスは 20 面体構造

と関連していることが示された.

バルクガラスを形成する合金群と組成範囲を予測するモデルを構築することは依然として難しく,大きな科学的課題となっている.新合金の発見は経験に頼っているのが現状である.ガラス形成を促進する三つの主要な条件は,原子サイズが大きく違うこと,混合熱が負に大きいこと,そして多成分系であることである.これらのガラス形成のための経験則は井上 (Inoue 1995) によって発表され,広く受け入れられている.最初の二つの条件は金属ガラス研究の初期から認識されていたが,多成分の必要性は BMG の出現後に初めて非常に重要であると認識され,ガラス形成における「混乱原理」と呼称されている.この原理の背後にある理論的根拠は次の通りである.化合物および固溶体相の結晶構造に関する研究が進展するにつれて,構造の秩序が基本的な組成から複雑な組成になり,出現する新たな構造タイプは減少する.一方,多成分系の液体中で結晶核が形成されるためには,原子の長距離拡散が必要である.また合金に新たな元素を添加すると,局所的な原子レベルのひずみと化学的不規則性が導入されるため,結晶の不安定度が増加する.とくに原子サイズが大きく異なる元素からなる 2 元系においては,両端にそれぞれの固溶体が作られ,その固溶体における固溶限を超した濃度域では,固溶体はトポロジカルに不安定となり,ガラス相に相転移する方がエネルギー的に低い状態になる.多成分ガラス形成合金は,それらの原子サイズが著しく異なる元素を含んでいて,原子サイズが大きく異なると,合金のランダム充填密度は増加する.

金属ガラスにおいては,シリカガラスにおけるランダムネットワークのような理論はない.代わりに,多面体モデルが金属ガラスの構造を表現するのに最適なモデルと考えられている.

たとえば,正 3 角形の各頂点に球を置くことが最密構造の基本である.四つ目の球を追加すると,正 4 面体配置となるが,正 4 面体のみでは空間を埋め尽くすことができないので,より多くの球を詰め込むためには正 3 角形の面を残しながら正 4 面体を少し変形する必要がある.面が正 3 角形のみの凸多面体は,8 種類の「バナールのデルタ多面体」のみである(図 4.9).このうちいくつかは,半金属原子が入る空隙をもっている.たとえば,合金元素として P を含む Pd 系ガラスでは,Pd 原子の 3 角プリズムの内部に P 原子が位置する.注目すべきことは,正 20 面体はデルタ多面体の一つであるこ

とである．これは金属−金属ガラス，特に Zr，Hf および Ti をベースとする金属ガラスによく見られる特徴となっている．いくつかのガラスは結晶化する際に準結晶になるものもあり，これもまたガラス構造が 20 面体配置を有することを支持する結果である．しかしながら，バナールの多 4 面体構造は，金属ガラスの構造を表現する適切なモデルにはなり得ない．金属ガラスが形成する典型的な組成を考慮すると，空隙位置の数が少なすぎるからである．

こうしたさまざまな正 3 角形面の多面体の中でも，三つのバナール多面体（8，9，10 頂点のもの）と四つのフランク-カスパー多面体（12，14，15，16 頂点のもの）は特に重要である．頂点が 11 個と 13 個のものは存在しないことに注意してほしい．ここで，回位の概念を導入すると，バナールのデルタ多面体は正の回位，フランク-カスパー多面体は負の回位を見せていると見なすことができる．興味深いことに，金属元素と半金属元素で構成されるガラスと，金属元素のみで構成されるガラスはまったく異なるものに見えるが，回位を通して見ると構造的に類似している．

4.9 節で述べたダン・ミラクル（Miracle 2004）のクラスター配置模型は金属ガラスの構造を理解する有望なアプローチの一つとなる．このモデルでは，「溶媒」原子 Ω と最大 3 種類の「溶質」原子（α，β，γ）を扱うことができる．溶媒原子の種類に応じて第 1 の配位殻に入る原子の数（n）が決まり，これは原子半径の比に依存するが，ミラクルによる説明図では，α 原子のクラスターは，Ω 原子を共有しながら fcc 配列で最密充填されている．β 原子と γ 原子はそれぞれ正 8 面体間隙あるいは正 4 面体間隙に入る．したがって物質の非晶質性は主として溶質原子の位置のランダムさに起因することがわかる．このモデルによると，金属ガラスが形成される合金組成を正確に予測することができる．

シェンらは，数多くの二元系金属ガラスの短範囲構造と中範囲構造を最先端の X 線実験技術を用いて詳細に調査した（Sheng *et al.* 2006）．これにより，ボロノイ領域と溶質原子周囲の配位殻の範囲，統計的分布，ならびにそれらに及ぼす原子サイズ比の影響が明確になった．その結果，フランク-カスパー配位多面体が形成される傾向が強いことが示された．また，基本的なクラスターの型など中範囲の原子配列パターンも明らかになった．これは，金属ガラスの状態の理解を大きく前進させた研究成果と認識されていて，新たに提案されたモデル（たとえばミラクル（Miracle 2004）を参照）の妥当

性を評価する基準になっている．

10.9　ナノ結晶

　リチャード・ファインマン（Feynman, 1960）は1959年というナノテクノロジーに注目が集まる前から「ナノスケール領域には，興味深いことが数多く残っている」と指摘し，ナノ構造物質によってもたらされる新たな可能性を先見の明をもって概説した．その次の大きな出来事は，1984年にヘルベルト・グライターが不活性ガス凝縮法によってナノ結晶を合成し，「ナノ構造体」という学術用語と研究領域を創出したことである（Gleiter 2000）．ナノ構造体とは，3次元の寸法のうち，どれか一つが100 nm未満の物質と定義されている．このとき，界面に存在する原子の体積率は少なくとも1%を超える．図10.8は，ナノ結晶パラジウムの透過型電子顕微鏡像である（Ranganathan *et al.* 2001）．この界面にある原子が多くなるほど，その物質に特異な性質が発現すると期待されている．

　少量のナノメタルしか作ることができなかった初期は，研究はあまり進展しなかった．しかしながら近年は，ガラスの結晶化や液体からの直接急冷などバルクナノ結晶材料を作る技術が飛躍的に進歩している．これは液体またはガラス状態における相分離と関連する．結晶化の前段階におこる微視スケールの相分離が，結晶粒サイズがナノスケールになるかどうかを決定する

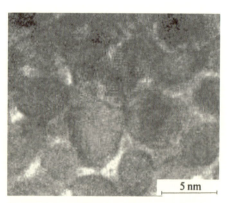

図10.8　ナノ結晶パラジウムの透過型電子顕微鏡像．

のである．他方，急冷により凍結された多数の結晶核は，核生成速度が高く，核成長速度が遅い．井上は，Zr 合金に Au，Ag，Pd，Pt 等の元素を添加すると，ナノ結晶化が促進されると主張した（Inoue 2000）．これは，上記添加元素が Zr と強い相互作用をもつため，ガラス中でクラスターが形成され，ナノ結晶の形成が促進されたと考えられる．また，いくつかのガラスにおいては，結晶化過程でナノ準結晶を形成する．この分野は現在も活発に研究されている（Li *et al.* 2001; Louzguine *et al.* 2001）．

10.10　螺旋構造体

　第 7 章で見たように，空間充塡と螺旋構造は密接に関連している．つまり，螺旋構造と球状の物体を高密度に配置することは，互いに密接に関連した問題である（Boerdijk 1952; Lord & Ranganathan 2001b; Lord 2002）．たとえば，正 4 面体を直線的につないだブールデイク-コクセター螺旋は，最も効率良く最密充塡構造を作る方法の一つである．生物においても螺旋形状は，立体反発などさまざまな相互作用により生ずる．したがって，密度を最大にする詰め込み方を探していくと，ブールデイク-コクセター螺旋と関連する構造に行き着く．サドックとリヴィエは，タンパク質の α ヘリックス構造をブールデイク-コクセター螺旋構造と関連付けて考察し，タンパク質コラーゲンにおける複雑な 3 重螺旋構造をモデル化した（Sadoc & Rivier 1999; Lord & Ranganathan 2001b）．これらの分子は，螺旋構造の特徴である「非周期性」にちなんで「生物学的準結晶」といわれている．タンパク質の構造を幾何学的見地から解析する方法に，4D 多胞体 {3, 3, 5} を射影するという手法があり，これはサドックトとリヴィエ（Sadoc & Rivier, 1999a, b）およびサドックとモッセーリ（Sadoc & Mosseri 1999）らにより初めて行われた（Sadoc 2001）．一方，複雑構造の金属にも螺旋構造を見せるものがある．β-Mn で見られる最密テトラヘリックス柱体（図 7.7）や，ボストレムとリディンによって発見された 20 面体の 2 重螺旋構造をもつ Co-Zn 相（図 7.8）などがまさにその例である（Boström & Lidin 2002）．

10.11 クラスレート

第3章において，フランク-カスパー多面体における空間充填の双対（ボロノイ領域），すなわち面接触する4面体の中心を結んでできる立体配置について述べた．それらは12，14，15，16面体による空間充填であった．図3.23は，塩素ハイドレートにおける水素結合の骨格構造を示す．その構造は12面体と14面体が空間を埋める構造として記述される．2番目のクラスレートは，12面体と16面体による空間充填であり（図3.22），10.7節で触れたように$MgCu_2$構造の双対である．SiやGeが籠状の骨格を組んでアルカリ金属原子を内包する構造を形成することが判明し，金属学者の間でクラスレート化合物に対する興味が再び高まっている．

最小面積泡構造，つまり泡が単位体積当たりの表面積を最小にしようとする構造に関係して，金属学者は泡と結晶粒形状との関連性に注目してきた．その構造について，切頂8面体というケルビンの解が，単位体積あたりの表面積が最小であると長年信じられてきたが，ウェアとフェラン（Weaire & Phelan 1994）は12面体と14面体で空間を充填する方がより効率的であることを示した．このように，金属間化合物，クラスレート，泡などの多様な材料においても，新しい研究成果が現れている．

10.12 結 論

この章の目的は，近年解明が進んでいる金属の多様な構造に着目し，前章までに紹介した幾何学的原理が金属の構造を解明する有用なツールであることを示すことであった．金属の構造を決める幾何学原理は，無数の複雑化合物相の構造のみならず，天然に存在する鉱物の構造や生物系の複雑な分子構造にも当てはまる．

3Dユークリッド空間で実現可能な形態を調査することから始まった，これら多分野で互いに関連し合う幾何学原理の研究は，「形態科学（science of morphology）」構築の礎となる．

付録

新しい幾何学とコンピュータ処理

　新物質材料に関連する幾何学の研究から得られる結果として通常求められるものは，2次元（2D）画像やステレオリソグラフィーなどによって得られる立体モデルであり，あるいは計算による座標，面積，体積，曲率などの数値データである．そのためにはコンピュータの利用が必須であるが，コンピュータ・システムはソフトウェアとハードウェア両面でとどまること無く進歩を続けていて，使い慣れたシステムがすぐに時代遅れになってしまう．とはいえ，多くのユーザーをもち，現段階で推奨できるシステムについてあえてここで記しておくことにする．

　まず挙げるべきは商業ベースの汎用ソフトウェア **Mathematica** であり，現在のバージョンは 5.1[*1] である．非常に複雑で，最高級言語を用いながら，3＋4＝7 といった単純な計算から，高級な数学計算に至るまでの幅広い応用が可能である．この高級言語の開発者は，たとえば，さまざまな処理ごとに分かりやすい単語を用いることによって，意味のわかりにくい短縮語の一覧を覚えておく必要がないなど，言語設計に工夫を凝らしている．システムがそれぞれの命令を逐次解釈（interprete）するのであるが，実は1つ1つの命令の中身は，きわめて複雑な手続きの集まりとして翻訳（compile）されている．Mathematica は，もともとダートマス大学の **BASIC** の影響を受けたものであった．BASIC は 1962 年からジョン・ケメニーとトーマス・クルツによって開発されていたもので，コンピュータを自然科学系の学生だけではなく，すべての学生が利用できるようなものにすることを目的としていた．特筆すべきは，BASIC は特許や版権をもたず，すべてを自由に利用できたのである．また Mathematica は APL 言語の影響も受けている．APL は 1962 年にアイバーソンによって開発された言語であり，一群のデータをまとめて単一の変数として扱えるという特徴をもつ．

　もともと BASIC の特色は，一次方程式を解く複雑な手続きを，逆行列を

[*1]　訳注：2019 年 10 月現在の最新は 12.0.

求める関数 INV[　] の中に覆い隠してしまっている仕組みにあった．このように行列計算を単純な関数ですますというのが本来の仕組みであるが，ところがじつはそれに続くほとんどのバージョンではその仕組みが実装されなくなってしまっている．

Mathematica では，数値，図形，代数計算，テキストなど，考えられるあらゆる種類の出力形態を強力かつ単純操作によって可能にした．たとえば，3 次元関数の値をプロットし，ステレオリソグラフに適したファイル形式 *.STL として出力することも可能である．

もう一つ **PowerBasic** について触れておかねばならない（現在，DOS バージョンは 3.5，Windows バージョンは 8.01 である）[*2]．商業ベースのパッケージであり，分かりやすいユーザー・インターフェースを備えていて，ユーザーは基本ソフトウェアである C++ の速度とパワーを利用できる．PowerBasic はコンパイル実行される点でも高速である．また Fortran で書かれたプログラムでも PowerBasic に容易に書き換えることができる．

次に，本書を準備するために用いた二つのフリー・ソフトウェア・システムについてぜひ記しておきたい．

その一つの **Surface Evolver** は，ケン・ブラッケ Ken Brakke によって作成，維持管理されているもので，基本的には有限要素解析システムであり，表面の振る舞いに関係する問題を，表面張力以外のあらゆる種類の力と拘束の条件のもとで扱うことができる．いまなお広範囲にわたる応用が可能であると考えられ，画像形式だけではなく，さらに他のアプリケーションへ移植可能な 3D 構造のファイル形式（*.QUAD）を生成することもできる．

もう一つは，リアルな画像生成が可能できわめて有用なフリー・システム **Povray** である．これは視点レイトレーシングのソフトウェアで，景色の画像を生成し，主に美術的な有用さを特徴にもつ．時間をかけて使い込むほど，素晴らしい画像が得られる．

CorelDRAW，**Paint Shop Pro**，**Photoshop** などは画像作成に強みをもつ標準的なグラフィック・システムであるが，それ以外に結晶構造の処理に特化したプログラムも知られている．中でも，無償ソフトウェア **Mercury** は，ケンブリッジ結晶構造データベースからの結晶構造データを結晶学者が標準

---

* 2　訳注：2019 年 10 月現在の最新は 6.03DOS バージョン，10.03Windows バージョン．

付録　新しい幾何学とコンピュータ処理　235

化した *.CIF あるいは *.PDB ファイル形式で処理でき，さらにタンパク質
データベースも扱うことができる.

　SolidView は *.STL ファイルを可視化することができる無償ソフトウェア
である.

　文書や原稿を扱える一般的なソフトウェアとしては，無償の **Acrobat Reader** と，さらに文書，スライドを扱える無償のオフィスソフトウェア **OpenOffice** を推薦することができる.

参考文献

Abe, E., Saitoh, K., Takakura, H., Tsai, A. P., Steinhardt, P. J. & Jeong, H.-C. Quasi-unit-cell model for an Al-Ni-Co ideal quasicrystal based on clusters with broken tenfold symmetry. *Phys. Rev. Lett.* 84 (2000) 4609–12.

Almgren Jr, F. J. *Plateau's Problem: an Introduction to Varifold Geometry.* Benjamin, New York (1966); revised edition, American Mathematical Society, Providence, RI (2001).

Amelinckx, S., Zhang, X. B., Bernaerts, D., Zhang, X. F., Ivanov, V. & Nagy J. B. A formation mechanism for catalytically grown helix shaped graphite nanotubes. *Science* 265 (1994) 635–9.

Andersson, S. An alternative description of the structure of Rh_7Mg_{44} and Mg_6Pd. *Acta Cryst. A* 34 (1978) 833–5.

Andersson, S. & Hyde, S. T. The intrinsic curvature of solids. *Z. Kristallogr.* 168 (1984) 1–17.

Andreini, A. Sulle reti di poliedri regolare e semiregolari e sulle correspondenti reti correlative. *Memorie della Societa Italiane delle Scienze* 14 (1907) 75–129.

Applebaum, J. & Weiss, Y. The packing of circles on a hemisphere. *Meas. Sci. Technol.* 10 (1999) 1015–19.

Aste, T. Circle, sphere and drop packings. *Phys. Rev. B* 53 (1996) 2571–9.

Aste, T. & Weaire, D. *The Pursuit of Perfect Packing.* Institute of Physics Publishing, Bristol, UK (2000).

Aston, M. W. Icosahedral packing of equal spheres using five basic cells. *Hyperspace* 8(2) (1999) 34–52.

Atiyah, M. & Sutcliffe, P. Polyhedra in physics, chemistry and geometry. *Milan J. Math.* 71 (2003) 33–58.

Audier, M. & Duneau, M. Icosahedral quasiperiodic packing of fibres parallel to fivefold and threefold axes. *Acta Cryst. A* 56 (2000) 49–61.

Audier, M. & Guyot, P. Al_4Mn quasicrystal atomic structure, diffraction data and Penrose tiling. *Phil. Mag. B* 3 (1986) L43–51.

Audier, M. & Guyot, P. The structure of the icosahedral phase – atomic decoration of the basic cells. In: *Quasicrystalline Materials: Proc. ILL/Codest Workshop, Grenoble 1988* (Janot, Ch. & Dubois, J. M., eds). World Scientific, Singapore (1988) 181–94.

Audier, M., Pannetier, J., Leblanc, M., Janot, C., Lang, J. M. & Dubost, B. An approach to the structure of quasicrystals: a single crystal X-Ray and neutron diffraction study of the R-Al_5CuLi_3 phase. *Physica B* 153 (1988) 136–42.

Audier, M., Janot, Ch., de Boissieu, M. & Dubost, B. Structural relationships in intermetallic compounds of the Al-Li-(Cu, Mg, Zn) system. *Phil. Mag. B* 60 (1989) 437–88.

Baer, S. *Zome Primer.* Zomeworks Corpn., Albuquerque, NM (1970).

Baer, S. The 31-zone structural system. In: *Third International Conference on Space Structures* (Nooshin, H., ed.). Elsevier, New York (1984) 872–5.

Baerlocher, Ch., Meier, W. M. & Olson, D. H. *Atlas of Zeolite Framework Types* (5th ed.). Elsevier, New York (2001).

Bausch, A. R., Bowick, M. J., Cacciuto, A., Dinsmore, A. D., Hsu, M. F., Nelson, D. R., Nikolaides, M. G., Travesset, A. & Weitz, D. A. Grain boundary scars and spherical crystallography. *Science* 299 (2003) 1716–8.

Belin, C. H. E. & Belin, R. C. H. Synthesis and crystal structure determinations in the Γ and δ phase domains of the iron-zinc system: electronic and bonding analysis of $Fe_{13}Zn_{39}$ and $FeZn_{10}$, a subtle deviation from the Hume-Rothery standard? *J. Solid state Chem.* 151 (2000) 85–95.

Bergman, G., Waugh, J. L. T. & Pauling, L. Crystal structure of the intermetallic compound $Mg_{32}(Al, Zn)_{49}$ and related phases. *Nature* 169 (1952) 1057–8; The crystal structure of the metallic phase $Mg_{32}(Al, Zn)_{49}$, *Acta Cryst.* 10 (1957) 254–9.

Bernal, J. D. A geometrical approach to the structure of monatomic liquids. *Nature* 183 (1959) 141–7.

Bernal, J. D. Geometry of the structure of monatomic liquids. *Nature* 185 (1960a) 68–70.

Bernal, J. D. The structure of liquids. *Sci. Am.* 201 (1960b) 124–31.

Bernal, J. D. The structure of liquids. *Proc. Roy. Soc. London A* 208 (1964a) 299–322.

Bernal, J. D. The structure of liquids. *New Sci.* 8 (1964b) 453–5.

Bernal, J. D. & Carlisle, C. H. The range of generalised crystallography. *Kristallografiya* 13 (1968) 927–951; *Sov. Phys. – Cryst.* 13 (1969) 811–31.

Bernal, J. D., Cherry, I. A., Finney, J. L. & Knight, K. R. An optical machine for measuring sphere coordintes in random packings. *J. Phys. E: Sci. Instrum.* 3 (1970) 388–90.

Bilinski, S. Über die Rhombenisoeder. *Glasnik matematicko-fisicki i astronomeski* 16 (1960) 251–62.

Blatov, V. A. & Shevchenko, A. P. Analysis of voids in crystal structures: the methods of 'dual' crystal chemistry. *Acta Cryst. A* 59 (2003) 34–44.

Blum, Z., Lidin, S. & Thomasson, R. Zeolites: conveyors of non-Euclidean geometry. *Angew. Chem. Int. Ed. Engl.* 27 (1988) 953–6.

Boerdijk, A. H. Some remarks concerning close-packing of equal spheres. *Philips Res. Rep.* 7 (1952) 303–13.

Bonnet, O. Note sur la théorie générale des surfaces. *Comptes Rendu* 37 (1853) 529–32.

Booth, D. The new Zome primer. In: *Fivefold Symmetry* (Hargittai, I., ed.). World Scientific, Singapore (1992) 221–33.

Boström, M. & Lidin, S. Preparation and double-helix icosahedra structure of δ-Co_2Zn_{15}. *J. Solid State Chem.* 166 (2002) 53–7.

Bourgoin, J. *Les Eléments de l'Art Arabe: le Trait des Entrelacs*. Firmin-Didot, Paris (1879); republished as *Arabic Geometrical Pattern and Design*. Dover, New York (1973).

Bradley A. J. & Jones, P. An X-ray investigation of the copper-aluminium alloys. *J. Inst. Met.* 51 (1933) 131–62.

Bradley, A. J & Thewlis, J. The structure of γ-brass. *Proc. Roy. Soc. London A* 112 (1926) 678–81.

Brakke, K. A. The Surface Evolver. *Experimental Math.* 1 (1992) 141–165.

Brakke, K. A. The Surface Evolver and the stability of liquid surfaces. *Phil. Trans. Roy. Soc. London A* 354 (1996) 2143–57.

Brakke, K. A. *Plateau's Problem*. American Mathematical Society Providence, RI (2001).

Bravais, L. & Bravais A. Essai sur la disposition des feuilles curvisériées. *Ann. Sci. Nat. Bot. Biol. Veg.* 7 (1837) 42–110, 193–221, 291–348; 8 (1838) 11–42.

Brunner, G. O. Parameters for frameworks and space filling polyhedra. *Z. Kristallogr.* 156 (1981) 295–303.

Buckminster Fuller, R. *Synergetics: Exploration in the Geometry of Thinking.* Macmillan, New York (1975).

Catalan, E.C. Mémoires sur la theorie des polyèdres, *J. École Polytech.* 24 (1865) 1–71.

Chabot, B., Cenzual, K. & Parthé, E. Nested polyhedra units: a geometrical concept for describing cubic structures. *Acta Cryst. A* 37 (1981) 6–11.

Charvolin, J. & Sadoc, J.-F. Ordered bicontinuous films of amphiphiles and biological membranes. *Phil. Trans. Roy. Soc. London A* 354 (1996) 2173–92.

Chattopadhyay, K., Lele, S., Prasad, R., Ranganathan, S., Subbanna, G. N. & Thangaraj, N. On the variety of electron diffraction patterns from quasicrystals. *Scripta Metall.* 19 (1985a) 1331–4.

Chattopadhyay, K., Lele, S., Ranganathan, S., Subbanna G. N. & Thangaraj, N. Electron microscopy of quasicrystals and related structures. *Curr. Sci.* 54 (1985b) 895.

Chattopadhyay, K., Lele, S., Thangaraj, N. & Ranganathan, S. Vacancy ordered phases and one dimensional quasiperiodicity. *Acta Metall.* 35 (1987) 727–33.

Chen, B., Eddaoudi, M., Hyde, S. T., O'Keeffe, M. & Yaghi, O. M. Intewoven metal-organic framework on a periodic minimal surface with extra large pores. *Science* 291 (2001) 1021–23.

Chorbachi, W. K. In the tower of Babel: beyond symmetry in Islamic design. *Comp. Maths with Appl.* 17 (1989) 751–89.

Chung, F. & Sternberg, S. Mathematics and the Buckyball. *Am Scientist* 81 (1993) 58–71.

Church, A. H. *The Relation of Phyllotaxis to Mechanical Laws.* Williams and Norgate, London (1904).

Clare, B. W. & Kepert, D. L. The closest packing of equal circles on a sphere. *Proc. Roy. Soc. London A* 405 (1986) 329–44.

Clare, B. W. & Kepert, D. L. The optimal packing of circles on a sphere, *J. Math. Chem.* 6 (1991) 325–49.

Cockayne, E. & Widom, M. Structure and phason energetics of Al-Co decagonal phases. *Phil. Mag. A* 77 (1998) 593–619.

Conway, J. H. The orbifold notation for surface groups. In: *Groups, Combinatorics and Geometry* (Liebeck, M. & Sakl, J., eds). Cambridge University Press (1992) 438–47.

Conway, J. H. & Huson, D. H. The orbifold notation for two-dimensional groups. *Struc. Chem.* 13 (2002) 247–58.

Conway, J. H. & Knowles, K. M. Quasiperiodic tiling in two and three dimensions. *J. Phys. A: Math. Gen.* 19 (1986) 3645–53.

Conway, J. H. & Sloane, N. J. A. *Sphere Packings, Lattices and Groups.* Springer, New York (1988); 2nd edn. (1998).

Cook, T. A. *The Curves of Life, Being an Account of Spiral Formations and Their Application to Growth in Nature, To Science and to Art.* Constable London (1914); Dover, New York (1979).

Cornelli, A., Farinato, R. & Loreto, L. Environments of points and related polyhedral configurations: an interactive computer graphics (ICG) approach. *Per. Mineral. Roma* 53 (1984) 135–58.

Costa, C. Imersões minimas completas em R^3 de genero un e curvatura total finita. *Doctoral Thesis, IMPA, Rio de Janeiro, Brasil* (1982); Example of a complete minimal immersion in R^3 of genus one and three embedded ends. *Bull. Soc. Bras. Mat.* 15 (1984) 47–54.

Cottrell, A. H. *Concepts in the Electron Theory of Metals.* Institute of Materials UK, London (1998).

Coxeter, H. S. M. Regular skew polyhedra in three and four dimensions and their topological analogues. *Proc. London Math. Soc. (Ser. 2)* 43 (1937) 33–62.

Coxeter, H. S. M. *Regular Polytopes.* Macmillan, New York (1963); Dover, New York (1973).

Coxeter, H. S. M. *Regular Complex Polytopes*. Cambridge University Press (1974).
Coxeter, H. S. M. *Introduction to Geometry*. Wiley, New York (1969); 2nd edn (1989).
Coxeter, H. S. M. The simplicial helix and the equation $\tan n\theta = n \tan \theta$. *Canad. Math. Bull.* 28 (1985) 385–93.
Coxeter, H. S. M. A simple introduction to colored symmetry. *Int. J. Quantum Chem.* 31 (1987) 455–61.
Coxeter, H. S. M. & Moser, W. O. J. *Generators and Relations for Discrete Groups*. Springer, New York, Berlin (1957).
Coxeter, H. S. M., Longuet-Higgins, M. S. & Miller, J. C. P. Uniform polyhedra. *Philos. Trans. Roy. Soc. London A* 246 (1953) 401–50.
Critchlow, K. *Time Stands Still*. Gordon Fraser London (1979).
Critchlow, K. & Nasr, S. H. *Islamic Patterns: An Analytical and Cosmological Approach*. Thames and Hudson London (1979); Inner Traditions Intl. Ltd., Rochester, VT (1999).
Critchlow, K. *Order in Space: A Design Sourcebook*. Thames and Hudson (1969); 2nd edn (2000).
Cromwell, P. R. Kepler's work on polyhedra. *Math. Intelligencer* 17 (1995) 23–33.
Cromwell, P. R. *Polyhedra*. Cambridge University Press (1999).
Crowe, D. W. The mosaic patterns of H. J. Woods. *Comp. & Maths with Appl.* 12B (1986) 407–11.
Cundy, H. M. & Rollett, A. P. *Mathematical Models*. Oxford University Press (1951). 2nd edn (1961).
Curl, R. F. & Smalley, R. E. Fullerenes. *Sci. Am.* 265 (1991) 54–63.
Davis, M. E. Ordered porous materials for emerging applications. *Nature* 417 (2002) 813–20.
De Bruijn, N. G. Algebraic theory of Penrose's non-periodic tilings of the plane. *Math. Proc. A* 84 (1981) 39–66.
Delgado-Friedrichs, O. & Huson, D. A combinatorial theory of tilings. In: *Voronoï's Impact on Modern Science. Book II* (Engel, P. & Syta, H., eds). National Academy of Science of Ukraine, Institute of Mathematics, Kiev (1998) 85–95.
Delgado-Friedrichs, O. & Huson, D. H. Orbifold triangulations and crystallographic groups. *Per. Math. Hung.* 34 (1997) 29–55.
Delgado-Friedrichs, O. & Huson, D. H. Tiling space by Platonic solids, I. *Discrete Computational Geom.* 21 (1999) 299–315.
Delgado-Friedrichs, O., Dress, A. W. M., Huson, D. H., Klinowski, J. & Mackay, A. L. Systematic enumeration of crystalline networks. *Nature* 400 (1999a) 644–7.
Delgado-Friedrichs, O., Dress, A. W. M. & Huson, D. H. Tilings and symbols: a report on the uses of symbolic calculation in tiling theory. *Hyperspace* 8(3) (1999b) 10–25.
Delgado-Friedrichs, O., Plévert, J. & O'Keeffe, M. A simple isohedral tiling of three-dimensional space by infinite tiles and with symmetry $I a \bar{3} d$. *Acta Cryst. A* 58 (2002) 77–8.
Delgado-Friedrichs, O., O'Keeffe, M. & Yaghi, O. M. Three-periodic nets and tilings: regular and quasiregular nets. *Acta Cryst. A* 59 (2003) 22–7.
Delgado-Friedrichs, O. & O'Keeffe, M. Isohedral simple tilings: trinodal and by tiles with $\leqslant$ 16 faces. *Acta Cryst. A* 61 (2005) 358–62.
Delone, B. N., Padurov, N. & Aleskandrov, A. *Mathematicheskie Osnovy Strukturnogo Analiza Kristallov. [The Mathematical Bases of Crystal Structure Analysis]* ONTI GTTI Leningrad & Moscow (1934).
Delone, B. N., Dolbilin, N. P., Shtogrin, M. J. & Galiulin, R. V. A local criterion for regularity of a system of points. *Sov. Math. Doklady* 17 (1976) 319–32.
Dirichlet, G. L. Über die Reduction der positiven quadratische Formen mit drei unbestimmten ganzen Zählen. *J. reine angew. Math.* 40 (1850) 216–9.

参 考 文 献　　241

Doye, J. P. K. & Wales, D. J. The structure of (C60)N clusters. *Chem. Phys. Lett.* 262 (1996) 167–74.

Doye, J. P. K. & Wales, D. J. Polytetrahedral clusters. *Phys. Rev. Lett.* 86 (2001) 5719–22.

Dress, A. W. M. Regular polytopes and equivariant tesselations from a combinatorial point of view. In: *Springer Lecture Notes in Mathematics*, vol. 1172. Springer, Göttingen (1985) 56–72.

Dress, A. W. M. Presentations of discrete groups, acting on simply connected manifolds, in terms of parametrized systems of Coxeter matrices: a systematic approach. *Adv. In Math.* 63 (1987) 196–212.

Dress, A. W. M., Huson, D. H. & Molnar, E. The classification of face-transitive three-dimensional tilings. *Acta Cryst. A* 49 (1993) 806–17.

Duneau, M. & Audier, M. Quasiperiodic packing of fibres with icosahedral symmetry. *Acta Cryst. A* 55 (1999) 746–54.

Dunlap, R. A. *The Golden Ratio and Fibonacci Numbers.* World Scientific, Singapore (1998).

Dürer, A. *Unterweysung der Messung.* H. Formschneyder, Nürnberg (1523).

Du Val, P. *Homographies, Quaternions and Rotations.* Oxford University Press (1964).

Dyer, A. *An Introduction to Zeolite Molecular Sieves.* Wiley, New York (1988).

Elam, K. *Geometry of Design: Studies in Proportion and Composition.* Princeton Architectural Press, Princeton, NJ (2001).

El-Said, I. & Parman, A. *Geometrical Concepts in Islamic Art.* World of Islam Festival Publishing Co., London (1976).

Elser, V. Space filling minimal surfaces and sphere packings. *J. Phys. 1 France* 4 (1994) 731–5.

Elser, V. A cubic Archimedean screw. *Phil. Trans. Roy. Soc. London A* 354 (1996) 2071–5.

Elser, V. & Henley, C. L. Crystal and quasicrystal structures in Al-Mn-Si alloys. *Phys. Rev. Lett.* 55 (1985) 2883–6.

Erickson, R. O. Tubular packing of spheres in biological fine structures. *Science* 181 (1973).

Fedorov, E. S. The symmetry of regular systems of figures (in Russian), *Zap. Mineralog. Obsc.* 28(2) (1891) 1–146. English translation in *Symmetry of Crystals. ACA Monograph 7. Amer. Crystallographic Assoc.* New York (1971) 50–131.

Fejes Tóth, L. *Regular Figures.* Macmillan, New York (1964).

Fejes Tóth, L. L. *Lagerungen in der Ebene auf der Kugel und im Raum.* Springer, Berlin (1953); 2nd edn (1972).

Ferey, G. Simplicity of complexity – rational design of giant pores. *Science* 291 (2001) 994–5.

Ferro, A. C. & Fortes, M. A. A new family of trivalent space-filling parallelohedra. *Z. Kristallogr.* 173 (1985) 41–57.

Feynman, R. P. There's plenty of room at the bottom. *Eng. and Sci. (CalTech)* 23 (February 1960) 22–36. Reprinted in *Nanotechnology: Research and Perspectives* (Crandall, B. C. & Lewis, J., eds). MIT Press, Cambridge, MA (1992) 347–63, and in *Miniaturization* (Gilbert, D. H., ed.). Reinhold, New York (1961) 282–96. See also http://www.zyvex.com/nanotech/ feynman.html.

Finney, J. L. Random packings and the structure of simple liquids. I. The geometry of random close packing. *Proc. Roy. Soc. London A* 319 (1970) 479–93.

Finney, J. L. Fine structure in randomly packed, dense clusters of hard spheres. *Mater. Sci. Eng.* 23 (1976) 199–205.

Fischer, W. Tetragonal sphere packings. I. Lattice complexes with zero or one degree of freedom. *Z. Kristallogr.* 194 (1991a) 67–85; II. Lattice complexes with two degrees of freedom. *Z. Kristallogr.* 194 (1991b) 87–110; III. Lattice complexes with three degrees of freedom. *Z. Kristallogr.* 205 (1993) 9–26.

Fischer, W. & Koch, E. On 3-periodic minimal surfaces. *Z. Kristallogr.* 179 (1987) 31–52.

Fischer, W. & Koch, E. New surface patches for minimal balance surfaces. I. Branched catenoids. *Acta Cryst. A* 45 (1989a) 166–169; III. Infinite strips. *Acta Cryst. A* 45 (1989b) 485–90.

Fischer, W. & Koch, E. Genera of minimal balance surfaces. *Acta Cryst. A* 45 (1989c) 726–32.

Fischer, W., Burslaff, H., Hellner, E. & Donnay, J. D. H. *Space Groups and Lattice Complexes.* National Bureau of Standards Monograph 134. US Government printing Office, Washington DC (1973).

Fischer, W. & Koch, E. Lattice complexes. In: *International Tables for Crystallography A* (Hahn, J. T., ed.). Kluver Academic Publishers, Dordrecht, The Netherlands (1995) 825–54.

Fischer, W. & Koch, E. Spanning minimal surfaces. *Phil. Trans. Roy. Soc. London A* 354 (1996a) 2105–42.

Fischer, W. & Koch, E. Two 3-periodic self-intersecting minimal surfaces related to the Cr_3Si structure type. *Z. Kristallogr.* 211 (1996b) 1–3.

Fogden, A. Description of a 3-periodic minimal surface family with trigonal symmetry. *Z. Kristallogr.* 209 (1994) 22–31.

Fogden, A. & Haeberlein, M. New families of triply periodic minimal surfaces. *J. Chem. Soc. Faraday Trans.* 90 (1994) 263–70.

Fogden, A. & Hyde, S. T. Parametrization of triply periodic minimal surfaces. I. Mathematical basis of the construction algorithm for the regular class. *Acta Cryst.* 148 (1992a) 442–51; II. Regular class solutions. *Acta Cryst.* 148 (1992b) 575–91; III. General algorithm and specific examples for the irregular class. *Acta Cryst.* 149 (1993) 409–21.

Fogden, A. & Hyde, S. T. Continuous transformations of cubic minimal surfaces. *Eur. Phys. J. B* 7 (1999) 91–104.

Fogden, A., Haeberlein, M. & Lidin, S. Generalizations of the gyroid surface. *J. Phys. I France* 3 (1993) 2371–85.

Fowler, P. W. & Tarnai, T. Transition from circle packing to covering on a sphere: the odd case of 13 circles. *Proc. Roy. Soc. London A* 155 (1999) 4131–43.

Frank, F. C. Supercooling of liquids. *Proc. Roy. Soc. London A* 215 (1952) 43–6.

Frank, F. C. On Miller-Bravais indices and four-dimensional vectors. *Acta Cryst.* 18 (1965) 862–6.

Frank, F. C. & Kasper, J. S. Complex alloy structures regarded as sphere packings. I. definitions and basic principles. *Acta Cryst.* 11 (1958) 184–90.

Gardner, M. Extraordinary non-periodic tiling that enriches the theory of tiles. *Sci. Amer.,* January (1977) 110–21.

Gardner, M. *Penrose Tiles to Trapdoor Cyphers.* Freeman, New York (1995).

Ghyka, M. C. *The Geometry of Art and Life.* Sheed & Ward, New York (1946); Dover, New York (1977).

Gips, J. *Shape Grammars.* Birkhäuser, Basel (1975).

Gleiter, H. Nanostructured materials: basic concepts and microstructure. *Acta Mater.* 48 (2000) 1–29.

Goetzke, K. & Klein, H.-J. Properties and efficient algorithmic determination of different classes of rings in finite and infinite polyhedral networks. *J. Non-Crystalline Solids* 127 (1991) 215–20.

Gotoh, K. & Finney, J. L. Statistical geometrical approach to random packing density of equal spheres. *Nature,* 252 (1974) 202–5.

Gozdz, W. & Holyst, R. High genus periodic gyroid surfaces of nonpositive Gaussian curvature. *Phys. Rev. Lett.* 76 (1996a) 2726–9.

Gozdz, W.T. & Holyst, R. Triply periodic surfaces and multiply continuous structures from the Landau model of microemulsions. *Phys. Rev. E* 54 (1996b) 5012–27.

Gozdz, W. & Holyst, R. From the Plateau problem to periodic minimal surfaces in lipids, surfactants and diblock copolymers. *Macromo. Theory Simul.* 5 (1996c) 321–32.

Grünbaum, B. Uniform tilings of 3-space. *Geombinatorics* 4 (1994) 49–56.

Grünbaum, B. & Shephard, G. C. In: *The Mathematical Gardner* (Klarner, D. A., ed.). Wadsworth International, Belmont, CA (1981).

Grünbaum, B. & Shephard, G. C. *Tilings and Patterns.* W. H. Freeman, New York (1987).

Gummelt, P. Construction of Penrose tilings by a single aperiodic proto set. In: *Procceedings of the 5th International Conference on Quasicrystals* (Janot, C. & Mosseri, R., eds). World Scientific, Singapore (1995) 84–7.

Gummelt, P. Penrose tilings as coverings of congruent decagons. *Geometriae Dedicata* 62 (1996) 1–17.

Gummelt, P. *Aperiodische Überdeckungen mit einem Clustertyp.* Thesis, University of Greifswald (1998).

Gummelt, P. & Bandt, C. A cluster approach to random Penrose tilings. *Mater. Sci. Eng. A* 294–296 (2000) 250–3.

Hägg, G. *Zeitschr. f. physik. Chemie.* 12 (1930–31) 33.

Hahn, J. T. (ed.). *International Tables for Crystallography A.* Kluver, Dordrecht (1995).

Hales, T. C. Sphere packings, I. *Discrete Computational Geometry* 17 (1996) 1–51; Sphere packings, II. *Discrete Computational Geometry* 18 (1997) 135–49.

Hamilton, W. R. *Lectures on Quaternions: Containing a Systematic Statement of a New Mathematical Method.* Hodges and Smith, Dublin (1853).

Hamada, N., Sawada, S. & Oshiyama, A. New one-dimensional conductors – graphitic nanotubes. *Phys. Rev. Lett.* 68 (1992) 1579–81.

Hamkins, J. & Zeger, K. Asymptotically dense spherical codes – part I: wrapped spherical codes. *IEEE Trans. Inform. Theory* 43 (1997a) 1774–85.

Hamkins, J. & Zeger, K. Asymptotically dense spherical codes – part II: laminated spherical codes. *IEEE Trans. Inform. Theory* 43 (1997b) 1786–98.

Han, S. & Smith, J. V. Enumeration of four-connected three-dimensional nets. I. Conversion of all edges of simple three-connected two-dimensional nets into crankshaft chains. *Acta Cryst. A* 55 (1999) 332–41; II. Conversion of edges of three-connected 2D nets into zigzag chains. *Acta Cryst. A* 55 (1999) 342–59; III. Conversion of edges of three-connected two-dimensional nets into saw chains. *Acta Cryst. A* 55 (1999) 360–82.

Hargittai, I. (ed.). *Fivefold Symmetry.* World Scientific, Singapore (1992).

Harper, P. E. & Gruner, S. M. Electron density modeling and reconstruction of infinite periodic minimal surfaces (IPMS) based phases in lipid-water systems. I. Modeling IPMS based phases. *Eur. Phys. J. E* 2 (2000) 217–28.

Harrison, W. A. The Fermi surface. *Science* 134 (1961) 915–20.

Hart, G. W. & Picciotto, H. *Zome Geometry: Hands-on Learning with Zome Models.* Key Curriculum Press, Emeryville, CA (2002).

Haüssermann, U., Svensson, C. & Lidin, S. Tetrahedral stars as flexible basis clusters in sp-bonded intermetallic frameworks and the compound $BaLi_7Al_6$ with the $NaZn_{13}$ structure. *J. Am. Chem. Soc.* 120 (1998) 3867–80.

Heesch, H. & Laves, F. Über dünne Kugelpackungen. *Z. Kristallogr.* 85 (1933) 443–53.

Hellner, E. Descriptive symbols for crystal structure types and homeotypes based on lattice complexes. *Acta Cryst.* 19 (1965) 703–12.

Hellner, E. & Koch, E. Cluster or framework considerations for the structures of Tl_7Sb_2, α-Mn, Cu_5Zn_8 and their variants $Li_{22}Si_{51}$, $Cu_{41}Sn_{11}$, $Sm_{11}Cd_{45}$, Mg_6Pd and Na_6Tl with octuple unit cells. *Acta Cryst. A* 37 (1981) 1–6.

Herz-Fischler, R. A. *Mathematical History of the Golden Number.* Dover, New York (1998).

Higgins, J. B. Silica zeolites and clathrates. In: *Silica: Physical Behaviour, Geochemistry and Material Applications.* (Heaney, P. J., Prewitt, C. T. & Gibbs, G. V. eds). Mineralogical Society of America, Chantilly, VA (1994) 508–43.

Hilbert, D. & Cohn-Vossen, S. *Geometry and the Imagination.* Chelsea Publishing Company, London (1952).

Hiraga, K., Hirabayashi, M., Inoue, A. & Masumoto, T. Icosahedral quasicrystals of a melt-quenched Al–Mn alloy observed by high resolution microscopy. *Sci. Rep. Res. Inst. Tohoku Univ. A* 32 (1985) 309–14.

Hiraga, K., Sugiyama, K. & Ohsuna, T. Atom cluster arrangements in cubic approximant phase of icosahedral quasicrystals. *Phil. Mag. A* 78 (1998) 1051–64.

Hiraga, K., Ohsuna, T. & Sugiyama, K. Atom clusters with icosahedral symmetry in cubic alloy phases related to icosahedral quasicrystals. *The Rigaku J.* 16 (1999) 38–45.

Hoare, M. R. & Pal, P. Physical cluster mechanics: statics and energy surfaces for monatomic systems. *Adv. Phys.* 20 (1971) 161–98.

Hobbs, L. W., Jesurum, C. E., Pulim, V. & Berger, B. Local topology of silica networks. *Phil. Mag. A* 78 (1998) 679–711.

Hoffman, D. The computer-aided discovery of new embedded minimal surfaces. *Math. Intelligencer.* 9 (1987) 8–21.

Hooke, R. *Micrographia: Or, Some Physiological Descriptions of Minute Bodies Made by Magnifying Glasses* (Martyn, J. & Allestry, J., eds). Martyn & Allestry, London (1665).

Hren J. J. & Ranganathan S. (eds) *Field-Ion Microscopy.* Plenum Press, New York (1967), Russian edition Mir Publishers, Moscow (1971).

Hsiang, W. Y. & Hsiang, W.-Y. *Least Action Principle of Crystal Formation of Dense Packing Type and the Proof of Kepler's Conjecture.* World Scientific, Singapore (2002).

Hudson, D. R. Density and packing in an aggregate of mixed spheres. *J. App. Phys.* 20 (1949) 154–62.

Hume-Rothery, W. Researches on the nature, properties, and condition of formation of intermetallic compounds. *J. Inst. Metals* 35 (1926) 319–335.

Huntley, H. E. *The Divine Proportion.* Dover, New York (1970).

Hyde, S. T. The topology and geometry of infinite periodic surfaces. *Z. Krystallogr.* 187 (1989) 165–85.

Hyde, S. T. Hyperbolic surfaces in the solid state and the structure of ZSM-5 zeolites. *Acta Chemica Scand.* 45 (1991) 860–63.

Hyde, S. T. & Andersson, S. Differential geometry of crystal structure description: relationships and phase transitions. *Z. Kristallogr.* 170 (1985) 225–39.

Hyde, S. T. & Ramsden, S. Crystals: two-dimensional non-Euclidean geometry and topology. Chapter 2 of *Mathematical Chemistry*, vol. 6 (Bonchev, D. & Rouvray D, eds). Gordon and Breach, New York (2000a).

Hyde, S. T. & Ramsden, S. Polycontinuous morphologies and interwoven helical networks. *Europhys. Lett.* 50 (2000b) 135–41.

Hyde, S. T. & Ramsden, S. Some novel three-dimensional Euclidean crystalline networks derived from two-dimensional hyperbolic tilings. *European Physical Journal E* 31 (2003) 273–84.

Hyde, S. T., Andersson, S., Ericsson, B. & Larsson, K. A systematic net description of saddle polyhedra and periodic minimal surfaces of the gyroid type in the glycerolmonooleate-water system. *Z. Kristallogr.* 168 (1984) 221–54.

Hyde, S. T., Andersson, S., Larsson, R., Blum, Z., Landh, T., Lidin, S. & Ninham, B. W. *The Language of Shape: The Role of Curvature in Condensed Matter: Physics, Chemistry and Biology.* Elsevier (1996).

Iijima, S. Helical microtubules of graphitic carbon. *Nature* 354 (1991) 56–8.

Inoue, A., High strength bulk amorphous alloys with low critical cooling rate. *Mater. Trans. JIM* 36, (1995) 866–75.

Inoue, A *Bulk Amorphous Alloys – Preparation and Fundamental Characteristics.* Trans Tech Publications, Zürich (1998).

Inoue, A. Stabilization of metallic supercooled liquid and bulk amorphous alloys. *Acta Mater.* 48 (2000) 279–306.

Janot, Ch. & Patera, J. Simple physical generation of aperiodic structures. *J. Non-Cryst. Solids* 233–4 (1998) 234–8.

Jeanneret, C. E. ("le Corbusier"). *The Modulor: A Harmonious Measure to the Human Scale Universally Applicable to Architecture and Mechanics and Modulor 2 (Let the User Speak Next).* Birkhäuser (2000) [Facsimile of 1st English Edition, Faber and Faber (1954)].

Jeong, H.-C. Inflation rule for Gummelt coverings with decorated decagons and its implication to quasi-unit-cell models. *Acta Cryst. A* 59 (2003) 361–6.

Jeong, H.-C. & Steinhardt, P. J. Constructing Penrose-like tilings from a single prototile and the implications for quasicrystals. *Phys. Rev. B* 55(1997) 3520–32.

Johnson, W. L. Bulk glass forming metallic alloys: science and technology. *Mat. Res. Bull.* 24 (1999) 42–56.

Johnson, R. L. *Atomic and Molecular Clusters.* Taylor & Francis, London and New York (2002).

Johnson, C. K., Burnett, M. N. & Dunbar, W. D. Crystallographic topology and its applications. In: *Crystallographic Computing 7: Macromolecular Crystallographic Data* (Bourne, P. E. & Watenpaugh, K. D., eds). Oxford University Press (2002).

Kapraff, J. The relationship between mathematics and mysticism of the golden mean through history. In: *Fivefold Symmetry* (Hargittai, I., ed.). World Scientific, Singapore (1992).

Karcher, H. The triply periodic minimal surfaces of Alan Schoen and their constant mean curvature companions. *Manuscripta Mathematica* 64 (1989a) 291–357.

Karcher, H. *Construction of Minimal Surfaces. Vorlesungsreihe,* vol. 12. Institut für Angewandte Mathematik, Univ. Bonn (1989b).

Karcher, H. & Polthier, K. Construction of triply periodic minimal surfaces. *Phil. Trans. Roy. Soc. London A* 354 (1996) 1–18.

Katz, A. Theory of matching rules for the 3-dimensional Penrose tilings. *Commun. Math. Phys.* 118 (1986) 263–88.

Kelvin, W. T. & Weaire, D. *The Kelvin Problem: Foam Structures of Minimal Surface Area.* Taylor & Francis, London (1997).

Kepler, J. *Mysterium Cosmographicum.* Tübingen (1596, 1621).

Kepler, J. *Strena seu de Nive Sexangula,* Tampach, Frankfort (1611); *The Six-cornered Snowflake.* Clarendon Press, Oxford (1966).

Kepler, J. *Harmonice Mundi.* Lincii Austriae, Sumptibus Godfrdi Tampachhii, Francof. (1619); German transl. *Johannes Kepler, Gesammelte Werke* (Caspar, M. ed.). Beck, Munich (1990). *The Harmony of the World.* English translation with Introduction and Notes by Alton, E. J., Duncan, A. M. & Field, J. V. *Memoirs of the American Philosophical Society* 209 (1997).

Kikuchi, R. Shape distribution of two-dimensional soap froths. *J. Chem. Phys.* 24 (1956) 862–7.

Klinowski, J., Mackay, A. L. & Terrones, H. Curved surfaces in chemical structures. *Phil. Trans. Roy. Soc. London A* 354 (1996) 1975–87.

Koch, E. Minimal surfaces with self-intersections along straight lines. II. Surfaces forming three-periodic labyrinths. *Acta Cryst. A* 56 (2000) 15–23.

Koch, E. & Fischer, W. Zur Bestimmung asymmetrische Einheiten kubischer Raumgruppen mit Hilfe von Wirkungsbereiche. *Acta Cryst. A* 30 (1974) 490–6.

Koch, E. & Fischer, W. On 3-periodic minimal surfaces with non-cubic symmetry. *Z. Kristallogr.* 183 (1988) 129–52.

Koch, E. & Fischer, W. New surface patches for minimal balance surfaces. II. Multiple catenoids. *Acta Cryst. A* 45 (1989a) 169–74; IV. Catenoids with spout-like attachments. *Acta Cryst. A* 45 (1989b) 558–63.

Koch, E. & Fischer, W. Flat points for minimal balance surfaces. *Acta Cryst. A* 46 (1990) 33–40.

Koch, E. & Fischer, W. Triply periodic minimal balance surfaces: a correction. *Acta Cryst. A* 49 (1993) 209–10.

Koch, E. & Fischer, W. Sphere packings with three contacts per sphere and the problem of the least dense packing. *Z. Kristallogr.* 210 (1995) 407–14.

Koch, E. & Fischer, W. Minimal surfaces with self-intersections along straight lines. I. Derivation and properties. *Acta Cryst. A* 55 (1999) 58–64.

Komura, Y., Sly, W. G. & Shoemaker, D. P. The crystal structure of the R phase, Mo-Cu-Cr. *Acta Cryst.* 13 (1960) 575–85.

Kottwitz, D. A. The densest packing of equal circles on a sphere, *Acta Cryst. A* 47 (1991) 158–65.

Kovacs, F. & Tarnai, T. An expandable dodecahedron. *Hyperspace* 10(1) (2001) 13–20.

Kowalewski, G. *Der Keplersche Körper und andere Bauspiele.* Koehlers, Leipzig (1938). English translation: *Construction Games with Kepler's Solids*, tr. D. Booth. Parker Courtney Press, Chestnut Ridge, NY (2001).

Kramer, P. Non-periodic central space-filling with icosahedral symmetry using copies of seven elementary cells. *Acta Cryst.* A38 (1982) 257–64.

Kramer, P. & Neri, R. On periodic and non-periodic space fillings of E^m by projection. *Acta Cryst. A* 40 (1984) 580–7.

Kreiner, G. & Franzen, H. F. A new cluster concept and its application to quasi-crystals of the i-AlMnSi family and closely related crystalline structures. *J. Alloy Compd.* 221 (1995) 15–36.

Kreiner, G. & Schäpers, M. A new description of Samson's Cd_3Cu_4 and a model of icosahedral i-CdCu. *J. Alloys Compd.* 259 (1997) 83–114.

Kripyakevich, P. I. A systematic classification of types of intermetallic structures. *J. Struct. Chem.* (1963) 1–35.

Kripyakevitsch, P. I. *Structurtypen der Intermetallischen Phasen.* Verlag Nauka, Moskau (1977).

Kroto, H. W., Heath, J. R., Obrien, S. C., Curl, R. F. & Smalley, R. E. C-60 – Buckminsterfullerene. *Nature* 318 (1985) 162–3.

Krypyakevich, P. I. A systematic classification of types of intermetallic structures. *J. Struct. Chem.* (1963) 1–35.

Kuijlaars, A. B. J. & Saff, E. B. Asymptotics for minimal discrete energy on the sphere. *Tran. Amer. Math. Soc.* 350 (1998) 523–38.

Kuo, K. H. Mackay, anti-Mackay, double-Mackay, pseudo-Mackay, and related icosahedral shell clusters. *Structural Chemistry* 13 (2002) 221–9.

Lambert, C. A., Radzilowski, L. H. & Thomas, E. L. Triply periodic level surfaces as models for cubic tricontinuous block copolymer morphologies. *Phil. Trans. Roy. Soc. London A* 354 (1996) 2009–23.

Leech, J. The problem of the thirteen spheres. *Math. Gazette* 40 (1956) 22–3.

Lehninger, L., Nelson, D. L. & Cox, M. M. *Principles of Biochemistry.* Worth publishers, New York (1993).

Leoni, S. & Nesper, R. Elucidation of simple pathways for reconstructive phase transitions using periodic equi-surface (PES) descriptors. The silica phase system. I. Quartz-tridymite. *Acta Cryst. A* 56 (2000) 383–93.

Levine, D. & Steinhardt, P. J. Quasicrystals: a new class of ordered structures. *Phys, Rev. Lett.* 53 (1984) 2477–80.

Li, C. R., Ranganathan S. & Inoue, A. Initial crystallization processes of Hf–Cu–M (M = Pd, Pt or Ag) amorphous alloys. *Acta Mater.* 49 (2001) 1903–8.

Li, C. R., Zhang, X. N. & Cao, Z. X. Triangular and Fibonacci number patterns driven by stress on core/shell microstructures. *Science* 309 (2005) 909–11.

Li, H. Eddaoudi, M., O'Keefe, M. & Yaghi, O. M. Design and synthesis of an exceptionally stable and highly porous metal-organic framework. *Nature* 402 (1999) 276–9.

Li, X. Z. Structure of Al–Mn decagonal quasicrystal. I. A unit-cell approach. *Acta Cryst. B* 51 (1995) 265–70.

Li, X. Z. & Frey, F. Structure of Al–Mn decagonal quasicrystal. II. A high-dimensional description. *Acta Cryst. B* 51 (1995) 271–5.

Lidin, S. Ring-like minimal surfaces. *J. Phys. France* 49 (1988) 421–7.

Lidin, S. & Andersson, S. Regular polyhedral helices. *Z. anorg. Alg. Chem.* 622 (1996) 164–6.

Lidin, S. & Larsson, S. Bonnet transformation of infinite periodic minimal surfaces with hexagonal symmetry. *J. Chem. Soc. Faraday Trans.* 86 (1990) 769–75.

Lidin, S., Hyde, S. T. & Ninham, B. W. Exact construction of periodic minimal surfaces: the I-WP surface and its isometries. *J. Phys. France* 51 (1990) 801–13.

Liebau, F., Gies, H., Gunawardena, R. P. & Marier, B. Classification of tectosilicates and systematic nomenclature of clathrate type tectosilicates: a proposal. *Zeolites* 6 (1986) 373–7.

Lifshitz, R. Theory of color symmetry for periodic and quasiperiodic crystals. *Physica A* 232 (1996) 633–47.

Lifshitz, R. Lattice color groups of quasicrystals. *Phys. Rev. Lett.* 80 (1998) 2717–20.

Lindenmayer, A. Mathemathical models for cellular interaction in development. *J. Theor. Biol.* 18 (1968) 280–315.

Livio, M. *The Golden Ratio: The Story of PHI, the World's Most Astonishing Number.* Broadway Books, New York (2003).

Loeb, A. L. A modular algebra for the description of crystal structures. *Acta Cryst.* 15 (1962) 219–26.

Loeb, A. L. Moduledra crystal models. *Amer. J. Phys.* 31 (1963) 190–6.

Loeb, A. L. A systematic survey of cubic crystal structures. *J. Solid State Chem.* 1 (1970) 237–67.

Loeb, A. L. *Space Structures – their Harmony and Counterpoint.* Addison-Wesley, New York (1974).

Loeb, A. L. Hierarchical structure and pattern recognition in minerals and alloys. *Per. Mineral.* 59 (1990) 197–217.

Longuet-Higgins, M. S. *Learning and Exploring with RHOMBO.* Dextro Mathematical toys, Del Mar, USA (1992).

Longuet-Higgins, M. S. Nested triacontahedral shells or how to grow a quasicrystal. *Math. Intell.* 25 (2003) 25–43.

Lord, E. A. Quasicrystals and Penrose patterns. *Curr. Sci.* 61 (1991) 313–9.

Lord, E. A. Triply periodic balance surfaces. *Colloids and Surfaces A* 129–30 (1997) 279–95.

Lord, E. A. Helical structures: the geometry of protein helices and nanotubes. *Structural Chemistry* 13 (2002) 305–14.

Lord, E. A. & Mackay, A. L. Periodic minimal surfaces of cubic symmetry. *Curr. Sci.* 85 (2003) 346–62.

Lord, E. A. & Ranganathan, S. The Gummelt decagon as a quasi unit cell. *Acta Cryst. A* 57 (2001a) 531–9.

Lord, E. A. & Ranganathan, S. Sphere packing, helices and the polytope {3, 3, 5}. *EPJ D* 15 (2001b) 335–43.

Lord, E. A. & Ranganathan, S. The γ-brass cluster and the Boerdijk–Coxeter helix. *J. Non-Cryst. Solids* 334–5 (2004) 121–5.

Lord, E. A. & Wilson, C. B. *The Mathematical Description of Shape and Form.* Ellis Horwood, Chichester (1984).

Lord, E. A., Ranganathan, S. & Kulkarni, U. D. Tilings, coverings, clusters and quasicrystals. *Curr. Sci.* 78 (2000) 64–72.

Lord, E. A., Ranganathan, S. & Kulkarni, U. D. Quasicrystals: tiling versus clustering. *Phil. Mag. A* 81 (2001) 2645–51.

Louzguine, D., Ko, M. S., Ranganathan, S. & Inoue, A. Nano-crystallization of the $Fd\bar{3}d$ Ti_2Ni type phase in Hf based metallic glasses. *J. Nasnosci. Nanotech.* 1 (2001) 185–90.

Lück, R. Dürer–Kepler–Penrose: the development of pentagonal tilings. *Mater. Sci. Eng.* 82 (2000) 263–7.

Lucretius (Titus Lucretius Carus). *De Rerum Natura.* (English translation by Latham, R. E., ed.). Penguin, Harmondsworth, Middlesex, UK (1994).

Mackay, A. L. A dense non-crystalline packing of equal spheres. *Acta Cryst.* 15 (1962) 1916–8.

Mackay, A. L. Generalised crystallography. *Izvj. Jugosl. Centr. Krist. (Zagreb)* 10 (1975) 15–36.

Mackay, A. L. Crystal symmetry. *Phys. Bull.* November (1976) 495–7.

Mackay, A. L. De nive quinquangula: on the pentagonal snowflake. *Sov. Phys. Cryst.* 26 (1981) 517–22.

Mackay, A. L. Crystallography and the Penrose pattern. *Physica* 114A (1982) 609–13.

Mackay, A. L. What has Penrose tiling to do with the icosahedral phases? Geometrical aspects of the icosahedral quasicrystal problem. *J. Microsc.* 146 (1987) 233–43.

Mackay, A. L. New geometries for superconduction and other purposes. *Speculat. Sci. Technol.* 11 (1988) 4–8.

Mackay, A. L. Geometry of interfaces. *Colloque de Physique.* 51 C7 (1990) 399–405.

Mackay, A. L. Crystallographic surfaces. *Proc. Roy. Soc. London A* 442 (1993) 47–59.

Mackay, A. L. Periodic minimal surfaces from finite element methods. *Chem. Phys. Lett.* 221 (1994) 317–21.

Mackay, A. L. Flexicrystallography: curved surfaces in chemical structures. *Curr. Sci.* 69 (1995) 151–60.

Mackay, A. L. Tools for thought. *Revista Especializada en Ciencias Quimico-Biologicas* 2 (1999) 69–74.

Mackay, A. L. The shape of two-dimensional space. Chapter 14 of *Symmetry 2000* (Hargittai, I., ed.). Portland Press, London (2000).

Mackay, A. L. Generalised crystallography. *Structural Chemistry* 13 (2002) 215–20.

Mackay, A. L. & Terrones, H. Diamond from graphite. *Nature* 352 (1991) 762.

Mackay, A. L. & Terrones, H. Hyperbolic graphitic structures with negative Gaussian curvature. *Phil. Trans. Roy. Soc. London A* 343 (1993) 113–27.

Mackay, A. L. Finney, J. L. & Gotoh, K. The closest packing of equal spheres on a spherical surface. *Acta Cryst. A* 33 (1977) 98–100.

Mackintosh, A. R. The Fermi surface of metals. *Sci. Am.* 209 (1963) 110–20.

Mandelbrot, B. *The Fractal Geometry of Nature.* W. H. Freeman & Co. New York (1982).

Manoharan, V. N., Elsesser, M. T. & Pine, D. J. Dense packing and symmetry in small clusters of microspheres. *Science* 301 (2003) 483–7.

Margulis, L., Salitra, G., Tenne, R. & Talianker, M. Nested fullerene-like structures. *Nature* 365 (1993) 113–4.

Marzec, C. & Kapraff, J. Properties of maximal spacing on a circle relating to phyllotaxis and the golden mean. *J. Theor. Biol.* 103 (1983) 201–26.

Měch, R. & Prusinkiewicz, P. Visual models of plants interacting with their environment. *Proceeding of SIGGRAPH '96 (New Orleans, August, 4–9 1996).* Computer Graphics Proceedings, Annual Conference Series, ACM SIGGRAPH (1996) 397–410.

Meier, W. M. & Moeck, H. J. The topology of three-dimensional 4-connected nets; classification of zeolite framework types in terms of coordination sequences. *J. Non-Cryst. Solids* 27 (1979) 349–55.

参 考 文 献　　249

Melnyk, T. W., Knop, O. & Smith, W. R. Extremal arrangements of points and unit charges on a sphere. *Can. J. Chem.* 53 (1977) 1745–61.

Mikalkovic, M., Zhu, W.-J., Henley, C. L. & Oxborrow, M. Icosahedral quasicrystal decoration models: I. Geometrical principles. *Phys. Rev. B* (1996) 9002–20.

Miracle, D. B. A structural model for metallic glasses. *Nature Mater.* 3 (2004) 697–702.

Miracle, D. B., Sanders, W. S. & Senkov, O. N. The influence of efficient atomic packing on the constitution of metallic glasses. *Phil. Mag.* 83 (2003) 2409–28.

Miyazaki, K. *On Some Periodical and Non-periodical Honeycombs.* University of Kobe, Japan (1977a).

Miyazaki, K. *Polyhedra and Architectures* (in Japanese). Shokokusha publishers, Tokyo (1977b).

Miyazaki, K. *Form in space: Polygons, Polyhedra and Polytopes.* Asaku Publication Company, Tokyo (1983).

Miyazaki, K. *An Adventure in Multidimensional Space: The Art and Geometry of Polygons, Polyhedra and Polytopes.* Wiley, New York (1986).

Miyazaki, K. & Takada, I. Uniform ant-hills in the world of golden zonohedra. *Structural Topology* 4 (1980) 21–9.

Miyazaki, K. & Yamagiwa, T. *On the Golden Polytopes.* University Kobe, Japan (1977).

Molnár, E. On triply periodic minimal balance surfaces. *Structural Chemistry* 13 (2002) 267–76.

Moore, A. J. W. & Ranganathan, S. The interpretation of field ion images. *Phil. Mag.* 16 (1967) 723–37.

Moore, P. G. & Smith, J. V. Archimedean polyhedra as the basis of tetrahedrally coordinated frameworks. *Mineralogic. Mag.* 33 (1964) 1008–14.

Mueller, E. W. & Tsong, T. T. *Field Ion Microscopy.* American Elsevier Publishing Company, New York (1969).

Nath, M. & Rao, C. N. R. New metallic disulphide nanotubes. *J. Amer. Chem. Soc.* 123 (2001) 4841–2.

Naylor, M. Golden, $\sqrt{2}$, and π flowers: a spiral story. *Mathematics Magazine* 75 (2002) 163–72.

Nelson, D. R. & Spaepen, F. *Polytetrahedral Order in Condensed Matter.* Academic Press, New York (1989).

Neovius, E. R. Bestimmung zweier speciellen periodischen Minimalflächen. *Helsingfors Akad. Abhandlungen* (1883).

Nesper, R. Bonding patterns in intermetallic compounds. *Angew. Chem. Int. Ed. Engl.* 30 (1991) 789–817.

Nesper, R. & Leoni, S. On tilings and patterns on hyperbolic surfaces and their relation to structural chemistry. *Chemphyschem* 2 (2001) 413–422.

Nitsche, J. C. C. *Lectures on Minimal Surfaces*, vol. 1. Cambridge University Press (1989).

Nyman, H. & Andersson, S. On the structure of Mn_5Si_3, Th_6Mn_{23} and γ-brass. *Acta Cryst. A* 35 (1979) 580–3.

Nyman, H. & Hyde, B. G. The related structures of α-Mn, sodalite, Sb_2Tl_7, etc. *Acta Cryst. A* 37 (1981) 11–17.

Nyman, H., Andersson, S., Hyde, B. G. & O'Keeffe, M. The pyrochlore structure and its relatives. *J. Solid State Chem.* 26 (1978) 123–31.

Nyman, H., Carroll, C. E. & Hyde, B. G. Rectilinear rods of face-sharing tetrahedra and the structure of β-Mn. *Z. Kristallogr.* 196 (1991) 39–46.

Oberteuffer, J. A. & Ibers, J. A. A refinement of the atomic and thermal parameters of α-manganese from a single crystal. *Acta Cryst.* B26 (1970) 1499–504.

Ogawa, T. In: *Proceedings of the First International Symposium for Science on Form.* KTK Sc. Publishers, Tokyo (1986) 479.

Oguey, C. & Sadoc, J.-F. Crystallographic aspects of the Bonnet transformation for periodic minimal surfaces (and crystals of films). *J. Phys. I France* 51 (1993) 839–54.

Okabe, A., Boots, B., Sugihara, K. & Sung, N. C. *Spatial Tessellations: Concepts and Applications of Voronoi Diagrams*. Wiley, New York (2000).

O'Keeffe, M. Cubic cylinder packings. *Acta Cryst. A* 48 (1992) 879–84.

O'Keeffe, M. Uninodal 4-connected 3D nets. II. Nets with 3-rings. *Acta Cryst. A* 48 (1992) 670–3.

O'Keeffe, M. Uninodal 4-connected 3D nets. III. Nets with three or four 4-rings at a vertex. *Acta Cryst. A* 51 (1995) 916–20.

O'Keeffe, M. New ice outdoes related nets in smallest ring size. *Nature* 392 (1998a) 879.

O'Keeffe, M. Sphere packings and space filling by congruent simple polyhedra. *Acta Cryst. A* 54 (1998b) 320–9.

O'Keeffe, M. 4-Connected nets of packings of non-convex parallelohedra and related simple polyhedra. *Z. Kristallogr.* 214 (1999) 438–42.

O'Keeffe, M. & Brese, N. E. Uninodal 4-connected 3D nets. I. Nets without 3- or 4-rings. *Acta Cryst. A* 48 (1992) 663–9.

O'Keeffe, M. & Hyde, B. G. Vertex symbols for zeolite nets. *Zeolites* 19 (1997) 370–4.

O'Keeffe, M. & Hyde, B. G. Plane nets in crystal chemistry. *Proc. Roy. Soc. London A* 295 (1980) 553–618.

O'Keeffe, M. & Hyde, S. T. Vertex symbols for zeolite nets. *Zeolites* 19 (1997) 370–4.

O'Keeffe, M., Eddaoudi, M., Li, H., Reineke, T. & Yaghi, O. M. Frameworks for extended solids: geometrical design principles. *J. Solid state Chem.* 152 (2000) 3–20.

O'Keeffe, M., Plévert, J., Teshima, Y., Watanabe, Y. & Ogama, T. The invariant cubic rod (cylinder) packings: symmetries and coordinates. *Acta Cryst. A* 57 (2001) 110–11.

O'Keeffe, M., Plévert, J. & Ogawa, T. Homogeneous cubic cylinder packings revisited. *Acta Cryst. A* 58 (2002) 125–32.

Osserman, R. *A Survey of Minimal Surfaces*. Dover, New York (1986).

Ozin, G. A. Curves in chemistry: supramolecular materials taking shape. *Can. J. Chem.* 77 (1999) 2001–14.

Pacioli, L. *De Divina Proportione*. Venice (1509); Abaris Books, New York (2004).

Pauling, L. The crystal structure of magnesium stannide. *J. Am. Chem. Soc.* 45 (1923) 2777–80.

Pauling, L. The stochastic method and the structure of proteins. *Am. Sci.* 43 (1955) 285–97.

Pauling, L. *The Nature of the Chemical Bond and the Structure of Molecules and Crystals: An Introduction to Modern Structural Chemistry* (3rd ed). Cornell University Press, Ithaca, New York (1960).

Pauling, L. The close-packed spheron model of nuclear fission. *Science* 150 (1965) 297–305.

Pauling L. & Marsh, R. E. The structure of chlorine hydrate. *Proc. Nat. Acad. Sci. Wash.* 38 (1952) 112–18.

Peano, G. Sur une courbe qui remplit toute une aire plane. *Math. Annalen* 36 (1890) 157–60.

Pearce, P. *Structure in Nature is a Strategy for Design*. MIT Press, Cambridge, MA (1978).

Peitgen, H.-O. & Richter, P. *The Beauty of Fractals*. Springer, New York (1986).

Penrose, R. The role of aesthetics in pure and applied mathematical research. *Bull. Inst. Math. Appl.* 10 (1974) 266–71.

Penrose, R. Pentaplexity: a class of non-periodic tilings of the plane. *Eureka* 39 (1978) 16–22; reprinted in *Math. Intell.* 2 (1979) 32–8.

Pettifor, D. A chemical scale for crystal-structure maps. *Solid State Commun.* 51 (1984) 37–4.

Pettigrew, J. B. *Design in Nature*. Longmans, London (1908).

Phillips, E. G. *An Introduction to Crystallography*. Longmans, London (1946; 2nd edn 1956).

Pisano, L. (Fibonacci). *Liber Abaci* (1202); first English translation (Sigler, L. E., ed). Springer, New York (2002).

Plateau, J. A. F. *Statique Expérimentale et Théorique des Liquides Soumis aux Seules Forces Moléculaires*. Gauthier-Villars, Paris (1873).

Poinsot, L. Sur les polygones et les polyèdres. *J. École Polytech.* 10 (1810) 16–48.

Prusinkiewicz, P. & Lindenmayer, A. *The Algorithmic Beauty of Plants*. Springer, New York (1990).

Rakhmanov, E. A., Saff, E. B. & Zhou, Y. M. Minimal discrete energy on the sphere. *Math. Res. Lett.* 1 (1994) 647–62.

Rakhmanov, E. A., Saff, E. B. & Zhou, Y. M. Electrons on the sphere. In: *Computational Method and Function Theory* (Ali, R. M., Rascheweyh, St. & Saff, E. B., eds). World Scientific, Singapore (1995).

Ramachandra Rao, P. & Sastry, G. V. S. A basis for synthesis of quasicrystals. *Pramana* 25 (1985) L225–30.

Ranganathan, S. & Chattopadhyay, K. Quasicrystals. *Ann. Rev. Mater. Sci.* 21 (1991) 437–62.

Ranganathan, S., Chattopadhyay, K., Singh, A. & Kelton, K. F. Decagonal quasicrystals. *Prog. Mater. Sci.* 41 (1997) 195–240.

Ranganathan, S., Divakar, R. & Raghunathan, V. S. Interface structures in nanocrystalline materials. *Scr. Mater.* 44 (2001) 1169–74.

Ranganathan, S., Singh, A. & Tsai, A. P. Frank's 'cubic' hexagonal phase: an intermetallic cluster compound as an example. *Phil. Mag. Lett.* 82 (2002) 13–19.

Rao, C. N. R. & Gopalakrishnan, J. *New Directions in Solid State Chemistry*. Cambridge University Press (1997).

Rivier, N. Kelvin's conjecture on minimal froths and the counter-example of Weaire and Phelan. *Forma* 11 (1996) 195–8.

Robinson, R. M. Arrangement of 24 points on a sphere. *Math. Ann.* 144 (1961) 17–48.

Robinson, R. M. Finite sets of points on a sphere with each nearest to five others. *Math. Ann.* 179 (1969) 296–318.

Rogers, C. A. The packing of equal spheres. *Proc. London Math. Soc.* 8 (1958) 609–20.

Romeu, D. & Aragon, J. L. Quasicrystals and their approximants. In: *Crystal-Quasicrystal Transitions* (Yacamán, M. J. & Torres, M., eds). Elsevier, New York (1993) 193–215.

Runnels, L. K. Ice. *Sci. Am.* 215 (1966) 118–26.

Sadoc, J. F. Helices and helix packings derived from the {3, 3, 5} polytope. *Eur. Phys. J. E* 5 (2001) 575–82.

Sadoc, J. F. & Charvolin, J. Infinite periodic minimal surfaces and their crystallography in the hyperbolic plane. *Acta Cryst. A* 45 (1989) 10–20.

Sadoc, J. F. & Mosseri, R. The E8 lattice and quasicrystals: geometry, number theory and quasicrystals. *J. Phys. A: Math Gen.* 26 (1993) 1789–809.

Sadoc, J. F. & Mosseri, R. *Geometrical Frustration*. Cambridge University Press (1999).

Sadoc, J. F. & Rivier, N. (eds) *Foams and Emulsion*. Kluwer Academic Press, Dordrecht, the Netherlands (1999).

Sadoc, J. F. & Rivier, N. Boerdijk–Coxeter helix and biological helices. *Eur. Phys. J. B* 12 (1999) 309–18.

Saff, E. B. & Kuijlaars, A. B. J. Distributing many points on a sphere. *Math. Intell.* 19 (1997) 5–11.

Samson, S. The crystal structure of the phase β of Mg_2Al_3. *Acta Cryst.* 19 (1965) 401–13.

Samson, S. The crystal structure of the intermetallic compound Cu_4Cd_3. *Acta Cryst.* 23 (1967a) 586–600.

Samson, S. The structure of complex intermetallic compounds. In: *Structural Chemistry and Molecular Biology* (Rich, A. & Davidson, N., eds). Freeman, New York (1968) 687–717.

Samson, S. Structural principles of giant cells. In: *Developments in the Structural Chemistry of Alloy Phases* (Giessen, B. C., ed.). Plenum Press, New York (1969) 65–106.

Samson, S. Complex cubic A_6B compounds. II. The crystal structure of Mg_6Pd. *Acta Cryst.* B 28 (1972) 936–45.

Sander, L. M. Fractal growth. *Sci. Am.* 256 (1987) 94–100.

Schattschneider, D. The plane symmetry groups, their recognition and notation. *Amer. Math. Month.* 85 (1978) 439–58.

Schattschneider, D. In black and white: how to create perfectly colored symmetric patterns. *Comp. Maths with Appl.* 12B (1986) 873–95.

Scheffer, M. & Lück, R. Coloured quasiperiodic patterns with tenfold symmetry and eleven colours. *J. Non-Cryst. solids* 250–2 (1999) 815–9.

Scherk, H. F. Bemerkung über der kleinste Fläche innerhalb gegebener Grenzen. *J. reine angew. Math.* 13 (1834) 185–208.

Schindler, M., Hawthorne, F. C. & Baer, W. H. Metastructure: homeomorphisms between complex inorganic structures and three-dimensional nets, *Acta Cryst.* B 55 (1999) 811–29.

Schoen, A. H. Homogeneous nets and their fundamental regions. *Not. Amer. Math. Soc.* 14 (1967) 661.

Schoen, A. H. Regular saddle polyhedra. *Not. Amer. Math. Soc.* 15 (1968) 929.

Schoen, A. H. Infinite periodic minimal surfaces without self-intersections, *NASA Technical Note TN D-5541* (1970) i–vii; 1–98.

Schrandt, R. G. & Ulam, S. In: *Essays on cellular Automata* (Burks, A. W., ed.). University of Illinois Press (1970).

Schrödinger, E. *What is Life?* Cambridge University Press (1944); 2nd edn (1992).

Schwarz, H. A. *Gesammelte Mathematische Abhandlungen I.* Springer, Berlin (1890).

Schwarz, U. S. & Gompper, G. Systematic approach to bicontinuous cubic phases in ternary amphiphilic systems. *Phys. Rev. E* 59 (1999) 5528–41.

Scott, G. D. & Kilgour, D. M. The density of random close packing of spheres. *J. Phys. D: Appl. Phys.* 2 (1969) 863–6.

Seifert, G., Terrones, H., Terrones, M. & Frauenheim, T. Novel NbS_2 metallic nanotubes. *Solid State Commun.* 115 (2000) 635–8.

Senechal, M. Geometry and crystal symmetry. *Comp. Maths with Appl.* 12B (1986) 565–78.

Senechal, M. & Fleck, G. (eds). *Shaping Space: a Polyhedral Approach.* Springer, New York (1988).

Senkov, O. N. & Miracle, D. B. Effect of the atomic size distribution on glass forming ability of amorphous metallic alloys. *Mater. Res. Bull.* 36 (2001) 2183–98.

Shechtman, D., Blech, I., Gratias D. & Cahn, J. W. Metallic phase with long-ranged orientational order and no translational symmetry. *Phys Rev. Lett.* 53 (1984) 1951–3.

Sheng, H. W., Luo, W. K., Alamgir, F. M., Bai, J. M. & Ma, E. Atomic packing and short-to-medium range order in metallic glasses. *Nature* 439 (2006) 419–25.

Shipman, P. D. & Newell, A. C. Phyllotactic patterns in plants. *Phys. Rev. Lett.* 92, 168102 (2004) 1–4.

Shubnikov, A. V., Belov, N. V. *et al. Coloured Symmetry.* Pergamon Press, Oxford (1963).

Shukla, K.S. *The Aryabhatiya of Aryabhata with the Commentary of Bhaskara I and Somesvara.* Indian National Science Academy, New Delhi (1976).

Skilling, J. The complete set of uniform polyhedra. *Phil. Trans. Roy. Soc. London A* 278 (1975) 111–35.

Sloane, N. J. A. Kepler's conjecture confirmed. *Nature* 395 (1998) 435–6.

Sloane, N. J. A., Hardin, R. H., Duff, T. D. S. & Conway, J. H. Minimal energy clusters of hard spheres. *Discrete and Computational Geometry* 14 (1995) 237–59.

Smalley, R. E. & Curl, R. F. The fullerenes. *Sci. Am.* 265 (1991) 32–7.

Smith, C. S. Further notes on the shape of metallic grains: space-filling polyhedra with unlimited sharing of corners and faces. *Acta Metallurgica* 1 (1953) 295–300.

Smith, C. S. The tiling patterns of Sebastian Truchet and the topology of structural hierarchy. *Leonardo* 20 (1987) 373–85.

Steinhardt, P. J. & Ostlund, S. (eds). *The Physics of Quasicrystals*. World Scientific, Singapore (1987).

Steinhardt, P. J., Nelson, D. R. & Ronchetti, M. Bond-orientational order in liquids and glasses. *Phys. Rev. B* 28 (1983) 784–805.

Steinhardt, P. J., Jeong, H.-C., Saitoh, K., Tanaka, M., Abe, E. & Tsai, A. P. Experimental verification of the quasi-unit-cell model of quasicrystal structure. *Nature* 396 (1998) 55–7.

Stessmann, B. Periodische Minimalflächen. *Math. Zeitschrift* 38 (1934) 417–42.

Steurer, W., Haibach, T. & Zhang, B. The Structure of decagonal $Al_{70} Ni_{15} Co_{15}$. *Acta Cryst.* B49 (1993) 661–75.

Steurer, W. The structure of quasicrystals. In: *Physical Metallurgy* (Cahn, R. W. & Haasen, P., eds). North-Holland, Amsterdam (1996).

Stevens, P. S. *Patterns in Nature*. Penguin, Harmondsworth, Middlesex, UK (1974); Little, Brown, New York (1979).

Stewart, I. Crystallography of a golf ball. *Sci. Am.* February (1997) 80–2.

Stiny, G. *Pictorial and Formal Aspects of Shape and Shape Grammars*. Birkhäuser, Basel (1975).

Stone, A. J. & Wales, D. J. Theoretical studies of icosahedral C60 and some related species. *Chem. Phys. Lett.* 128 (1986) 501–3.

Sugiyama, K., Yasuda, K., Ohsuna, T. & Hiraga, K. The structure of the hexagonal phases in Mg–Zn–RE (RE = Sm and Gd) alloys. *Z. Kristallogr.* 213 (1998) 537–43.

Sullinger, D. B. & Kennard, C. H. L. Boron Crystals. *Sci. Am.* July (1966) 96–107.

Sutton, D. *Platonic and Archimedean Solids*. Walker & Co., New York (2002).

Swinton, J. Watching the daisies grow: Turing and Fibonacci Phyllotaxis. In: *Alan Turing: Life and Legacy of a Great Thinker* (Teuscher, C. A., ed.). Springer, New York (2004) 469–98.

Székely, E. Sur le problême de Tammes. *Ann. Univ. Sci. Budap. Roland Eötvös Nominatae Sect. Math.* 17 (1974) 157–75.

Tait, P. G. *Introduction to Quaternions*. Cambridge University Press (1873).

Takakura, H., Sato, A., Yamamoto, A. & Tsai, A. P. Crystal structure of a hexagonal phase and its relation to a quasicrystalline phase in Zn-Mg-Y alloy. *Phil. Mag. Lett.* 78 (1998) 263–70.

Takakura, H., Sato, T. J., Tsai, A. P., Sato, A. & Yamamoto, A. Crystal structure of hexagonal phases and its relation to icosahedral quasicrystalline phase in Zn–Mg–Re (Re = rare-earth) system. *Mat. Res. Soc. Symp. Proc.* 533 (1999) 129–34.

Tammes, P. M. L. On the number and arrangements of the places of exit on the surface of pollen-grains. *Recueil Travais Botaniques Néderlandais* 27 (1930) 1–84.

Tamura, N. The concept of crystalline approximants for decagonal and icosahedral quasicrystals. *Phil. Mag. A* 76 (1997) 337–56.

Tanaka, K., Yamabe, T. & Fukui K. (eds). *The Science and Technology of Carbon Nanotubes*. Elsevier (2000).

Tarnai, T. Symmetry of golf balls. *Katachi U Symmetry* (Ogawa, T., Miura, K., Masunari, T. & Nagy, D., eds). Springer, Tokyo (1996) 207–14.

Tarnai, T. Packing of equal circles in a circle. *Hyperspace* 7(2) (1998) 51–58.

Tarnai, T. Optimal packing of circles in a circle. In *Symmetry 2000* (Hargittai, I. & Laurent, T., eds). Portland Press, London (2000) 121–32.

Tarnai, T. & Gáspár, Zs. Multi-symmetric close packings of equal spheres on a spherical surface. *Acta Cryst. A* 43 (1987) 612–16.

Tenne, R., Margulis, L., Genut, M. & Hodes, G. Polyhedral and cylindrical structures of tungsten disulphide. *Nature* 360 (1992) 444–6.

Tenne, R., Homyonfer, M. & Feldman, Y. Nanoparticles of layered compounds with hollow cage-like structures (inorganic fullerene-like structures). *Chem. Mater.* 10 (1998) 3235–8.

Teo, B. K. & Zhang, H. Clusters of clusters: self-organization and self-similarity in the intermediate stages of cluster growth of Au–Ag superclusters. *Proc. Natl. Acad Sci. USA* 88 (1991) 5067–71.

Terrones, H. Nanomaterials with curvature. *Revista Especializada en Ciencias Quimico-Biológicas* 5 (2002) 47–56.

Terrones, H. & Mackay, A. L. The geometry of hypothetical graphite structures. *Carbon* 30 (1992) 1251–60.

Terrones, M. & Terrones, H. The role of defects in graphitic structures. *Fullerene Sci. Technol.* 4 (1996) 517–33.

Terrones, H. & Terrones, M. Curved nanostructured materials. *N. J. Phys.* 5 (2003) 126.1–126.37.

Terrones H., Terrones, M., López-Urías, F., Rodríguez-Manzo, J. A. & Mackay, A. L. Shape and complexity at the atomic scale: the case of layered nanomaterials. *Phil. Trans. Roy. Soc. London A* 362 (2004) 1471–2962.

Thompson, W. (Lord Kelvin). On the division of space with minimum partitional area. *London, Edinburgh and Dublin, Phil. Mag. J.* 24 (1887) 503–14.

Thompson, W. (Lord Kelvin). On homogeneous division of space. *Proc. Roy. Soc. London* 55 (1894) 1–16.

Thompson, D. W. On the thirteen semi-regular solids of Archimedes, and on their development by the transformation of certain plane configurations, *Proc. Roy. Soc. London A* 107 (1925) 181–8.

Thompson, D. W. *On Growth and Form* (1st ed.). Cambridge University Press (1917); (2nd ed. (1942); unabridged reprint (1996).

Torquato, S. & Stillinger, F. H. Multiplicity of generation, selection and classification procedures for jammed hard particle packings. *Jour. Phys. Chem.* 105 (2001) 11849.

Torquato, S., Truskett, T. M. & Debenedetti, P. G. Is random close packing of spheres well defined? *Phys. Rev. Lett.* 84 (2000) 2064–7.

Townsend, S. J., Lenowsky, T. J., Muller, D. A., Nichols, C. S. & Elser, V. Negatively curved graphite sheet model of amorphous carbon. *Phys. Rev. Lett.* 69 (1992) 921–4.

Truchet, S. Memoir sur les combinaisons. *Memoires de l'Academie Royale des Sciences* (1704) 363–72.

Tsai, A. P., Inoue, A., Yokoyama Y. & Masumoto, T. Stable icosahedral Al–Pd–Mn and Al–Pd–Re alloys. *Mater. Trans. JIM* 31 (1990) 98–103.

Turing, A. M. The chemical basis of morphogenesis. *Phil. Trans. Roy. Soc. London B* 237 (1952) 37–72.

Turnbull, D. D. Kinetics of solidification of supercooled liquid mercury droplets. *J. Chem. Phys.* 20 (1952) 411–24.

Turnbull, D. Under what conditions can a glass be formed? *Contemp. Phys.* 10 (1969) 473–88.

Ulam, S. Patterns of growth of figures: mathematical aspects. In: *Module, Symmetry, Proportion* (Kepes, G., ed.). Studio Vista, London (1966).

van Iterson, G. *Mathematische und Microscopisch-Anatomische Studien über Blattstellungen.* Fischer, Jena (1970).

Venkataraman, G., Sahoo D. & Balakrishnan V. *Beyond the Crystalline State.* Springer-Verlag, Berlin (1989).

Villars P. & Calvert, L. D. *Pearson's Handbook of Crystallographic Data for Intermetallic Phases.* American Society of Metals, Metals Park, Ohio (1986).

参 考 文 献　　255

Voderberg, H. Zur Zerlegung der Ebene in kongruente Bereiche in Form einer Spirale. *Jahresber. Deutsch Math. Verein* 47 (1937) 159–60.

von Schnering, H. G. & Nesper, R. How nature adapts chemical structure to curved surfaces. *Angew. Chem.* 26 (1987) 1058–80.

von Schnering, H. G. & Nesper, R. Nodal surfaces of Fourier series: fundamental invariants of structured matter. *Z. Phys. B: Condens. Mat.* 83 (1991) 407–12.

von Schnering, H. G., Oehme, M. & Rudolf, G. Three-dimensional periodic nodal surfaces which envelope the threefold and fourfold cubic rod packings. *Acta Chemica Scand.* 45 (1991) 873–6.

Voronoi, G. F. Nouvelles applications des paramètres contínus à la théorie des formes quadratiques. *J. reine angew. Math.* 133 (1908) 97–178.

Wachman, A., Burt, A. & Kleinmann, M. *Infinite Polyhedra.* Technion, Haifa (1974).

Walter, A. Polyèdres couplés et polytopes. *Hyperspace* 9 (3) (2000) 22–9.

Watson R. E. & Weinert, M. Transition-metals and their alloys. *Solid State Phys.* 56 (2001) 1–112.

Weaire D. & Phelan, R. A counterexample to Kelvin's conjecture on minimal surfaces. *Phil. Mag. Lett.* 69 (1994) 107–10.

Weaire, D. & Phelan, R. A counter-example to Kelvin's conjecture on minimal surfaces. *Forma* 11 (1996) 209–13.

Weaire, D. & Rivier, N. Soap, cells and statistics – random patterns in two dimensions. *Contemp. Phys.* 25 (1984) 59–99.

Wefelmeier, W. Ein Geometrisches Modell des Atomkerns. *Z. Phys.* 107 (1937) 332–46.

Weierstrass, K, Untersuchungen über die Flächen, deren mittlere Krümmung überall gleich Null ist. *Monatsber. d. Berliner Akad.* (1866) 612.

Wells, A. F. *The Third Dimension in Chemistry.* Oxford University Press (1962).

Wells, A. F. *Three Dimensional Nets and Polyhedra.* Wiley, New York (1977).

Wells, A. F. Six new three-dimensional 3-connected nets. *Acta Cryst.* B39 (1983) 652–4.

Wenninger, M. J. *Polyhedron Models.* Cambridge University Press (1971).

Wenninger, M. J. *Dual Models.* Cambridge University Press (1983).

Weyl. H. *Symmetry.* Princeton University Press (1952).

Whyte, L. L., Wilson, A. G. & Wilson, D. *Hierarchical Structures.* Elsevier, New York (1969).

Williams, R. *The Geometrical Foundations of Natural Structure.* Dover, London (1979).

Wills, J. M. A quasicrystalline sphere-packing with unexpected high density. *J. Phys. France* 51 (1990) 860–4.

Wilson, C. G., Thomas, D. K. & Spooner, S. J. The crystal structure of Zr_4Al_3. *Acta Cryst.* 13 (1960) 56–7.

Wohlgemuth, M., Yufa, N., Hoffman, J. & Thomas, E. L. Triply periodic bicontinuous cubic microdomain morphologies by symmetries. *Macromolecules* 34 (2001) 6083–9.

Woods, H. J. The geometrical basis of pattern design. V. *J. Text. Inst.* 27 (1936) 305–20.

Yang, Q.-B. & Andersson, S. Application of coincidence site lattices for crystal structure description: part I: $\Sigma = 3$. *Acta Cryst.* B 43 (1987) 1–14.

Zhang, Z., Ye, H. Q. & Kuo, K. H. A new icosahedral phase with m35 symmetry. *Phil. Mag. A* 52 (1985) L49–52.

参考文献邦訳書

※原書に挙げられている参考文献のうち，邦訳書が刊行されているものだけをまとめた．
※番号は本文中では「邦訳1」「邦訳2」などと明記した．
※邦訳書の後の〔 〕で括ったページ数はその参考文献が挙げられている本文ページを表す．

1. Coxeter, H. S. M. *Introduction to Geometry.* Wiley, New York (1969); 2nd edn (1989).
   銀林浩訳『幾何学入門』上・下（ちくま学芸文庫，2009)〔p.9, p.15, p.74, p.138, p.181, p.195〕
2. Cromwell, P. R. *Polyhedra.* Cambridge University Press (1999)
   下川航也他訳『多面体』（数学書房，2014)〔p.29〕
3. Dunlap, R. A. *The Golden Ratio and Fibonacci Numbers*, World Scientific, Singapore (1998)
   岩永恭雄，松井講介訳『黄金比とフィボナッチ数』（日本評論社，2003)〔p.25, p.27〕
4. Dürer, A. *Unterweysung der Messung.* H. Formschneyder, Nürnberg (1523)
   下村耕史訳・編『測定法教則』注解（中央公論美術出版，2008)〔p.14, p.29〕
5. Gardner, M. *Penrose Tiles to Trapdoor Cyphers*, Freeman, New York, (1995)
   一松信訳『ペンローズタイルと数学パズル』ガードナー数学ギャラリー（丸善，1992)〔p.64〕
6. Hilbert,D. & Cohn-Vossen, S. *Geometry and the Imagination*, Chelsea Publishing Company, London (1952)
   芹沢正三訳『直観幾何学』（みすず書房，1966/2019)
7. Hooke, R. *Micrographia: Or, Some Physiological Descriptions of Minute Bodies Made by Magnifying Glasses* (Martyn, J. & Allestry, J., eds). Martyn & Allestry, London (1665)
   永田英治，板倉聖宣訳『ミクログラフィア図版集：微小世界図説』（仮説社，1985)〔p.9〕
8. Kepler, J. *Mysterium Cosmographicum.* Tübingen (1596, 1621)
   大槻真一郎，岸本良彦訳『宇宙の神秘』（工作舎，2009)〔p.10〕
9. Kepler, J. *Strena seu de Nive Seamgula*, Tampach, Frankfurt (1611); *The Six-cornered Snowflake.* Clarendon Press, Oxford (1966).
   榎本美恵子訳「新年の贈り物あるいは六角形の雪について」（『知の考古学』1977・3-4月号，社会思想社）〔p.10, p.68, p.211〕
10. Kepler, J. *Harmonices Mundi.* Lincii Austriae, Sumptibus Godfrdi Tampachhii, Francof. (1619)
    島村福太郎訳『世界の調和』（河出書房新社，1963)/ 岸本良彦訳『宇宙の調和』（工作舎，2009)〔p.2, p.12, p.30, p.71, p.97, p.119〕
11. Lehninger, L., Nelson, D. L. & Cox, M. M. *Principles of Biochemistry.* Worth publishers, New York (1993)
    川嵜敏祐監修，中山和久編集『レーニンジャーの新生化学 第7版』上・下（廣川書店，2019)〔p.132〕

参考文献邦訳書 　　257

12. Livio, M. *The Golden Ratio: The Story of PHI, the World's Most Astonishing Number*. Broadway Books, New York (2003)
斉藤隆央史訳『黄金比はすべてを美しくするか？：最も謎めいた「比率」をめぐる数学物語』（早川書房，2012）〔p.25〕

13. Lucretius (Titus Lucretius Carus). *De Rerum Nature*. (English translation by Latham, R. E., ed.). Penguin, Harmondworth, Middlesex, UK (1994).
樋口勝彦訳『物の本質について』（岩波文庫，1961）／泉井久之助・藤沢令夫・岩田義一訳『事物の本性について』世界古典文学全集 21（筑摩書房，1965）／塚谷肇訳『万物の根源／世界の起源を求めて』（近代文芸社，2006）〔p.1〕

14. Mandelbrot, B., *The Fractal Geometry of Nature*. W. H. Freeman & Co, New York (1982)
広中平祐監訳『フラクタル幾何学』（日経サイエンス，1984）〔p.87〕

15. Miyazaki, K., *Polyhedra and Architecture*
宮崎興二著『多面体と建築』（彰国社，1979）〔p.67〕

16. Miyazaki, K., *An Adventure in Multidimensional Space: The Art and Geometry of Polygons, Polyhedra and Polytopes*. Wiley, New York (1986)
宮崎興二著『かたちと空間』（朝倉書店，1983）〔p.67〕

17. Pauling, L. *The Nature of the Chemical Bond and the Structure of Molecules and Crystals: An Introduction to Modern Structural Chemistry* (3rd ed.). Cornell University Press, Ithaca, New York (1960).
小泉正夫訳『化学結合論』（共立出版，1962）〔p.83, p.99, p.108, p.157, p.214〕

18. Peitgen, H.-O. & Richter, P. *The Beauty of Fractals*. Springer, New York (1986)
宇敷重広訳『フラクタルの美』（シュプリンガー・フェアラーク東京，1988）〔p.87〕

19. Schrödinger, E. *What is Life?* Cambridge University Press (1944); 2nd edn (1992).
岡 小天・鎮目恭夫訳『生命とは何か』（岩波新書，1951）（岩波文庫，2008）〔p.7〕

20. Sutton, D. *Platonic and Archimedian Solids*. Walker & Co., New York (2002)
駒田曜訳『プラトンとアルキメデスの立体：美しい多面体の幾何学』（創元社，2012）／青木薫訳『プラトンとアルキメデスの立体：三次元に浮かびあがる美の世界』（ランダムハウス講談社，2005）〔p.29〕

21. Thompson, D. W. *On Growth and Form* (1st ed.). Cambridge University Press (1917);
柳田友道訳『生物のかたち』UP 選書（東京大学出版会，1973）〔p.8, p.123〕

22. Wenninger, M. J. *Polyhedron Models*. Cambridge University Press (1971).
茂木 勇・横手一郎訳『多面体の模型：その作り方と鑑賞』（教育出版，2001）〔p.31, p.98〕

23. Weyl, H. *Symmetry*. Princeton University Press (1952)
遠山啓訳『シンメトリー』紀伊國屋書店，1957

訳者あとがき

　表題『ミクロの世界の立体幾何学』からもわかるように，本書は「図形科学」と「材料科学」の二つの側面から書かれています．翻訳は，全般的な「図形」および「材料」に関連する 1 章〜 9 章については主に日野が，材料科学の斬新な話題を扱う 10 章については主に関戸が素訳した後，監訳者も含めて全員で総合的にチェックし合いました．

　数学的な内容として，たとえば，2.8 黄金比とフィボナッチ数列，2.11 2 次元タイリングのトポロジー，3.1 格子と空間群，7.6 螺旋状 3 角面体，7.7 螺旋構造と $\{3, 3, 5\}$，7.9 植物にみる黄金数，9.1 極小曲面，9.12 節曲面と等位曲面などの各項目は数式を用いて論じられています．ただし，数式計算で結果を導くことが目的ではなく，数学的な背景を示すという補助的な意図があるように思われます．それを踏まえた上で，ふんだんに示された図や例によって微視的世界に潜んだ立体図形のおもしろさが自然に理解でき，楽しむことができるものと思われます．

　多くの挿入図は，原著者みずから SurfaceEvolver ソフトウェアを駆使して描いたものであり，そして立体視用の画像も多く掲載されていて，それらは図形を直観的にイメージする助けとなります．もし，読者の皆様が，動的3D 幾何ソフト（たとえば，Geogebra や Cabri3D など）をお持ちであれば，立体図形を簡易的に作図してみながら読み進めると，本書をより楽しむことができましょう．本書を読み進める上で多面体や結晶化学，そしてその用語についての予備知識のために，宮崎興二著『多面体百科』（丸善出版，2016），遠藤忠他著『結晶化学入門』（講談社，2000）などを傍らに置くことも本書を楽しむ一助になりましょう．

　本書に含まれる数多くの図版は幾何学的模型の宝庫です．それらをヒントに正多面体など比較的簡単な図形を組み合わせることによって複雑な模型作りを楽しむ事ができます．たとえば，図 8.1 や図 8.2 の無限多面体はその好例で，コンピュータグラフィックスの世界から実際に紙模型を作る楽しみを与えてくれます．また，ペンローズタイリングは敷き詰め模様としてその美

しさを楽しめます．たとえば，図版 II の美しいテーブルクロスは，ペンローズタイリングに関係するアンマンバーを応用したものです．結晶学や材料科学の専門家だけではなく，芸術家や建築家，図形に魅せられたあらゆる方々のために，本書は数多くの楽しみを提供してくれるものと確信しております．

　翻訳する上で留意したことをあげておきます．本書全体を通じて平面上の多角形の敷き詰めや配置について「2D タイリング」という用語を用いています．さらに，空間内での多面体の充填や積み上げなどについても「3D タイリング」と呼んでいます．少し違和感を感じましたが，原書の姿勢を尊重し，訳語としても用語「タイリング」を用いました．

　引用文献または人名には，できる限りカタカナ表記を採用し，その場合必ず原語による引用文献を付加するなどして原語表記が分かるように留意しました．

　最後になりますが，本書の翻訳に際し，企画から出版に至るまで一貫してご尽力いただいた丸善出版(株)第二編集部長，小林秀一郎氏に深く感謝いたします．

　2019 年 10 月　　　　　　　　　　　　　　　　日野雅之，関戸信彰

事項索引

α-Al-Mn-Si　66
δ-Co$_2$Zn$_{15}$　130
λ-Al$_4$Cr　227
μ-Al$_4$Mn　227

英　字
Acrobat Reader　235
Al-Co　115
Al-Mn　102, 116
Al-Ni-Co　24, 116, 223
BASIC　233
Birmingham Cluster Data Base, The　121
Cambridge Cluster Data Base, The　121
Cd$_3$Cu$_4$　102
CHL　134, 144
CLP　186
CorelDraw　234
DNA　7
FRACTINT　88
FRD　口絵 7
HAADF　212
I-WP　口絵 7, 187
Mathematica　208, 233
Mercury　234
Mg-Zn-Sm　227
Mg$_{32}$(Al,Zn)$_{49}$　口絵 2, 49
Mg$_3$Cr$_2$Al$_{18}$　口絵 5, 177
MOF-14　179
NaZn$_{13}$　口絵 6, 177
NbO　170, 187
OCTO　口絵 7
OpenOffice　235
Paint Shop Pro　234
Photoshop　234
Povray　234
Power Basic　234
Pt$_3$O$_4$　179

PtS　171
Solid View　235
Surface Evolver　191, 234
TEM　212
Ti$_2$Ni　176, 225
TPMBS　188
W$_6$Fe$_3$C　175
WI-00　198
WI-10　199
Zr$_4$Al$_3$　口絵 2, 57

あ　行
i3 ユニット　i3 unit　100, 114
i13 超クラスター　i13 supercluster　102, 113
アクタ・クリスタログラフィカ　*Acta Crystallographica*　226
アシュモレアン博物館　Ashmolean Museum, Oxford　3
編み目パターン　weaving pattern　21, 59, 61
『アーリヤバティーヤ』　*Aryabhatiya*　210
アルキメデス・スクリュー　Archimedean screw　口絵 8, 200, 201
アルキメデスの立体　Archimedean solid　2, 28, 149
R 相　R-phase　口絵 4, 105, 117, 225
α ヘリックス　α-helix　231
α ホウ素　α-boron　100
α マンガン（α-Mn）　α-manganese　111, 112, 163, 213, 226
『アルマゲスト』　*Almagest*　4
アルミノケイ酸塩　aluminosilicate　153
アンティキティラ島の機械　anti-Kythera mechanism　1
アンマン・タイリング　Ammann tilings　95

アンマン・バー　Ammann bars　20

位相的対称群（TSG）　topological symmetry group（TSG）　151

位相不変量　topological invariants　151

一様ネット　uniform nets　149

一様平均曲率　constant mean curvature　206

入れ子多面体　nested polyhedra　10, 106

ウェルズの {3,7}　Wells' {3,7}　口絵5, 173

ウェルズの (10,3)-a　Wells' (10, 3)-a　72, 150, 161, 169, 205

ウェルズの (10,3)-b　Wells' (10, 3)-b　150

ウェルズの (8,3)-c　Wells' (8, 3)-c　159, 169

ウェルズの 6.8^2　Wells' 6.8^2　172

渦巻き構造　spiral structures　123

『宇宙の神秘』　Mysterium Cosmographi-cum　10

ウルツ鉱　wurzite　153, 158

映進変換　glide-transformation　41

H 曲面　H surface　186, 197

X 線回折　X-ray diffraction　7

n 色パターン　n-colour pattern　18

L ユニット　L-unit　口絵5, 101, 114, 115, 177

塩素ハイドレート　chlorine hydrate　57, 154, 157, 232

円筒六方格子（CHL）　cylindrical hexagonal lattice　144

円の配置　circle packing　68

オイラー標数　Euler characteristic　32

黄金角　golden angle　140

黄金数　golden number　25, 64, 225

黄金螺旋　golden spiral　139, 146

黄金比　golden ratio　25

オービフォールド　orbifold　15

織り込みネット　interwoven nets　168, 201

か 行

回位　disclination　54, 81, 82

回位ネットワーク　disclination network　121, 162

回映　rotary-reflection　40

回折　diffraction　5, 208, 212, 218

階層　hierarchy　7, 23

階層構造　hierarchical structure　26, 87, 221

回転　rotation　40

回反　rotary-inversion　40

ガウス曲率　Gaussian curvature　4, 192, 209

ガウスの球面表示　Gauss map　191, 192

ガウス-ボンネの定理　Gauss-Bonnet theorem　33

核子　nucleons　121

カゴメ，籠目　kagome　13, 21, 62, 69

壁紙群　wallpaper groups　11

カーボンナノチューブ　carbon nanotubes　133

『カラー・シンメトリー』　Coloured Symmetry　18

カルテック　Caltech　227

環　rings　148, 151, 159

カンクリナイト・ユニット　cancrinite unit　160

γ 黄銅　γ-brass　口絵4, 106, 109, 216, 224

γ 黄銅クラスター　γ-brass clusters　74, 108, 215

γ 相　γ-phase　215

γ ユニット　γ-unit　176, 177

幾何学

　『幾何学入門』　Introduction to Geometry　138

　双曲幾何学　hyperbolic geometry　4

　微分幾何学　differential geometry　181

　非ユークリッド幾何学　non-Euclidean geometry　4

　リーマン幾何学　Riemannian geometry　4

疑似バットウィング曲面　pseudobatwing　60

事 項 索 引　　263

基本（曲面）パッチ　fundamental patch
　191
基本領域　fundamental region　14, 195
球充填　sphere packings　220
球面結晶　spherical crystal　82
球面上の螺旋分布　spiral distribution on
　a spherical surface　143, 146
鏡映　reflection　40
共役曲面　adjoint surfaces　182
極小曲面　minimal surfaces　181
曲率，ガウス曲率　curvature, Gaussian
　curvature　33, 181
曲率，主曲率　curvature, principal
　curvature　33, 181
曲率，平均曲率　curvature, mean
　curvature　181, 206, 208
近似結晶　approximants　27, 225
金属ガラス　metallic glasses　85, 227
金属間化合物　intermetallics　215
金属結合　metallic bond　210
空間群　space groups　5, 38, 211, 218
空間充填多面体　space-filling polyhedra
　165
鞍形多面体　saddle polyhedra　151, 164,
　172, 190, 201, 203, 204, 206
クラスター　clusters　99
クラスター配置模型　clister-packing
　model　229
クラスレート　clathrates　57, 153, 156,
　232
グラファイト　graphite　36
グラファイト層　graphite layers　133
クラマーの階層タイリング　Kramer's
　hierarchical tiling　97
クランク連鎖　crankshaft chain　158
クリスタロイド　crystalloids　119
グンメルトの10角形　Gummelt's
　decagon　24
多角形螺旋　polygonal helix　74
ケイ酸塩　silicate　153
結晶学　crystallography　5
『結晶学に関する国際表』　International
　Tables for Crystallography　38

結晶学の拡張　generalised
　crystallography　6, 221
結晶系　crystal system　40
ケプラーのタイリング　Kepler's tilings
　12, 16, 68
ケプラー‒ポアンソ多面体　Kepler-
　Poinsot polyhedra　30
ケルビンの多面体　Kelvin polyhedra
　42, 168
原子間結合　interatomic bonds　213
懸垂面　catenoid　181, 182, 183
顕微鏡写真，顕微鏡像　micrograph　222
合金　alloys　214
格子　lattice　11, 38
高次元球配置　higher dimensional sphere
　packing　78
格子複合体　lattice complex　50
構造因子　structure factors　207
交代パターン　counterchange pattern
　17
鉱物学　mineralogy　223
氷 XII　ice XII　157, 160
5回対称性　fivefold symmetry　22
5角12面体　pentagonal dodecahedron
　55
5角形のパターン　pentagon pattern　口
　絵1, 20
国際結晶学連合　International Union of
　Crystallography　223
国際ゼオライト学会　International
　Zeolite Association　156
コクセター群　Coxeter group　59
コクセター螺旋　Coxeter helix　74
コスタの曲面　Costa's surface　183
コッホの雪片曲線　Koch's snowflake
　curve　92
固定点対称性　fixed point symmetries
　40
固溶体　solid solution　214
コラーゲン　collagen　75, 133, 231
ゴルフボール　golf balls　80
コワレフスキー・ユニット　Kowalewski
　units　口絵2, 66, 67

コンチョ螺旋 concho-spiral 123
混乱原理 confusion principle 228

さ　行

最小面積泡構造 minimal area foam 232
彩色対称性 coloured symmetry 17
最短回路 minimal circuit 150
細胞組織 cellular structures 42
最密充填 close packing 76, 210
座屈 buckling pattern 142, 143
サボテン cactus 142
サムソン・クラスター Samson cluster 104
3角柱 trigonal prism 76
3重周期 triple periodicity 7
3重周期曲面 triply-periodic surface 59, 60, 181, 201
30面体 triacontahedra 117
30面体クラスター triacontahedral clusters 117
3D ペンローズ・タイリング 3D Penrose tiling 95
3面体 trihedron 205
G-H 対 G-H pair 18, 188
C(H) 曲面 C(H) 189
シェイプ文法 shape grammer 87
シェヒトマナイト Schechtomanite 102
シェーンの曲面 Schoen's surfaces 187
シェーンのバットウィング曲面 Schoen's batwing 60
敷き詰め tessellation 11
ジグザグ連鎖 zigzag chain 158
四元数 quaternions 133
四元素 four elements 2
自己交差 self-intersection 197
自己相似 self-similarity 123
ジスルフィド・ナノチューブ disulphide nanotube 135
『自然構造の幾何学的基礎』 The Geometrical Foundations of Natural Structure 8
『自然の構造はデザイン戦略である』

Structure in Nature is a Strategy for Design 8
『自然のデザイン』 Design in Nature 123
ジターバグ jitterbug 82
10角形準結晶 decagonal quasicrystal 25
C(D) 曲面 C(D) 190, 204
C(P) 曲面 C(P) 204, 208
ジブロック共重合体 diblock copolymers 181
4面体と8面体によるクラスター clusters of tetrahadra and octahedra 113
シャークの曲面 Scherk's surface 183
ジャイロイド gyroid 口絵7, 188, 194, 196
射影 projection 64
周期的4面体螺旋 periodic tetrahelix 127
12面体 dodecahedron 224
種数 genus 202
シュレーゲル・ダイヤグラム Schlegel diagram 164
シュワルツ鉱 Schwarzite 34
シュワルツのH曲面 Schwarz's H surface 170
純金属 pure metals 211
準結晶 quasicrystals 218
準結晶の格子定数 quasilattice constant 223
準周期性 quasiperiodicity 221
準単位胞 quasi unit cell 116
準単純タイリング quasi-simple tiling 167
常螺旋面 helicoid 181, 182, 183
『植物のアルゴリズム的な美』 Algorithmic Beauty of Plants, The 88
『神聖比例論』 De Divina Proportione 26
新石器時代の石球 neolithic stone balls 3
ジントル相 Zintl phase 215, 216
侵入型化合物 interstitial compounds 217

事 項 索 引　　265

推移的　transitive　32
錐状螺旋　conical helix　123
ストーン・ウェールズ欠陥　Stone-Wales defect　16, 17
『スフェラエカ』　*Spheraeca*　4
『3次元のネットと多面体』　*Three dimensional nets and polyhedra*　149
正4面体螺旋　tetrahelix　74
生成（曲面）パッチ　generating patch　188
正積図　equal area mapping　145
正多角形　regular polygon　12
正多胞体 {3, 3, 5}　polytope {3, 3, 5}　55, 162
正多面体　regular polyhedra　28
正多面体螺旋　regular polyhedral helix　125
正20面体　regular icosahedra　64
正20面体対称性　icosahedral symmetry　30, 218
『生物のかたち』　*On Growth and Form*　8
正方晶変形体　tetragonal variants　192
『生命とは何か』　*What is Life?*　7
『生命の曲線』　*The Curves of Life*　123
ゼオライト　zeolites　152, 153, 156
ゼオライト骨格 FER　zeolites framework FER　161, 162
ゼオライト骨格 FAU　zeolites framework FAU　148, 156, 172
ゼオライト骨格 MTT　zeolites framework MTT　156
ゼオライト骨格 LTA（A型ゼオライト）　zeolites framework LTA（zeolite-A）　148, 156, 173
ゼオライト骨格 OFF　zeolites framework OFF　160
『ゼオライト骨格型図表集』　*Atlas of Zeolite Framework Types*　152
ゼオライト骨格 CAN　zeolites framework CAN　158, 159
『世界の調和』　*Harmonices Mundi*　2
積層欠陥　stacking faults　114
積層順序　stacking sequence　113

節曲面　nodal surfaces　208
切頂　truncation　31, 170, 179
切頂4面体　truncated tetrahedron　52
切頂8面体　truncated octahedron　43, 50
閃亜鉛鉱　zinc blende　84, 173
仙台　Sendai　227
双曲空間　hyperbolic space　4
双曲面　hyperbolic plane　195
双対　duality　30, 49
双対配置　dual configuration　49
測地線　geodesics　182, 190
『測定法教則』　*Unterweysung der Messung*　29
ソーダライト（SOD）　sodalite　147, 153
ズームツール　Zometool　119
『算盤の書』　*Liber Abaci*　26
ゾーン多面体　zonohedra　49

た　行

対称群　symmetry group　14
対数螺旋　logarithmic spiral　123
ダイヤモンド・ネット　diamond net　151, 167
タイリング
　球面タイリング　spherical tiling　27
　3重周期曲面でのタイリング　tiling of triply periodic surfaces　201
　双曲面のタイリング　tiling of the hyperbolic plane　203
　2D タイリング　two-dimensional tiling　11
　非周期タイリング　aperiodic tiling　20, 64, 94
　ランダム・タイリング　random tiling　27
タイリングのトポロジカルな分類　topological classification of tilings　164
多形　polymorphism　212
凧形＋矢形のパターン　kite and dart　口絵 1, 20
多重グリッド　multigrid　221
多重懸垂面　multiple catenoid　189

タートル・グラフィックス turtle graphics 88
多面体ネット polyhedral nets 172, 173, 174
多面体螺旋 polyhedral helix 125
単一図形タイリング monohedral tiling 17, 168
単位胞 unit cell 11, 15, 39
炭化水素 hydrocarbons 154
単純タイリング simple tiling 167
タンパク質螺旋 protein helices 132
柱体配置 rod packings 86
三角柱 trigonal prism 76
頂点記号 vertex symbol 152
頂点図形 vertex figure 147
頂点連結4面体 vertex-connected tetrahedra 153
稠密ランダム充填 dense random packing 75
超立方体 hypercube 66
直方晶変形体 orthorhombic variants 192, 193
D曲面 D surface 口絵6, 184, 189, 204
T2相 T2 phase 117
Dネット D net 口絵5, 151, 163, 169, 174, 175
低密度球配置 low density sphere packings 71
テイムズの問題 Tammes problem 78
ディリクレ領域 Dirichlet region 48, 138
適合ルール matching rule 21
出口付き懸垂面 catenoid with spout-like attachment 189
デバイ–シェラーX線パターン Debye-Scherrer X-ray pattern 213
デューラーの正5角形タイリング Dürer's pentagonal tiling 14
デラネイ記号 Delaney symbol 164
デルタ多面体 deltahedron 77, 114, 229
『デ・レルム・ナチュラ』 De Rerum Natura 1
デローン集合 Delone set 6

電解イオン顕微鏡 field-ion microscope 212
電気陰性度 electronegativity 213
点群 point group 40, 124, 211, 223
電子顕微鏡 electron microscopy 7
等位曲面 level surfaces 208
等角螺旋 equiangular spiral 123
等ポテンシャル面 equipotential surfaces 207
トポロジー，位相幾何学 topology 4
ドラゴン曲線 dragon curve 口絵3, 89, 90, 91
トルシェ・タイリング Truchet tiling 18

な 行

7角形 heptagon 16, 34
ナノ結晶 nanocrystals 230
ナノ準結晶 nanoquasicrystals 231
ナノチューブ nanotubes 133, 134
2次元タイリングのトポロジー topology of plane tilings 16
2次構造単位 secondary building unit (SBU) 156
2重ジャイロイド double gyroid 口絵8
2重周期 double-periodic 17
2重正20面体 double icosahedron 101, 126
2重ダイヤモンド double diamond 184
2重ダイヤモンド曲面 double diamond surface 207
20面体クラスター icosahedral clusters 99, 102
20面体と8面体によるクラスター clusters of icosahadra and octahedra 114
20面体螺旋 icosahelix 125, 129
ねじれ立方8面体 snub cube 口絵6, 178
ネット nets 11, 71, 147
ノコギリ連鎖 saw chain 158, 160

事 項 索 引　　267

は 行

配位　coordination　81

配位殻　coordination shell　85

配位系列　coordination sequence　152,
157, 164

配位数（CN）　coordination number　85,
211, 225

配位多面体　coordination polyhedron
48

配置

円内での円の配置　packing of circles
in a circle　70

円の配置　packing of circles　68

大きさの異なる球の配置　packing of
unequal spheres　83

球の配置　packing of spheres　71

球のランダム充填　random sphere
packing　75

球面円配置　packing circles on a
spherical surface　78

多面体による充填　packing of
polyhedra　42

柱体の配置　packing of rods　86

低密度球配置　low density packing
71

立方最密充填（ccp）　cubic close
packing (ccp)　211

六方最密充填（hcp）　hexagonal close
packing (hcp)　211

ハイドレート　hydrate　154

パイナップル　pineapple　136, 138

パイロクロア　pyrochlore　174, 175, 176

パイロクロア・ユニット　pyroclore unit
口絵 5, 114, 174, 177

バーガース・ベクトル　Burgers vector
16, 17

バーグマン・クラスター　Bergman
cluster　103, 104, 106, 226

8 面体螺旋　octahelix　125

バッキーボール　Bucky ball　104

白金　platinum　212

パッチ　patch　183, 184

バナールのデルタ多面体　Bernal

deltahedra　76

パラジウム　paradium　230

パリ科学アカデミー　Paris Academy of
Science　3

バルク金属ガラス（BMJ）　bulk metallic
glasses　227

半正多面体　semi-regular polyhedra　28

反転　inversion　40

汎用ノードシステム　Universal Node
System　119

P 曲面　P surface　179, 184, 185, 189,
192, 204

菱形タイリング　rhombus tiling　93

菱形のパターン　rhomb pattern　口絵 1,
20

菱面体品変形体　rhombohedral variants
192, 194

ピアス・クラスター　Pearce cluster　口
絵 4, 110

非対称ユニット　asymmetric unit　14,
58, 191

ヒナギク　daisy　137

ヒマワリ　sunflower　137

非ユークリッド幾何学　non-Euclidean
geometry　4

ヒューム-ロザリー相　Hume-Rothery
phase　215

ヒルベルト曲線　Hilbert's curve　89, 90

フィボナッチ数列　Fibonacci sequence
25, 136, 146, 225

フィボナッチ螺旋　Fibonacci spiral
139, 140

フェドロフの平行多面体　Fedorov's
parallelohedra　49, 164

フォージャサイト　faujasite　148, 156

フォーデルベルクの渦巻きタイリング
Voderberg spiral tiling　24

複合 4 面体構造　polytetrahedral
structures　53, 108, 120

複雑構造金属間化合物　complex
intermetallics　224

不動配置　jammed packings　69

フラクタル曲線　fractal curves　89

プラトーの問題　Plateau's problem
181, 184, 206

プラトンの立体　Plato's solids　2, 50, 210

ブラベ格子　Bravais lattices　38, 211

フラーレン　fullerenes　34

フランク-カスパー相　Frank-Kasper phases　51, 53, 110, 163, 224, 229, 232

フランク-カスパー多面体　Frank-Kasper polyhedra　229, 232

フリオーフ多面体　Friauf polyhedra　48, 111

フリオーフ-ラーベス相　Friauf-Laves phases　48, 52, 163

ブールデイク-コクセター螺旋（B-C 螺旋）　Boerdijk-Coxeter helix　73, 74, 120, 125, 231

フロースネイク　flowsnake　93

分岐懸垂面　branched catenoid　189

分岐点　branch point　192, 198

ペアノ曲線　Peano's curve　93

平衡曲面　balance surface　18, 168, 187

平行多面体　parallelohedron　165, 167

並進　translation　11

平坦点　flat point　192

β クリストバライト　β-crystobalite　48, 153, 154

β 石英　β-quartz　124, 155, 161

β タングステン（β-W）　β-tungsten（β-W）　50, 52

β マンガン（β-Mn）　β-manganese　128, 129, 231

ヘッグ相　Hägg phase　215, 217

ヘッケライト　Haeckelite　17

ペトリ多角形　Petrie polygon　172, 184, 185, 206

ヘルマン-モーガン記号（H-M 記号）　Herman-Mauguin symbols　38

ペロブスカイト CaTiO₃　perovskite　48

変形体　variants　192, 193

変形立方 8 面体　disheptahedron　212

ペンタグリッド　pentagrid　22

扁長ユニット　prolate unit　96

扁平ユニット　oblate unit　96

ペンローズ・タイリング　Penrose tiling　口絵 1, 9, 95

ポアンカレ表示　Poincaré representation　195

ホウ素　boron　44, 99, 100

膨張ルール　inflation rule　93, 95

星形 4 面体　*stella quadrangula*　口絵 6, 109, 175

星形多面体　stellated polyhedra　96

星形の多角形　star polygon　29

星形の多面体　star polyhedron　64, 66

星形 8 面体　*stella octangula*　120, 121

蛍石　fluorite　215

ボラサイト　boracil　171

ポリネット　polynet　173

ポーリング菱形 30 面体　Pauling triacontahedron　103

ボロノイ領域　Voronoi region　口絵 2, 48, 54, 229

ボンネ変換　Bonnet transformation　182, 187, 188, 192

ま 行

マッカイ・クラスター　Mackay cluster　102, 107, 108

マッカイ 20 面体　Mackay icosahedron　106, 113, 225

松かさ　pine cone　136, 137

魔法数　magic numbers　121

『ミクログラフィア』　*Micrographia*　10

ミラー-ブラベ指数　Miller-Bravais indices　226

向き付け不可能　non-orientable　197

無限正多面体　infinite regular polyhedra　147

コクセターとペトリの無限正多面体　Coxeter-Petrie polyhedra　170, 196

無限帯　infinite strip　190

無限多面体　infinite polyhedra　147, 172

メタン　methane　154

面心立方（fcc）格子　face-centered cubic（fcc）lattice　口絵 3, 10, 43, 46, 211,

213, 215, 229

メンデレーエフ数　Mendeleev number　217

モジュール　module　58, 59, 87

モジュール構造　modular structure　59

や　行

有理近似結晶　rational approximants　224

雪の結晶，雪片　snowflake　68, 211

ユークリッド変換　Euclidean transformation　125

ら　行

ラジオス　LAGEOS　79

螺旋葉序　spiral phyllotaxis　142

螺旋，螺旋構造体　helix　123, 231

螺旋構造　helical structures　123

螺旋軸　screw axes　123

螺旋状 3 角面体（THP）　triangulated helical polyhedron（THP）　131, 133

螺旋変換　screw transformation　41, 126

ラビリンス　labyrinth　184, 187, 188, 199, 204

ラビリンス・グラフ　labyrinth graph　172, 184, 196

ラーベス相　Laves phase　口絵 3, 51, 225

ランダム・タイリング　random tilng　27

立方最密充塡（ccp）　cubic close packing　71

立方 8 面体　cuboctahedron　211

立方六方晶　cubic hexagonal lattice　224

粒界　grain boundary　81

菱形 30 面体　rhombic triacontahedron　口絵 4, 31, 65, 66, 97, 222

菱形 12 面体　rhombic dodecahedron　口絵 2, 31, 63, 65, 207

菱形 20 面体　rhombic isosahedron　96

理論骨格コンソーシアム　Consortium of Theoretical Frameworks　162

リンデンマイヤー・システム（L システム）　Lindenmayer systems　87

レナード-ジョーンズ・ポテンシャル　Lennard-Jones potential　120

連結数　connectivity　16, 33

六方対称性　hexagonal symmetry　10

ロンズデーライト　lonsdalite　153, 158

わ　行

ワイエルシュトラス関数　Weierstrass function　182, 192

人名索引

あ 行

アステ　Aste, T　71, 84
アストベリー　Astbury, W.　219
アストン　Aston, M, W.　77
アップルバウム　Applebaum, J.　79
アティヤ　Atiyah, M.　122
アナクサゴラス　Anaxagoras　1
アーリヤバタ　Aryabhata　210
アルキメデス　Archimedes　1
アンダーソン　Andersson, S.　108, 113, 125, 175, 177, 180, 182, 203, 206
アンドレーニ　Andreini, A.　42
アンマン　Ammann, R.　20, 64, 221
井上明久　Inoue, A.　227, 228, 231
ヴァン・スカイレンバーチ　van Schuylenburch, D.　60, 62
ウィドン　Widom, M.　115
ウィリアムズ　Williams, R.　8, 43, 56, 203
ウィルス　Wills, J. M.　77
ウィルソン　Wilson, C. B.　181
ウェア　Weaire, D.　27, 57, 71, 232
ウェニンガー　Wenninger, M.　31, 98
ウェフェルマイヤー　Wefelmeier, W. Z.　77
ウェールズ　Wales, D. J.　121
ウェルズ　Wells, A. F.　72, 149, 172
ウォールゲムート　Wohlgemuth, M.　209
ウォルター　Walter, A　127
ウッズ　Woods, H. J.　17
ウラム　Ulam, S.　87
エピクロス　Epicurus　1
エルザー　Elser, V.　口絵8, 66, 200, 209
オイラー　Euler, L.　8, 218
オキーフ　O'Keeffe, M.　12, 69, 86, 152, 157, 165, 168, 172

オサーマン　Osserman, R.　181
オストランド　Ostlund, S.　22, 64, 66
オーディエ　Audier, M.　86, 95, 96, 105, 106, 116, 225

か 行

ガイカ　Ghyka, M.　25, 123
ガウス　Gauss, C. F.　4
カスパー　Kasper, J. S.　51, 225, 227
ガスパール　Gáspár, Zs.　79
カタラン　Catalan, E. C.　31
カッツ　Katz, A.　64
ガードナー　Gardner, M.　20, 64
カプラフ　Kapraff, J.　140
ギップス　Gips, J.　87
ギョー　Guyot, P.　95, 96, 116
キラールス　Kuijlaars, A. B. J.　143
キルゴール　Kilgour, D. M.　76, 77
クック　Cook, T. A.　123, 136
グライター　Gleiter, H.　230
クライナー　Kreiner, G　100, 102, 114, 177, 226
クラマー　Kramer, P.　21, 66, 97, 220
クリピアケヴィッシュ　Kripyakevitsch, P. I.　48, 214
グリュンバウム　Grünbaum, B.　20, 21, 28, 47
クレア　Clare, B.W.　79
クロウ　Crowe, D. W.　17
クロムウェル　Cromwell, P. R.　29
グンメルト　Gummelt, P.　21, 24, 222
ケパート　Kepert, D. L.　79
ケプラー　Kepler, J.　2, 9, 10, 28, 29, 68, 71, 97, 119, 120, 211, 221
ケルヒャー　Karcher, H.　183, 191, 193
コカイン　Cockayne, E.　115
コクセター　Coxeter, H. S. M.　8, 15,

49, 55, 73, 133, 138, 147, 181, 196
コスタ　Costa, C.　183
ゴズツ　Gozdz, W.　181, 209
コッホ　Koch, E.　50, 58, 72, 188, 197, 199
後藤圭司　Gotoh, K.　77
コトウィッツ　Kottwitz, D. A.　79
コーネリ　Cornelli, A.　49
コワレフスキー　Kowalewski, G.　66, 221
ゴンパー　Gompper, G.　208, 209
コンウェイ　Conway, J. H.　15, 78, 82

さ　行

サストリー　Sastry, G. V. S.　225
サットクリフ　Sutcliffe, P.　122
サットン　Sutton, D.　29
サドック　Sadoc, J. F.　42, 55, 75, 78, 113, 132, 133, 163, 214, 231
サフ　Saff, E. B.　143
サムソン　Samson, S.　102, 104, 111, 214
シェーパーズ　Schäpers, M.　100, 114
シェヒトマン　Schechtman, D.　218
シェファード　Shephard, G. C.　20, 21, 24, 28
シェブチェンコ　Shevchenko, A. P.　49
シェーン　Schoen, A. H.　口絵7, 187, 190, 191, 197, 198
シェン　Sheng, H. W.　229
シェーンフリース　Schoenflies, A.　5
シップマン　Shipman, P. D.　143
シャーク　Scherk, H. F.　183
シャッツシュナイダー　Schattschneider, D.　17
ジャノット　Janot, Ch.　24
シュウリス　Thewlis, J.　108, 216
シュレディンガー　Schrödinger, E.　7
シュワルツ，H. A.　Schwarz, H. A.　口絵6, 184, 186, 188
シュワルツ，U. S.　Schwarz, U. S.　208, 209
ジョーンズ　Jones, P.　106, 110, 216

シンドラー　Schindler, M.　178
スウィントン　Swinton, J.　143
スキリング　Skilling, J.　30
スコット　Scott, G. D.　76, 77
スタインハート　Steinhardt, P. J.　22, 24, 64, 66, 116, 117, 221
スチュアート　Stewart, I.　81
スティニー　Stiny, G.　87
スティリンガー　Stillinger, F. H.　68
ステスマン　Stessmann, B.　184
ストーラー　Steurer, W.　211
スパーペン　Spaepen, F.　55, 214
スミス　Smith, C. S.　19, 59
スミス　Smith, J. V.　162
スローン　Sloane, N. J. A.　71, 78, 79, 82, 121
ゼケリー　Székely, E.　80, 143, 145
セネシャル　Senechal, M.　172

た　行

タルナイ　Tarnai, T.　70, 79, 80
ターンブル　Turnbull, D.　227
チェン　Chen, B.　179
チャーチ　Church, A. H.　138
チャトパディアイ　Chattopadhyay, K.　219, 222
チャリフォー　Chalifour, G.　3
チューリング　Turing, A.　142
ツァン　Zhang, H.　102
テイムズ　Tammes, P. M. L.　78
ディリクレ　Dirichlet, G. L.　48
テオ　Teo, B. K.　102
デカルト　Descartes, R.　8
デモクリトス　Democritus　1
デュエム　Duhem, P.　8
デュノウ　Duneau, M.　86
デューラー　Dürer, A.　14, 221
デルガド-フリードリッヒス　Delgado-Friedrichs, O.　15, 51, 150, 165, 167, 168
テロネス　Terrones, H.　17, 34, 36, 37, 135, 136, 202
テロネス　Terrones, M.　17, 34, 36, 37,

135

デローン　Delone, B. N.　6, 49

ド・ブルーイン　de Bruijn, N. G.　22, 221

トムソン, ダーシー　Thompson, D'Arcy W.　8, 123

トムソン(ケルビン卿)　Thomsom, W. (Lord Kelvin)　8, 42

トルカート　Torquato, S.　68, 77

トルシェ　Truchet, S.　18

ドワイエ　Doye, J. P. K.　121

な　行

ニッチェ　Nitsche, J. C. C.　181

ニーマン　Nyman, H.　108, 128, 174, 175, 177, 180, 226

ニューエル　Newell, A. C.　143

ネイラー　Naylor, M.　140

ネオヴィウス　Neovius, E. R.　184, 188

ネスパー　Nesper, R.　口絵8, 181, 208, 214

ネルソン　Nelson, D. R.　55, 214

は　行

ハイゼンベルク　Heisenberg, W.　8

ハイド　Hyde, S. T.　12, 15, 69, 152, 168, 180, 181, 182, 191, 195, 196, 203, 206, 226

バウシュ　Bausch, A. R.　81

バーグマン　Bergman, G.　103, 105, 225

パチョーリ　Pacioli, L.　25, 26

バックミンスター・フラー　Buckminster Fuller, R.　82

パテラ　Patera, J.　24

バナール　Bernal, J. D.　8, 77, 220, 229

パル　Pal, P.　120

バーロー　Barlow, W.　5

ハン　Han, S.　162

ピアス　Pearce, P.　8, 43, 56, 110, 119, 125, 206

ヒッパルコス　Hipparchus　4

ヒューソン　Huson, D. H.　15, 51, 168

ヒューム-ロザリー　Hume-Rothery, W.

214, 216

平賀賢二　Hiraga, K.　102, 106, 222, 223

ヒルベルト　Hilbert, D.　211

ファインマン　Feynman, R.　230

フィッシャー　Fischer, W.　50, 58, 72, 188, 197, 199

フィニー　Finney, J. L.　77

フィボナッチ　Fibonacci　26

フィリップス　Phillips, E. G.　38

フェジェス・トート　Fejes Tóth, L.　24, 78

フェドロフ　Fedorov, E. S.　5, 49

フェラン　Phelan, R.　57, 232

フェロ　Ferro, A. C.　164

フォグデン　Fogden, A.　191, 194, 195

フォーデルベルク　Voderberg, H.　23

フォルテス　Fortes, M. A.　164

フォン・シュネリング　von Schnering, H. G.　口絵8, 181, 208, 209

フック　Hooke, R.　9, 10

プトレマイオス　Ptolemy　4

ブラッグ, ローレンス　Bragg, L.　5

ブラッグ, ウィリアム　Bragg, W. H.　5

ブラッケ　Brakke, K.　60, 181, 191

ブラッドリー　Bradley, A. J.　106, 108, 110, 216

プラトー　Plateau, J. A. F.　181

ブラトフ　Blatov, V. A.　49

プラトン　Plato　2

ブラベ, オーギュスト　Bravais, A.　139

ブラベ, ルイ　Bravais, L.　139

ブラム　Blum, Z.　202

フランク　Frank, F. C.　51, 220, 225, 226, 227

フランゼン　Franzen, H. F.　100, 102, 114, 177, 226

プリーストリー　Priestley, J.　3

プルシンキーヴィッツ　Prusinkiewicz, P.　87, 88

ブールデイク　Boerdijk, A. H.　74, 231

ブレーズ　Brese, N. E.　152, 157

ヘイルズ　Hales, T. C.　71, 119, 211

人 名 索 引 273

ヘーシュ　Heesch, H.　71, 170
ヘッケル　Haeckel, E.　17
ペティグルー　Pettigrew, J. B.　123
ペティフォー　Pettifor, D.　217
ペトリ　Petrie, J. F.　147
ベルナール　Bernard, C.　8
ヘンレイ　Henley, C. L.　66
ペンローズ　Penrose, R.　口絵1, 13, 20, 220
ホア　Hoare, M. R.　120
ボストレム　Boström, M.　129, 130, 231
ホッブス　Hobbs, L. W.　151, 155
ボーメ　Baumé, A.　3
ボーヤイ　Bolyai, J.　4
ホリスト　Holyst, R.　181, 209
ポーリング　Pauling, L.　57, 83, 99, 108, 121, 154, 157, 214, 215, 224

ま 行

マーシュ　Marsh, R. E.　57
マッカイ, ロバート　Mackay, R.　口絵1
マッカイ, アラン　Mackay, A. L.　21, 64, 66, 79, 106, 119, 191, 202, 206, 221, 226
マックスウェル　Maxwell, J. C.　8
マノハラン　Manoharan, V. N.　121
マルゼック　Marzec, C.　140
宮崎興二　Miyazaki, K.　67
ミラクル　Miracle, D. B.　85, 229
ムーア　Moore, A. J. W.　213
ムーニエ　Meusnier, J. -B.　182
メネラウス　Menelaus　4
モーザー　Moser, W. O. J.　15
モセリ　Mosseri, R.　42, 55, 78, 113, 163, 214, 231

や 行

ヤング　Yang, Q, -B.　113
ユークリッド　Euclid　4

ら 行

ラウエ　von Laue, M.　5
ラヴォアジエ　Lavoisier, A.　3

ラカマノフ　Rakhmanov, E. A.　143
ラプラス　Laplace, P. -S.　182
ラーベス　Laves, F.　71, 170
ラマチャンドラ・ラオ　Ramachandra Rao, P.　225
ラムスデン　Ramsden, S.　15, 168, 181, 195, 196, 203
ランガナサン　Ranganathan, S.　75, 115, 116, 125, 133, 213, 214, 219, 227, 230, 231
ランベルト　Lambert, C. A.　208
リー, H　Li, H.　179
リー, C. R.　Li, C. R.　143, 231
リヴィエ　Rivier, N.　27, 57, 75, 132, 133, 231
リーチ　Leech, J.　82
リディン　Lidin, S.　125, 129, 130, 187, 193, 195, 231
リンデンマイヤー　Lindenmayer, A.　87
ルクレティウス　Lucretius　1
レヴィン　Levine, D.　221
レーニンジャー　Lehninger, L.　132
レオナルド・ダ・ヴィンチ　Leonardo da Vinci　25
レオニ　Leoni, S.　209
レーブ　Loeb, A. L.　49
ロジャーズ　Rogers, C. A.　211
ロード　Lord, E. A.　20, 58, 75, 115, 116, 118, 125, 127, 132, 133, 135, 181, 191, 206, 225, 231
ロバチェフスキー　Lobachevski, N. I.　4
ロビンソン　Robinson, R. M.　79
ロンゲット-ヒギンス　Longuet-Higgins, M. S.　66

わ 行

ワイエルシュトラス　Weierstrass, K.　182
ワイス　Weiss, Y.　79

英 字

Abe, E. *et al.*　222
Almgren Jr., F. J.　181

Amelinckx, S. *et al.* 135
Baer, S. 119
Baerlocher, Ch. *et al.* 153
Belin, C. H. E. & Belin, R. C. H. 110
Bilinski, S. 65
Booth, D. 119
Bourgoin, J. 12
Brunner, G. O. 172
Chabot, B. *et al.* 106, 180, 226
Chorbachi, W. K. 12
Chung, F. & Sternberg, S. 35
Conway, J. H. & Knowles, K. M. 21
Cottrell, A. H. 211, 214
Critchlow, K. 43
Critchlow, K. & Nasr, S. H. 12
Cundy, H. M. & Rollet, A. P. 29, 98
Davis, M. E. 180
Dress, A. W. M. 164
Du Val, P. 133
Dunlap, R. A. 25, 27
Dyer, A. 153
El-Said, I. & Parman, A. 12
Elam, K. 25
Erickson, R. O. 132
Ferey, G. 180
Fogden, A. & Haeberlein, M. 191
Goetzke, K. & Klein, H. -J. 152
Gummelt, P. & Bandt, C. A. 24
Hahn, J. T. 38
Hamada, N. *et al.* 133
Hamilton, W. R. 133
Hamkins, J. & Zeger, K. 78
Hargittai, I. 25, 137
Hargittai, M. 142
Harrison, W. A. 207
Hart, G. W. & Picciotto, H. 119
Haüssermann, U. *et al.* 177
Hellner, E 50
Hellner, E. & Koch, E. 180, 226
Herz-Fischler, R. A. 25
Higgins, J. B. 153
Hoffman, D. 183
Hren, J. J. & Ranganathan, S. 212

Hsiang, W. Y. & Hsiang, W. -Y. 71
Hudson, D. R. 85
Huntley, H. E. 25
Iijima, S. 133
Jeanneret, C. E.('le Corbusier') 25
Jeong, H. -C. 24
Johnson, C. K. *et al.* 15
Johnson, R. L. 119
Jovanovic, R. 137, 138
Karcher, H. & Polthier, K. 191, 193
Kelvin, W. T. & Weaire, D. 42
Kikuchi, R. 27
Klinowski, J. *et al.* 181
Komura, Y. *et al.* 106
Kramer, P. & Neri, R. 21, 66, 221
Kuo, K. H. A. 114
Lidin, S. & Larsson, S. 195
Liebau, F. *et al.* 153
Lifschitz, R. 18
Livio, M. 25
Louzguine, D. *et al.* 231
Lück, R. 14
Mackintosh, A. R. 207
Mandelbrot, B. 87
Margulis, L. *et al.* 37,135
Mech, R. & Prusinkiewicz, P. 88
Meier, W. M. & Moeck, H. J. 152
Mikalkovic, M. *et al.* 66
Miyazaki, K. & Takada, I. 67
Miyazaki, K. & Yamagiwa, T. 67
Mueller, E. W. & Tsong, T. T. 212
Nath, M. & Rao, C. N. R. 135
Oberteuffer, J. A. & Ibers, J. A. 111
Ogawa, T 95
Oguey, C. & Sadoc, J. -F. 195
Ozin, G. A. 181
Peano, G. 93
Peitgen, H. -O. & Richter, P. 87
Poinsot, L. 30
Rao, C. N. R. & Gopalakrishnan, J. 211
Romeu, D. & Aragon, J. L. 106
Runnels, L. K. 157

人 名 索 引   275

Sadoc, J. F. & Charvolin, J.   195
Sander, L. M.   87
Scheffer, M. & Lück, R.   18
Schrandt, R. G. & Ulam, S.   87
Seifert, G. *et al.* 135
Senechal, M. & Fleck, G.   172
Senkov, O. N. & Miracle, D. B.   85
Shubnikov, A. V. & Belov, N. V.   18
Shukla, K. S.   210
Smalley, R. E. & Curl, R. F.   35
Stone, A. J. & Wales, D. J.   16
Sugiyama, K. *et al.* 110

Sullinger, D. B. & Kennard, C. H. L.
  48, 99
Tait, P. G.   133
Takakura, H. *et al.* 110
Tanaka, K.   133
Tenne, R. *et al.* 37, 135
Tsai, A. P. *et al.* 224
Venkataraman, G. *et al.* 214
Villars, P. & Calvert. L. D.   214
Wachman, A. *et al.* 149
Watson, R. E. & Weinert, M.   214
Whyte, L. L. *et al.* 87

ミクロの世界の立体幾何学

令和元年12月20日　発　行

監 訳 者　宮　崎　興　二

訳　　者　日　野　雅　之
　　　　　関　戸　信　彰

発 行 者　池　田　和　博

発 行 所　丸善出版株式会社
〒101-0051　東京都千代田区神田神保町二丁目17番
編 集： 電話(03)3512-3264／FAX(03)3512-3272
営 業： 電話(03)3512-3256／FAX(03)3512-3270
https://www.maruzen-publishing.co.jp

© Koji Miyazaki, Masayuki Hino, Nobuaki Sekido.　2019

組版印刷・株式会社 日本制作センター／製本・株式会社 松岳社

ISBN 978-4-621-30466-2 C3042　　　　Printed in Japan

本書の無断複写は著作権法上の例外を除き禁じられています。